新応用数学

改訂版

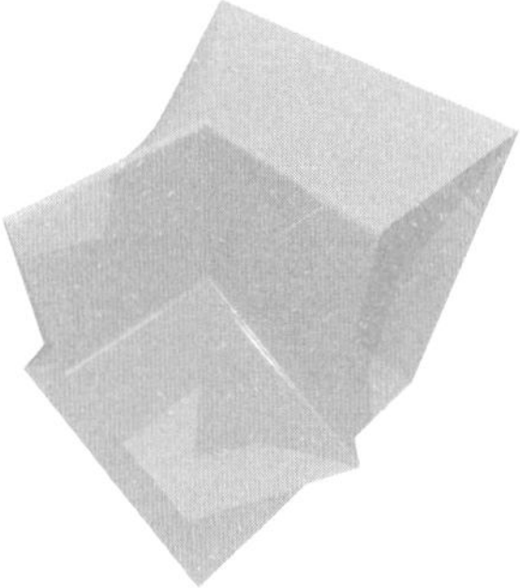

Applied Mathematics

大日本図書

まえがき

本シリーズの初版が刊行されてから，まもなく55年になる．この間には多数の著者が関わり，それぞれが教育実践で培った知恵や工夫を盛り込みながら執筆し，改訂を重ねてきた．その結果，本シリーズは多くの高専・大学等で採用され，工学系や自然科学系の数学教育に微力ながらも貢献してきたものと思う．このことは，関係者にとって大きな励みであり，望外の喜びであった．しかし，前回の改訂から9年が経過して，教育においてインターネットが広く導入されようとしている時代の流れに応じて，将来を見すえた新たな教育方法に対応した見直しを要望する声が多く聞かれるようになったこと，中学校と高等学校の教育課程が改定実施されたことを主な理由として，このたび新たなシリーズを編纂することにした．また，今回の改訂は7回目にあたるが，これまでの編集の精神を尊重しつつも，本シリーズを使用されている多くの方々からのご助言をもとにして，新しい感覚の編集を心がけて臨むこととした．

本書は，ベクトル解析，ラプラス変換，フーリエ解析，複素関数論の4章と補章から成り，1変数および2変数の微分積分と線形代数の基礎を一通り学んだ後に，工学系や自然科学系でよく用いられる応用的な内容を学ぶことを目的としている．いうまでもなく，工学や自然科学の専門分野で用いられる数学は多岐にわたるが，上記の数学分野は，特に工学系において標準的なものとされている．本章で取り上げた4分野は，一部を除き互いに独立しているので，どの章から始めてもよいし，必要な章だけを選択して学習しても差し支えない．

いずれの章でも基礎的事項の定着に重点をおき，応用的な内容を避けてわかりやすく解説している．そこで，各章の応用的な内容については，対応箇所を明示して巻末の「補章」で解説することにした．これらの内容を学び，その方法に習熟し，応用できる力を養うことは，工学や自然科学を目指す学生にとって欠かすことができない事柄である.

本書を執筆するにあたり，以下の点に留意した.

(1) 学生にわかりやすく，授業で使いやすいものとする.

(2) 従来の内容を大きく削ることなく，配列・程度・分量に充分な配慮をする.

(3) 理解を助ける図を多用し，例題を豊富にする.

(4) 本文中の問は本文の内容と直結させ，その理解を助けるためのものを優先する.

(5) 補章で説明する内容については，本文中に指型のマークを付けて対応ページを明示する.

(6) さらに，問題集で，反復により内容の理解をより確かなものにするために，本文中の問と近い基本問題を多く取り入れる.

(7) 各章の最初のページにその章に関する興味深い図表などを付け加える.

(8) 各章に関連する興味深い内容をコラムとして付け加える.

今回の編集にあたっては，各著者が各章を分担執筆して，全員が原稿を通覧して検討会議を重ねた後，次に分担する章を交換して再び修正執筆することを繰り返した．この結果，全員が本書全体に筆を入れたことになり，1 冊本としての統一のとれたものになったと思う．しかし，まだ不十分な点もあるかと思う．この点は今後ともご指摘をいただき，可能な限り訂正していきたい．終わりに，この本の編集にあたり，有益なご意見や，周到なご校閲をいただいた全国の多くの先生方に深く謝意を表したい.

令和 5 年 10 月

著者一同

目次

ギリシャ文字

大文字	小文字	読　み　方	大文字	小文字	読　み　方
A	α	アルファ	N	ν	ニュー
B	β	ベータ（ビータ）	Ξ	ξ	クシー（グザイ）
Γ	γ	ガンマ	O	o	オミクロン
Δ	δ	デルタ	Π	π	パイ
E	ε	イプシロン	P	ρ	ロー
Z	ζ	ジータ（ツェータ）	Σ	σ, ς	シグマ
H	η	イータ（エータ）	T	τ	タウ
Θ	θ, ϑ	シータ（テータ）	Υ	υ	ウプシロン
I	ι	イオタ	Φ	ϕ, φ	ファイ
K	κ	カッパ	X	χ	カイ
Λ	λ	ラムダ	Ψ	ψ	プサイ（プシー）
M	μ	ミュー	Ω	ω	オメガ

1章 ベクトル解析

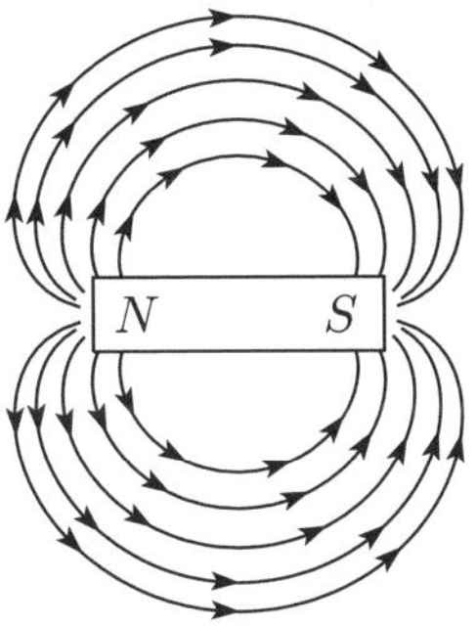

磁場

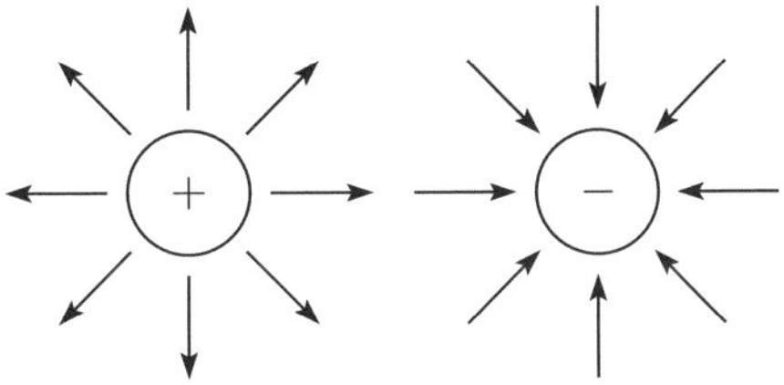

電場

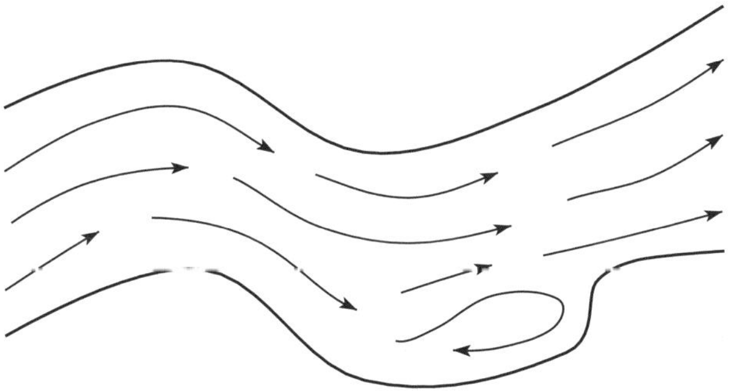

速度場

●この章を学ぶために

川の流れは，川床の凹凸の状況などで，速くなったり，遅くなったり，向きが変わったり，淀みができたりする．この流れの状態を表すには，どの地点でどちらに向かってどのくらいの勢いで流れているのか，速度ベクトルで表すとわかりやすい．このように，各点にベクトルを対応させたものをベクトル場という．電磁気学における磁場や電場，流体力学における力の場や速度場などがこれにあたる．また，各点に実数を対応させたものをスカラー場という．ここでは，スカラー場とベクトル場の微分積分について学ぶ．

1 ベクトル関数

空間のベクトルの成分表示や内積などについて，必要に応じて参照できるように，補章の150ページで整理しておく．

1 1 外積

空間の2つのベクトル $\boldsymbol{a}$, $\boldsymbol{b}$ に対して，次のように大きさと方向を定義したベクトルを $\boldsymbol{a}$, $\boldsymbol{b}$ の**外積**または**ベクトル積**といい，$\boldsymbol{a}\times\boldsymbol{b}$ で表す．

（I） $\boldsymbol{a}\neq\boldsymbol{0}$, $\boldsymbol{b}\neq\boldsymbol{0}$ で，$\boldsymbol{a}\,/\!/\,\boldsymbol{b}$ でない場合

$\boldsymbol{a}$, $\boldsymbol{b}$ のなす角を θ $(0<\theta<\pi)$ とするとき，$\boldsymbol{a}\times\boldsymbol{b}$ の大きさを

$$|\boldsymbol{a}\times\boldsymbol{b}| = |\boldsymbol{a}||\boldsymbol{b}|\sin\theta \tag{1}$$

とする．これは，2つのベクトル $\boldsymbol{a}$, $\boldsymbol{b}$ の始点を同じにして作られる平行四辺形の面積に等しい．また，向きはこの平行四辺形の面に垂直で，始点のまわりに $\boldsymbol{a}$ を θ 回転して $\boldsymbol{b}$ に重なるように右ねじを回したとき，その進む方向とする．

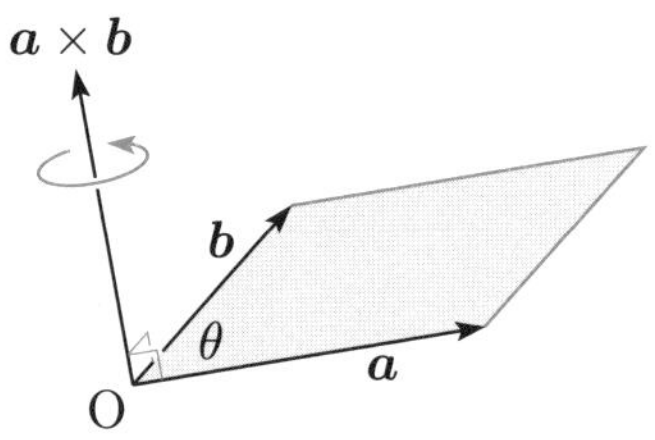

(II)　$\boldsymbol{a} \mathbin{/\!/} \boldsymbol{b}$ の場合，または $\boldsymbol{a}$ と $\boldsymbol{b}$ の少なくとも一方が $\boldsymbol{0}$ の場合は $\boldsymbol{a}\times\boldsymbol{b} = \boldsymbol{0}$ とする．

定義から，次の等式が成り立つ．

$$\boldsymbol{a} \times \boldsymbol{a} = \boldsymbol{0} \tag{2}$$

$$\boldsymbol{b} \times \boldsymbol{a} = -(\boldsymbol{a} \times \boldsymbol{b}) \tag{3}$$

(3) からわかるように，外積についての交換法則は，一般には成り立たない．

例 1　基本ベクトル $\boldsymbol{i}$, $\boldsymbol{j}$, $\boldsymbol{k}$ について

$$\boldsymbol{i} \times \boldsymbol{i} = \boldsymbol{0},\ \boldsymbol{i} \times \boldsymbol{j} = \boldsymbol{k},\ \boldsymbol{i} \times \boldsymbol{k} = -\boldsymbol{j}$$

問・1　基本ベクトル $\boldsymbol{i}$, $\boldsymbol{j}$, $\boldsymbol{k}$ について，

$\boldsymbol{j}\times\boldsymbol{i}$, $\boldsymbol{j}\times\boldsymbol{j}$, $\boldsymbol{j}\times\boldsymbol{k}$, $\boldsymbol{k}\times\boldsymbol{i}$, $\boldsymbol{k}\times\boldsymbol{j}$, $\boldsymbol{k}\times\boldsymbol{k}$

を求めよ．

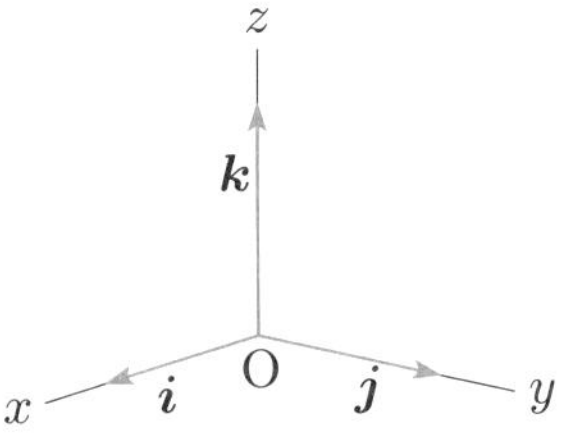

2 つのベクトル $\boldsymbol{a}$, $\boldsymbol{b}$ の成分表示をそれぞれ $(a_x,\ a_y,\ a_z)$, $(b_x,\ b_y,\ b_z)$ とするとき，$\boldsymbol{a} \times \boldsymbol{b}$ の成分表示を求めよう．

原点 O を始点として $\boldsymbol{a}$, $\boldsymbol{b}$ を描き，点 A, B を $\boldsymbol{a} = \overrightarrow{\mathrm{OA}}$, $\boldsymbol{b} = \overrightarrow{\mathrm{OB}}$ によって定める．点 A, B の xy 平面上への正射影をそれぞれ A′, B′ とし，$\overrightarrow{\mathrm{OA'}}$, $\overrightarrow{\mathrm{OB'}}$ が x 軸の正の方向となす角をそれぞれ α, β とする．また，$\boldsymbol{a}\times\boldsymbol{b}$ と z 軸の正の方向とのなす角を γ とする．ここでは，図のように $0 < \gamma < \dfrac{\pi}{2}$, $0 < \beta - \alpha < \pi$ の場合を考えることにする．このとき，$\boldsymbol{a}\times\boldsymbol{b}$ の z 成分は

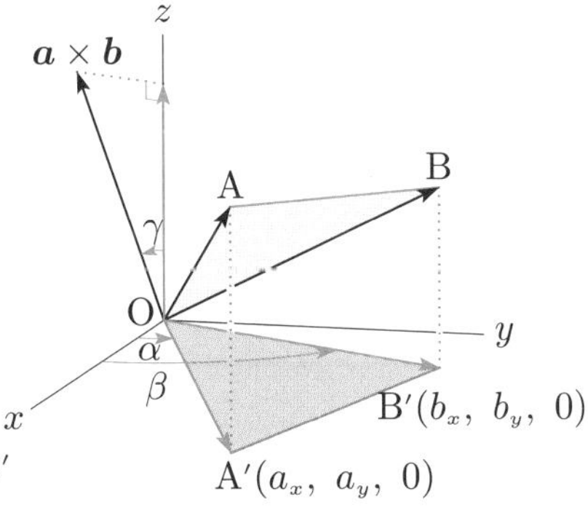

$$\begin{aligned}
&|\boldsymbol{a} \times \boldsymbol{b}| \cos\gamma \\
&= 2\triangle\mathrm{OAB} \cdot \cos\gamma = 2\triangle\mathrm{OA'B'} \\
&= \mathrm{OA'} \cdot \mathrm{OB'} \sin(\beta - \alpha) = \mathrm{OA'} \cdot \mathrm{OB'}(\sin\beta\cos\alpha - \cos\beta\sin\alpha) \\
&= \mathrm{OA'}\cos\alpha \cdot \mathrm{OB'}\sin\beta - \mathrm{OA'}\sin\alpha \cdot \mathrm{OB'}\cos\beta \\
&= a_x b_y - a_y b_x
\end{aligned}$$

他の場合も同様であり，$\boldsymbol{a}\times\boldsymbol{b}$ の x 成分，y 成分を求めると，それぞれ $a_yb_z - a_zb_y$，$a_zb_x - a_xb_z$ となることがわかる．

●外積の成分表示

$$\boldsymbol{a}\times\boldsymbol{b} = (a_yb_z - a_zb_y,\ a_zb_x - a_xb_z,\ a_xb_y - a_yb_x)$$
$$= (a_yb_z - a_zb_y)\boldsymbol{i} + (a_zb_x - a_xb_z)\boldsymbol{j} + (a_xb_y - a_yb_x)\boldsymbol{k} \qquad (4)$$

●**注**…行列式の展開公式から，形式的に次のように表すことができる．

$$\boldsymbol{a}\times\boldsymbol{b} = \left(\begin{vmatrix} a_y & a_z \\ b_y & b_z \end{vmatrix},\ \begin{vmatrix} a_z & a_x \\ b_z & b_x \end{vmatrix},\ \begin{vmatrix} a_x & a_y \\ b_x & b_y \end{vmatrix} \right) = \begin{vmatrix} \boldsymbol{i} & \boldsymbol{j} & \boldsymbol{k} \\ a_x & a_y & a_z \\ b_x & b_y & b_z \end{vmatrix}$$

例 2 $\overrightarrow{\mathrm{OA}} = (2,\ 2,\ 1)$，$\overrightarrow{\mathrm{OB}} = (1,\ 2,\ 3)$ のとき

$$\overrightarrow{\mathrm{OA}}\times\overrightarrow{\mathrm{OB}} = \begin{vmatrix} \boldsymbol{i} & \boldsymbol{j} & \boldsymbol{k} \\ 2 & 2 & 1 \\ 1 & 2 & 3 \end{vmatrix} = 4\boldsymbol{i} - 5\boldsymbol{j} + 2\boldsymbol{k} = (4,\ -5,\ 2)$$

OA，OB を 2 辺とする平行四辺形の面積は

$$\left|\overrightarrow{\mathrm{OA}}\times\overrightarrow{\mathrm{OB}}\right| = \sqrt{4^2 + (-5)^2 + 2^2} = 3\sqrt{5}$$

問・2 $\boldsymbol{a} = (3,\ 1,\ 2)$，$\boldsymbol{b} = (2,\ -1,\ 1)$ のとき，$\boldsymbol{a}\times\boldsymbol{b}$ を求めよ．

問・3 空間内に 3 点 A(1, 4, 2)，B(3, 2, 3)，C(2, 5, −1) がある．このとき，$\overrightarrow{\mathrm{AB}}\times\overrightarrow{\mathrm{AC}}$ を求めよ．また，△ABC の面積を求めよ．

外積の性質をまとめると，次のようになる．

●外積の性質

(I) $\boldsymbol{b}\times\boldsymbol{a} = -(\boldsymbol{a}\times\boldsymbol{b})$

(II) $\boldsymbol{a}\times(\boldsymbol{b}+\boldsymbol{c}) = \boldsymbol{a}\times\boldsymbol{b} + \boldsymbol{a}\times\boldsymbol{c}$

(III) $(m\boldsymbol{a})\times\boldsymbol{b} = \boldsymbol{a}\times(m\boldsymbol{b}) = m(\boldsymbol{a}\times\boldsymbol{b})$ （m は実数）

(IV) $\boldsymbol{a}\neq\boldsymbol{0}$，$\boldsymbol{b}\neq\boldsymbol{0}$ のとき $\boldsymbol{a}\,/\!/\,\boldsymbol{b} \Longleftrightarrow \boldsymbol{a}\times\boldsymbol{b} = \boldsymbol{0}$

問・4 基本ベクトル $\boldsymbol{i}$，$\boldsymbol{j}$ について，$(\boldsymbol{i}\times\boldsymbol{i})\times\boldsymbol{j}$ および $\boldsymbol{i}\times(\boldsymbol{i}\times\boldsymbol{j})$ を求めよ．

●**注**……一般に，$(\boldsymbol{a} \times \boldsymbol{b}) \times \boldsymbol{c} = \boldsymbol{a} \times (\boldsymbol{b} \times \boldsymbol{c})$ は成り立たない．

☞ 空間ベクトルの外積については補章の 152 ページでも説明する．

1 2　ベクトル関数

空間内を点 P が運動しているとき，時刻 t における P の位置ベクトル $\overrightarrow{\mathrm{OP}}$ を $\boldsymbol{r}$ とおくと，$\boldsymbol{r}$ はそのときの t の値によって定まり，t とともに変化する．一般に，実数 t にベクトル $\boldsymbol{a}(t)$ が対応するとき，$\boldsymbol{a}(t)$ を t の**ベクトル関数**という．ベクトル関数 $\boldsymbol{a}(t)$ の各成分は t の関数である．これを $a_x(t)$, $a_y(t)$, $a_z(t)$ で表す．すなわち

$$\boldsymbol{a}(t) = \big(a_x(t),\ a_y(t),\ a_z(t)\big)$$

$$= a_x(t)\boldsymbol{i} + a_y(t)\boldsymbol{j} + a_z(t)\boldsymbol{k}$$

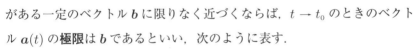

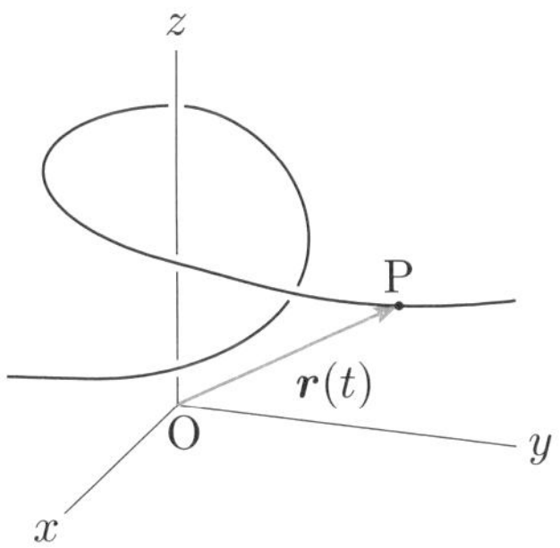

t が t_0 に限りなく近づくとき，ベクトル $\boldsymbol{a}(t)$ がある一定のベクトル $\boldsymbol{b}$ に限りなく近づくならば，$t \to t_0$ のときのベクトル $\boldsymbol{a}(t)$ の**極限**は $\boldsymbol{b}$ であるといい，次のように表す．

$$\lim_{t \to t_0} \boldsymbol{a}(t) = \boldsymbol{b} \tag{1}$$

$\boldsymbol{a}(t) = \big(a_x(t),\ a_y(t),\ a_z(t)\big)$, $\boldsymbol{b} = (b_x,\ b_y,\ b_z)$ とおくとき，(1) が成り立つための必要十分条件は

$$\lim_{t \to t_0} a_x(t) = b_x,\quad \lim_{t \to t_0} a_y(t) = b_y,\quad \lim_{t \to t_0} a_z(t) = b_z \tag{2}$$

がすべて成り立つことである．

次の等式が成り立つとき，$\boldsymbol{a}(t)$ は $t = t_0$ で**連続**であるという．

$$\lim_{t \to t_0} \boldsymbol{a}(t) = \boldsymbol{a}(t_0)$$

また，$\boldsymbol{a}(t)$ がある区間内のすべての点で連続のとき，$\boldsymbol{a}(t)$ はその区間で**連続**であるという．(1), (2) の関係から，$\boldsymbol{a}(t)$ が連続であるための必要十分条件は，成分 $a_x(t)$, $a_y(t)$, $a_z(t)$ がすべて連続なことである．

ベクトル関数 $\boldsymbol{a}(t)$ の微分について考えよう．

t が Δt だけ変化したときの $\boldsymbol{a}(t)$ の変化量を $\Delta\boldsymbol{a} = \boldsymbol{a}(t+\Delta t) - \boldsymbol{a}(t)$ と表し，次のベクトルを考える．

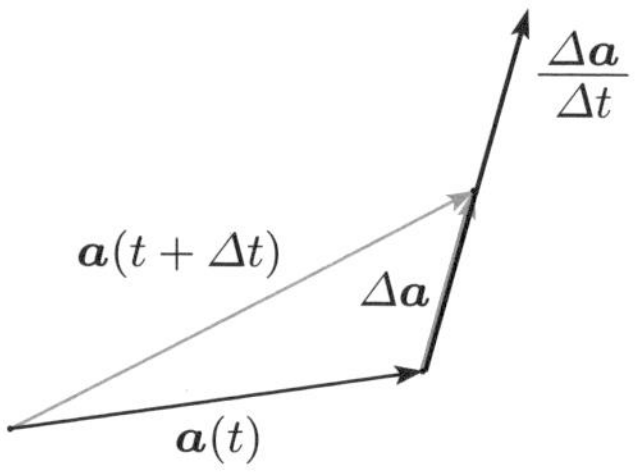

$$\frac{\Delta\boldsymbol{a}}{\Delta t} = \frac{\boldsymbol{a}(t+\Delta t) - \boldsymbol{a}(t)}{\Delta t}$$

$\Delta t \to 0$ のとき，上のベクトルの極限が存在するならば，$\boldsymbol{a}(t)$ は t において**微分可能**であるといい，この極限を $\dfrac{d\boldsymbol{a}}{dt}$，$\boldsymbol{a}'(t)$ などと表し，$\boldsymbol{a}(t)$ の t における**微分係数**という．

$$\frac{d\boldsymbol{a}}{dt} = \lim_{\Delta t \to 0}\frac{\Delta\boldsymbol{a}}{\Delta t} = \lim_{\Delta t \to 0}\frac{\boldsymbol{a}(t+\Delta t) - \boldsymbol{a}(t)}{\Delta t}$$

$\dfrac{d\boldsymbol{a}}{dt}$ を t のベクトル関数とみるとき $\boldsymbol{a}(t)$ の**導関数**といい，導関数を求めることを**微分する**という．

$\boldsymbol{a}(t) = \big(a_x(t),\ a_y(t),\ a_z(t)\big)$ が微分可能のとき，$\dfrac{d\boldsymbol{a}}{dt}$ の x 成分は

$$\lim_{\Delta t \to 0}\frac{a_x(t+\Delta t) - a_x(t)}{\Delta t} = \frac{da_x}{dt}$$

y 成分，z 成分についても同様であり，次の等式が成り立つ．

$$\frac{d\boldsymbol{a}}{dt} = \left(\frac{da_x}{dt},\ \frac{da_y}{dt},\ \frac{da_z}{dt}\right)$$

ベクトル関数の場合にも高次導関数が考えられる．例えば，$\boldsymbol{a}(t)$ の第2次導関数は次のようになる．

$$\frac{d^2\boldsymbol{a}}{dt^2} = \frac{d}{dt}\left(\frac{d\boldsymbol{a}}{dt}\right) = \left(\frac{d^2a_x}{dt^2},\ \frac{d^2a_y}{dt^2},\ \frac{d^2a_z}{dt^2}\right)$$

例 3　$\boldsymbol{a}(t) = (\cos t,\ \sin t,\ 1)$ のとき

$$\boldsymbol{a}'(t) = (-\sin t,\ \cos t,\ 0)$$

よって，$t = 0$ における微分係数は

$$\boldsymbol{a}'(0) = (0,\ 1,\ 0)$$

また，$\boldsymbol{a}'(t)$ の大きさは

$$|\boldsymbol{a}'(t)| = \sqrt{(-\sin t)^2 + (\cos t)^2 + 0^2} = 1$$

問・5 次のベクトル関数を微分せよ．また，$t = 1$ における微分係数を求めよ．

(1) $\boldsymbol{a}(t) = (e^t,\ \log t,\ t^2)$　　(2) $\boldsymbol{b}(t) = (\cos \pi t,\ \sin \pi t,\ t)$

問・6 $\boldsymbol{a}(t) = (\cos t,\ \sin t,\ t^2)$ のとき，$\left| \dfrac{d\boldsymbol{a}}{dt} \right|$ を求めよ．

ベクトル関数の微分法について，次の公式が成り立つ．

●ベクトル関数の微分法

$\boldsymbol{a} = \boldsymbol{a}(t)$，$\boldsymbol{b} = \boldsymbol{b}(t)$ は t のベクトル関数，$u = u(t)$ は t の関数で，$\boldsymbol{c}$ は一定のベクトル（定ベクトル）とするとき

(Ⅰ) $(\boldsymbol{c})' = \boldsymbol{0}$

(Ⅱ) $(\boldsymbol{a} + \boldsymbol{b})' = \boldsymbol{a}' + \boldsymbol{b}'$

(Ⅲ) $\big(\boldsymbol{a}(u(t))\big)' = \dfrac{d\boldsymbol{a}}{du}\dfrac{du}{dt}$

(Ⅳ) $(u\boldsymbol{a})' = u'\boldsymbol{a} + u\boldsymbol{a}'$

(Ⅴ) $(\boldsymbol{a} \cdot \boldsymbol{b})' = \boldsymbol{a}' \cdot \boldsymbol{b} + \boldsymbol{a} \cdot \boldsymbol{b}'$

(Ⅵ) $(\boldsymbol{a} \times \boldsymbol{b})' = \boldsymbol{a}' \times \boldsymbol{b} + \boldsymbol{a} \times \boldsymbol{b}'$

証明 (Ⅵ)を証明しよう．

$\boldsymbol{a} = (a_x,\ a_y,\ a_z)$，$\boldsymbol{b} = (b_x,\ b_y,\ b_z)$ とするとき

$$(\boldsymbol{a} \times \boldsymbol{b})' = \big((a_y b_z - a_z b_y)',\ (a_z b_x - a_x b_z)',\ (a_x b_y - a_y b_x)'\big)$$

x 成分を変形すると

$$\begin{aligned}(a_y b_z - a_z b_y)' &= a_y{}' b_z + a_y b_z{}' - (a_z{}' b_y + a_z b_y{}') \\ &= (a_y{}' b_z - a_z{}' b_y) + (a_y b_z{}' - a_z b_y{}')\end{aligned}$$

これは $\boldsymbol{a}' \times \boldsymbol{b} + \boldsymbol{a} \times \boldsymbol{b}'$ の x 成分と一致する．y 成分，z 成分についても同様である．よって，(Ⅵ)が成り立つ．　//

問・7 上の公式の(Ⅴ)を証明せよ．

1 3　曲線

空間内を運動する点 P の位置ベクトルが t のベクトル関数

$$\boldsymbol{r} = \boldsymbol{r}(t) = \big(x(t),\ y(t),\ z(t)\big)$$

であるとき，t の変化につれて P はある曲線 C を描く．この C を $\boldsymbol{r} = \boldsymbol{r}(t)$ の表す曲線という．

以下，$\boldsymbol{r}(t)$ は微分可能とし，$\boldsymbol{r}'(t)$ は連続で $\boldsymbol{r}'(t) \neq \boldsymbol{0}$ とする．

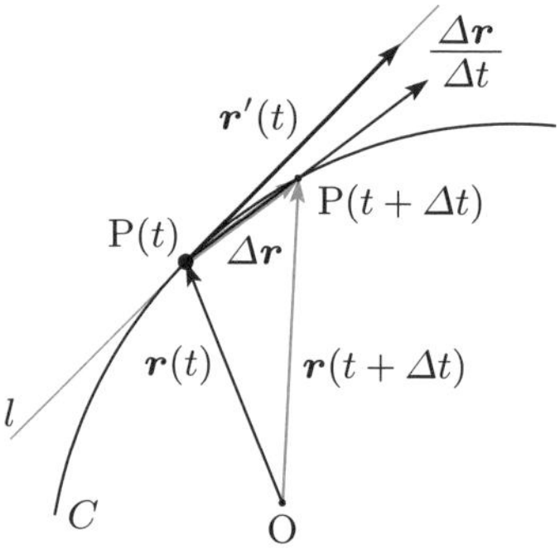

t に対応する曲線上の点を P(t) で表す．このとき

$$\begin{aligned}\Delta\boldsymbol{r} &= \boldsymbol{r}(t+\Delta t) - \boldsymbol{r}(t)\\ &= \overrightarrow{\mathrm{P}(t)\mathrm{P}(t+\Delta t)}\end{aligned}$$

となるから，ベクトル

$$\frac{\Delta\boldsymbol{r}}{\Delta t} = \frac{1}{\Delta t}\overrightarrow{\mathrm{P}(t)\mathrm{P}(t+\Delta t)}$$

は，2 点 P(t)，P$(t+\Delta t)$ を通る直線に平行である．したがって，$\Delta t \to 0$ とすることにより，$\boldsymbol{r}'(t)$ は曲線 C の点 P(t) における**接線**に平行であることがわかる．すなわち，$\boldsymbol{r}'(t)$ は，$\boldsymbol{r}(t)$ の表す曲線の接線の方向を与えるベクトルで，この曲線の**接線ベクトル** という．さらに，$\boldsymbol{r}'(t)$ と同じ向きの単位ベクトルを**単位接線ベクトル**といい，$\boldsymbol{t}$ で表す．

$$\boldsymbol{t} = \frac{\boldsymbol{r}'(t)}{|\boldsymbol{r}'(t)|} = \frac{\dfrac{d\boldsymbol{r}}{dt}}{\left|\dfrac{d\boldsymbol{r}}{dt}\right|} \qquad (1)$$

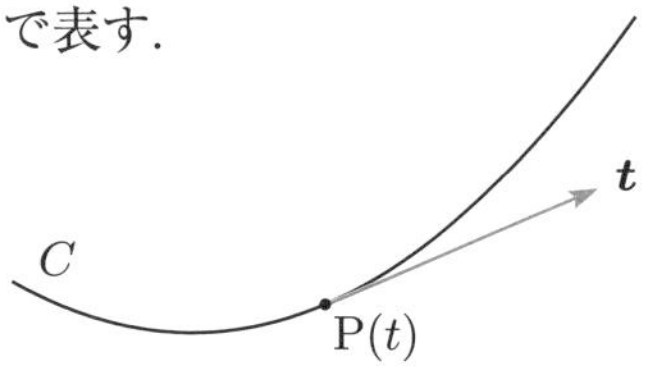

例 4　a，b を正の定数とするとき，曲線 $\boldsymbol{r} = (a\cos t,\ a\sin t,\ bt)$ の接線ベクトル $\boldsymbol{r}'$ は

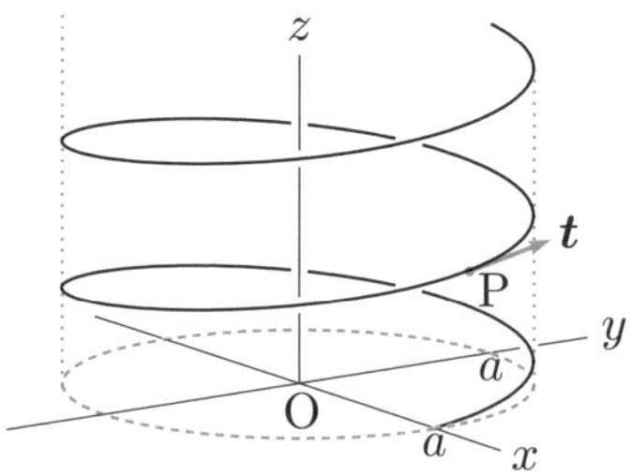

$$\boldsymbol{r}' = (-a\sin t,\ a\cos t,\ b)$$

したがって

$$|\boldsymbol{r}'| = \sqrt{(-a\sin t)^2 + (a\cos t)^2 + b^2} = \sqrt{a^2+b^2}$$

(1) から $\boldsymbol{r}$ の単位接線ベクトル $\boldsymbol{t}$ は

$$\boldsymbol{t} = \frac{1}{\sqrt{a^2+b^2}}(-a\sin t,\ a\cos t,\ b)$$

問・8 曲線 $\boldsymbol{r} = (1+t^2,\ t,\ 1-t^2)$ について，単位接線ベクトル $\boldsymbol{t}$ を求めよ.

$a < b$ のとき，曲線 C 上の点 $\mathrm{P}(a)$ から $\mathrm{P}(b)$ までの長さ s を求めよう.

区間 $[a,\ b]$ を

$$a = t_0 < t_1 < \cdots < t_n = b$$

に分割して

$$\Delta\boldsymbol{r}_k = \overrightarrow{\mathrm{P}(t_{k-1})\mathrm{P}(t_k)},\quad \Delta t_k = t_k - t_{k-1}$$

$$(k = 1,\ 2,\ \cdots,\ n)$$

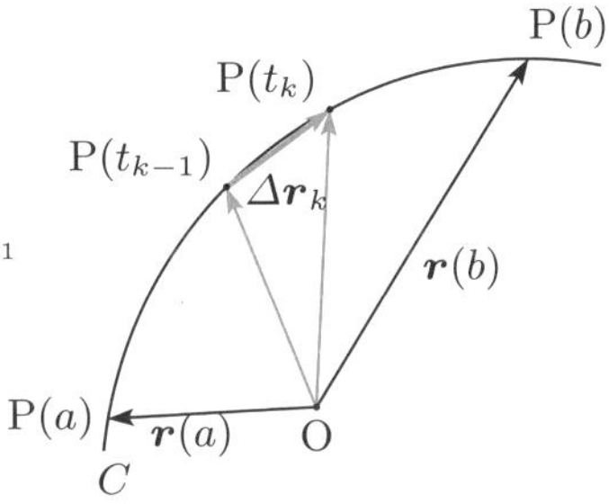

とおく．このとき，曲線の長さ s は

$$|\Delta\boldsymbol{r}_k| = \left|\frac{\Delta\boldsymbol{r}_k}{\Delta t_k}\right|\Delta t_k$$

の総和をとり，$\Delta t_k \to 0$ となるように分割を限りなく細かくしたときの極限として求められるから

$$s = \lim_{\Delta t_k \to 0}\sum_{k=1}^{n}\left|\frac{\Delta\boldsymbol{r}_k}{\Delta t_k}\right|\Delta t_k = \int_a^b \left|\frac{d\boldsymbol{r}}{dt}\right| dt$$

$$= \int_a^b \sqrt{\left(\frac{dx}{dt}\right)^2 + \left(\frac{dy}{dt}\right)^2 + \left(\frac{dz}{dt}\right)^2}\,dt$$

したがって，次の公式が得られる.

●曲線の長さ

曲線 $\boldsymbol{r} = \boldsymbol{r}(t) = \big(x(t),\ y(t),\ z(t)\big)$ 上の点 $\mathrm{P}(a)$ から $\mathrm{P}(b)$ までの曲線の長さを s とすると

$$s = \int_a^b \left|\frac{d\boldsymbol{r}}{dt}\right| dt = \int_a^b \sqrt{\left(\frac{dx}{dt}\right)^2 + \left(\frac{dy}{dt}\right)^2 + \left(\frac{dz}{dt}\right)^2}\,dt \qquad (2)$$

例題 1 曲線 $\boldsymbol{r} = \left(t,\ t^2,\ \dfrac{2}{3}t^3\right)$ について，点 P(0) から P(1) までの曲線の長さを求めよ．

解 曲線の長さを s とおくと，$\dfrac{d\boldsymbol{r}}{dt} = (1,\ 2t,\ 2t^2)$ より

$$s = \int_0^1 \left|\frac{d\boldsymbol{r}}{dt}\right| dt = \int_0^1 \sqrt{1 + 4t^2 + 4t^4}\, dt$$

$$= \int_0^1 \sqrt{(1 + 2t^2)^2}\, dt = \int_0^1 (1 + 2t^2)\, dt = \frac{5}{3}$$ //

問・9 曲線 $\boldsymbol{r} = (3\cos t,\ 3\sin t,\ 4t)$ について，点 P(0) から P(2π) までの曲線の長さを求めよ．

1 4 曲面

ここでは 2 変数のベクトル関数を考えよう．

座標平面上のある範囲 D 内の各点 $(u,\ v)$ にベクトル $\boldsymbol{a}(u,\ v)$ が対応するとき，$\boldsymbol{a}(u,\ v)$ を $u,\ v$ の**ベクトル関数**，D をその**定義域**という．

$\boldsymbol{a} = (a_x,\ a_y,\ a_z)$ が $u,\ v$ のベクトル関数のとき，その成分 $a_x,\ a_y,\ a_z$ は $u,\ v$ の関数である．

ベクトル関数 $\boldsymbol{a} = \boldsymbol{a}(u,\ v)$ において，v を固定して $\boldsymbol{a}$ を u のベクトル関数とみたときの $\boldsymbol{a}$ の導関数を $\boldsymbol{a}$ の u についての**偏導関数**といい，$\dfrac{\partial \boldsymbol{a}}{\partial u}$ で表す．すなわち

$$\frac{\partial \boldsymbol{a}}{\partial u} = \lim_{\Delta u \to 0} \frac{\boldsymbol{a}(u + \Delta u,\ v) - \boldsymbol{a}(u,\ v)}{\Delta u}$$

したがって，成分で表すと次のようになる．

$$\frac{\partial \boldsymbol{a}}{\partial u} = \left(\frac{\partial a_x}{\partial u},\ \frac{\partial a_y}{\partial u},\ \frac{\partial a_z}{\partial u}\right)$$

$\boldsymbol{a}$ の v についての偏導関数 $\dfrac{\partial \boldsymbol{a}}{\partial v}$ も同様に定義され，次の関係が成り立つ．

$$\frac{\partial \boldsymbol{a}}{\partial v}=\left(\frac{\partial a_x}{\partial v},\ \frac{\partial a_y}{\partial v},\ \frac{\partial a_z}{\partial v}\right)$$

$\boldsymbol{a}$ の第2次偏導関数 $\dfrac{\partial^2 \boldsymbol{a}}{\partial u^2}$, $\dfrac{\partial^2 \boldsymbol{a}}{\partial u \partial v}$, $\dfrac{\partial^2 \boldsymbol{a}}{\partial v^2}$ なども同様に定義される．

空間内において，点Pの位置ベクトル $\boldsymbol{r}$ が D を定義域とするベクトル関数 $\boldsymbol{r}=\boldsymbol{r}(u,\ v)$ で与えられているとし， $\dfrac{\partial \boldsymbol{r}}{\partial u}\times\dfrac{\partial \boldsymbol{r}}{\partial v}\neq \boldsymbol{0}$ とする．

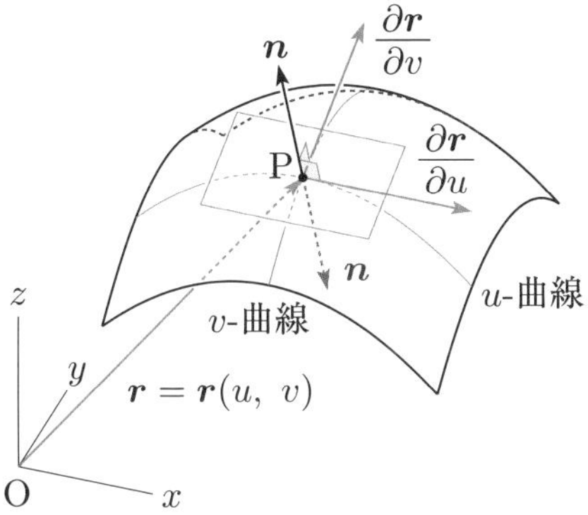

点 $(u,\ v)$ が D 内を動くと，それに対応する点Pは一般に曲面を描く．この曲面を $\boldsymbol{r}=\boldsymbol{r}(u,\ v)$ の表す曲面または曲面 $\boldsymbol{r}=\boldsymbol{r}(u,\ v)$ という．

v を固定して u だけを変化させると，点Pは曲面 $\boldsymbol{r}=\boldsymbol{r}(u,\ v)$ 上で曲線を描く．これを u-曲線という．8ページで述べたことから，$\dfrac{\partial \boldsymbol{r}}{\partial u}$ は u-曲線の接線ベクトルである．同様に，u を固定して v だけを変化させるとき，Pが曲面 $\boldsymbol{r}=\boldsymbol{r}(u,\ v)$ 上で描く曲線を v-曲線という．u-曲線の場合と同様に，$\dfrac{\partial \boldsymbol{r}}{\partial v}$ は v-曲線の接線ベクトルである．

Pを通り $\dfrac{\partial \boldsymbol{r}}{\partial u}$ および $\dfrac{\partial \boldsymbol{r}}{\partial v}$ に平行な平面を曲面 $\boldsymbol{r}=\boldsymbol{r}(u,\ v)$ のPにおける**接平面**という．また，この接平面に垂直なベクトルをこの曲面のPにおける**法線ベクトル**という．$\dfrac{\partial \boldsymbol{r}}{\partial u}\times\dfrac{\partial \boldsymbol{r}}{\partial v}$ は $\dfrac{\partial \boldsymbol{r}}{\partial u}$, $\dfrac{\partial \boldsymbol{r}}{\partial v}$ の両方に垂直だから，法線ベクトルの1つである．

大きさが1の法線ベクトルを**単位法線ベクトル**といい，$\boldsymbol{n}$ で表す．$\boldsymbol{n}$ は2つあって，次のように表される．

$$\boldsymbol{n}=\pm\frac{\dfrac{\partial \boldsymbol{r}}{\partial u}\times\dfrac{\partial \boldsymbol{r}}{\partial v}}{\left|\dfrac{\partial \boldsymbol{r}}{\partial u}\times\dfrac{\partial \boldsymbol{r}}{\partial v}\right|} \tag{1}$$

例題 2 次のベクトル関数で表される曲面について，$(u,\ v)$ に対応する曲面上の点における単位法線ベクトル $\boldsymbol{n}$ を求めよ．

$$\boldsymbol{r} = (u,\ v,\ f(u,\ v))$$

解 $\dfrac{\partial \boldsymbol{r}}{\partial u} = \left(1,\ 0,\ \dfrac{\partial f}{\partial u}\right),\ \dfrac{\partial \boldsymbol{r}}{\partial v} = \left(0,\ 1,\ \dfrac{\partial f}{\partial v}\right)$ より

$$\frac{\partial \boldsymbol{r}}{\partial u} \times \frac{\partial \boldsymbol{r}}{\partial v} = \begin{vmatrix} \boldsymbol{i} & \boldsymbol{j} & \boldsymbol{k} \\ 1 & 0 & \dfrac{\partial f}{\partial u} \\ 0 & 1 & \dfrac{\partial f}{\partial v} \end{vmatrix}$$

$$= \left(-\frac{\partial f}{\partial u},\ -\frac{\partial f}{\partial v},\ 1\right)$$

$$\left|\frac{\partial \boldsymbol{r}}{\partial u} \times \frac{\partial \boldsymbol{r}}{\partial v}\right| = \sqrt{\left(\frac{\partial f}{\partial u}\right)^2 + \left(\frac{\partial f}{\partial v}\right)^2 + 1}$$

$$\therefore\quad \boldsymbol{n} = \pm\frac{1}{\sqrt{\left(\dfrac{\partial f}{\partial u}\right)^2 + \left(\dfrac{\partial f}{\partial v}\right)^2 + 1}}\left(-\frac{\partial f}{\partial u},\ -\frac{\partial f}{\partial v},\ 1\right) \qquad //$$

●**注**…… $\boldsymbol{r}$ の成分を $x,\ y,\ z$ とおくと，曲面上の点は $(x,\ y,\ z)$ で表される．例題 2 では，$x = u,\ y = v,\ z = f(u,\ v)$ となり，これから $z = f(x,\ y)$ が得られる．すなわち，例題 2 の曲面は，2 変数関数 $z = f(x,\ y)$ で表される．

問・10 次のベクトル関数で表される曲面について，$(u,\ v)$ に対応する曲面上の点における単位法線ベクトル $\boldsymbol{n}$ を求めよ．

(1) $\boldsymbol{r} = (u,\ 2v,\ u^2 + v^2)$　　(2) $\boldsymbol{r} = (u\cos v,\ u\sin v,\ v)$

座標平面上の範囲 D で定義されたベクトル関数 $\boldsymbol{r}(u,\ v)$ の表す曲面の面積を求めよう．

D において $\boldsymbol{r}(u,\ v)$ は連続な偏導関数をもつものとする．

図のように，曲面を多数の u-曲線群，v-曲線群によって網目状の微小部分に分け，これらの微小部分の 1 つ PQTR をとり，P，Q，R の位置ベクトルをそれぞれ

$$\boldsymbol{r}(u,\ v),\ \boldsymbol{r}(u+\Delta u,\ v),\ \boldsymbol{r}(u,\ v+\Delta v)$$

$$(\Delta u > 0,\ \Delta v > 0)$$

とする．

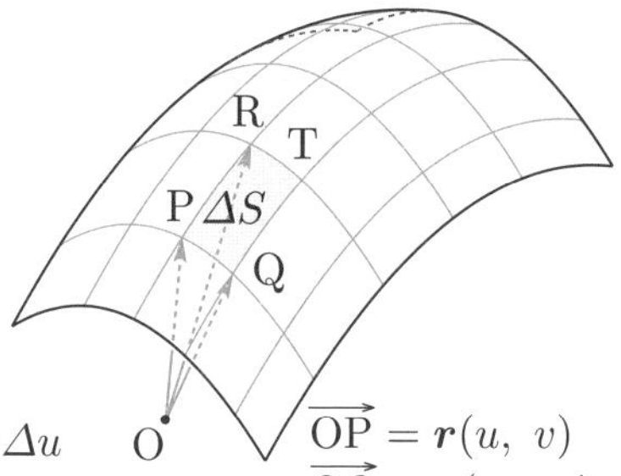

$$\overrightarrow{\mathrm{OP}} = \boldsymbol{r}(u,\ v)$$
$$\overrightarrow{\mathrm{OQ}} = \boldsymbol{r}(u+\Delta u,\ v)$$
$$\overrightarrow{\mathrm{OR}} = \boldsymbol{r}(u,\ v+\Delta v)$$

Δu，Δv が微小のとき

$$\overrightarrow{\mathrm{PQ}} = \boldsymbol{r}(u+\Delta u,\ v) - \boldsymbol{r}(u,\ v) \fallingdotseq \frac{\partial \boldsymbol{r}}{\partial u}\Delta u$$

$$\overrightarrow{\mathrm{PR}} = \boldsymbol{r}(u,\ v+\Delta v) - \boldsymbol{r}(u,\ v) \fallingdotseq \frac{\partial \boldsymbol{r}}{\partial v}\Delta v$$

また，微小部分 PQTR の面積 ΔS は，$\overrightarrow{\mathrm{PQ}}$，$\overrightarrow{\mathrm{PR}}$ を隣り合う 2 辺とする平行四辺形の面積 $\left|\overrightarrow{\mathrm{PQ}} \times \overrightarrow{\mathrm{PR}}\right|$ で近似できるから，次の近似式が成り立つ．

$$\Delta S \fallingdotseq \left|\frac{\partial \boldsymbol{r}}{\partial u} \times \frac{\partial \boldsymbol{r}}{\partial v}\right|\Delta u \Delta v$$

そこで，この形の式をすべての微小部分にわたって加えた和を S_Δ とする．

u-曲線群，v-曲線群のすべての間隔が限りなく 0 に近づくように曲面の分割を細かくするとき，S_Δ の極限値は

$$\iint_D \left|\frac{\partial \boldsymbol{r}}{\partial u} \times \frac{\partial \boldsymbol{r}}{\partial v}\right| du\,dv$$

になり，これが曲面の面積となる．

●曲面の面積

座標平面上の範囲 D で定義されたベクトル関数 $\boldsymbol{r}(u,\ v)$ の表す曲面の面積を S とすると

$$S = \iint_D \left|\frac{\partial \boldsymbol{r}}{\partial u} \times \frac{\partial \boldsymbol{r}}{\partial v}\right| du\,dv$$

例題 3　ベクトル関数

$$\boldsymbol{r}(u,\ v)=(u\cos v,\ u\sin v,\ u^2)\qquad (D:0\leqq u\leqq 1,\ 0\leqq v\leqq 2\pi)$$

で表される曲面の面積 S を求めよ．

解　$\dfrac{\partial \boldsymbol{r}}{\partial u}=(\cos v,\ \sin v,\ 2u),\ \dfrac{\partial \boldsymbol{r}}{\partial v}=(-u\sin v,\ u\cos v,\ 0)$ より

$$\frac{\partial \boldsymbol{r}}{\partial u}\times\frac{\partial \boldsymbol{r}}{\partial v}=\begin{vmatrix}\boldsymbol{i} & \boldsymbol{j} & \boldsymbol{k}\\ \cos v & \sin v & 2u\\ -u\sin v & u\cos v & 0\end{vmatrix}$$

$$=(-2u^2\cos v,\ -2u^2\sin v,\ u)$$

$$\left|\frac{\partial \boldsymbol{r}}{\partial u}\times\frac{\partial \boldsymbol{r}}{\partial v}\right|=u\sqrt{4u^2+1}$$

よって

$$S=\iint_D\left|\frac{\partial \boldsymbol{r}}{\partial u}\times\frac{\partial \boldsymbol{r}}{\partial v}\right|du\,dv=\iint_D u\sqrt{4u^2+1}\,du\,dv$$

$$=\int_0^{2\pi}\left(\int_0^1 u\sqrt{4u^2+1}\,du\right)dv=2\pi\left[\frac{1}{12}(4u^2+1)^{\frac{3}{2}}\right]_0^1$$

$$=\frac{\pi}{6}\left(5\sqrt{5}-1\right)$$

//

問・11　ベクトル関数

$$\boldsymbol{r}(u,\ v)=(\cos u,\ \sin u,\ v^2)\qquad (D:0\leqq u\leqq \pi,\ 0\leqq v\leqq 2)$$

で表される曲面の面積 S を求めよ．

練習問題 1

1. $\boldsymbol{a}+\boldsymbol{b}+\boldsymbol{c}=\boldsymbol{0}$ のとき，次の等式が成り立つことを証明せよ．

$$\boldsymbol{a}\times\boldsymbol{b}=\boldsymbol{b}\times\boldsymbol{c}=\boldsymbol{c}\times\boldsymbol{a}$$

2. 任意のベクトル $\boldsymbol{a}=(a_1,\ a_2,\ a_3)$，$\boldsymbol{b}=(b_1,\ b_2,\ b_3)$，$\boldsymbol{c}=(c_1,\ c_2,\ c_3)$ に対して，次の等式が成り立つことを証明せよ．

(1) $\boldsymbol{a}\cdot(\boldsymbol{b}\times\boldsymbol{c})=\begin{vmatrix} a_1 & a_2 & a_3 \\ b_1 & b_2 & b_3 \\ c_1 & c_2 & c_3 \end{vmatrix}$

(2) $\boldsymbol{a}\cdot(\boldsymbol{b}\times\boldsymbol{c})=\boldsymbol{b}\cdot(\boldsymbol{c}\times\boldsymbol{a})=\boldsymbol{c}\cdot(\boldsymbol{a}\times\boldsymbol{b})$

3. 3 点 $\mathrm{A}(1,\ 0,\ 2)$，$\mathrm{B}(-2,\ 1,\ 1)$，$\mathrm{C}(1,\ 2,\ 3)$ について，次の問いに答えよ．

(1) AB と AC を隣り合う 2 辺とする平行四辺形の面積を求めよ．

(2) $\overrightarrow{\mathrm{AB}}$ と $\overrightarrow{\mathrm{AC}}$ の両方に垂直な単位ベクトルを求めよ．

4. 曲線 $\boldsymbol{r}=(e^t,\ e^{-t},\ \sqrt{2}\,t)$ 上の t に対応する点を $\mathrm{P}(t)$ とする．

(1) 単位接線ベクトルを求めよ．

(2) 点 $\mathrm{P}(0)$ から $\mathrm{P}(1)$ までの曲線の長さを求めよ．

5. 曲線 $\boldsymbol{r}=(t^3,\ 3t^2,\ 6t)$ について，点 $\mathrm{P}(0)$ から $\mathrm{P}(2)$ までの曲線の長さを求めよ．

6. ベクトル関数

$$\boldsymbol{r}=(a\cos u\sin v,\ a\sin u\sin v,\ a\cos v)$$

$$\left(D:0\leqq u\leqq\pi,\ \frac{\pi}{3}\leqq v\leqq\frac{\pi}{2}\right)$$

で表される曲面について，次の問いに答えよ．ただし，a は正の定数とする．

(1) 単位法線ベクトルを求めよ．

(2) 曲面の面積を求めよ．

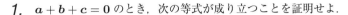

2 スカラー場とベクトル場

2-1 勾配

空間内のある範囲 D の各点 $(x,\ y,\ z)$ に1つの実数 φ が対応しているとき，D において**スカラー場** $\varphi(x,\ y,\ z)$ が定義されているという．このとき，スカラー場 φ は，D を定義域とする $x,\ y,\ z$ の関数である．

また，D の各点 $(x,\ y,\ z)$ に1つのベクトル $\boldsymbol{a}$ が対応しているとき，D において**ベクトル場** $\boldsymbol{a}(x,\ y,\ z)$ が定義されているという．このとき，ベクトル場 $\boldsymbol{a}$ は，D を定義域とする $x,\ y,\ z$ のベクトル関数である．

例1　ある流体内部 D の各点に，その点における温度 u を対応させると，u は D におけるスカラー場である．また，D の各点に，その点における流体の速度 $\boldsymbol{v}$ を対応させると，$\boldsymbol{v}$ は D におけるベクトル場である．

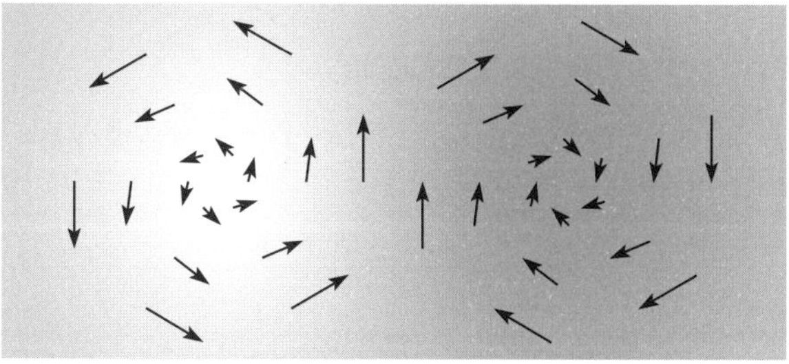

色の濃淡は温度を矢印は流体の速度を表す．

●**注**····ここでは，スカラー場またはベクトル場が時刻 t に無関係な場合を扱う．また，以後現れるスカラー場，ベクトル場は，それぞれ関数，ベクトル関数として何回でも偏微分可能であるとする．

スカラー場 $\varphi(x,\ y,\ z)$ に対して

$$\nabla\varphi = \left(\frac{\partial\varphi}{\partial x},\ \frac{\partial\varphi}{\partial y},\ \frac{\partial\varphi}{\partial z}\right) = \frac{\partial\varphi}{\partial x}\boldsymbol{i} + \frac{\partial\varphi}{\partial y}\boldsymbol{j} + \frac{\partial\varphi}{\partial z}\boldsymbol{k}$$

によって定義されるベクトル場 $\nabla\varphi$ を φ の**勾配**という．

∇ は**ハミルトンの演算子**と呼ばれ，**ナブラ**と読み，形式的に

$$\nabla = \left(\frac{\partial}{\partial x},\ \frac{\partial}{\partial y},\ \frac{\partial}{\partial z}\right) = \boldsymbol{i}\frac{\partial}{\partial x} + \boldsymbol{j}\frac{\partial}{\partial y} + \boldsymbol{k}\frac{\partial}{\partial z}$$

で定義されるベクトルとみなす．したがって，$\nabla\varphi$ はベクトル ∇ とスカラー φ の形式的な積と考えられる．なお，$\nabla\varphi$ を $\mathrm{grad}\,\varphi$ と書くこともある．

$\nabla\varphi \neq \boldsymbol{0}$ のとき，その図形的意味を考えよう．

スカラー場 φ に対して，方程式

$$\varphi(x,\ y,\ z) = c \qquad (c \text{ は定数}) \tag{1}$$

は一般に曲面を表す．これを φ の**等位面**という．c をパラメーターとすると，(1) は等位面の群を表す．

点 $\mathrm{P}(x,\ y,\ z)$ を通る等位面の方程式を (1) とし，この曲面上に P を通る任意の曲線 $\boldsymbol{r} = \bigl(x(t),\ y(t),\ z(t)\bigr)$ を描くと

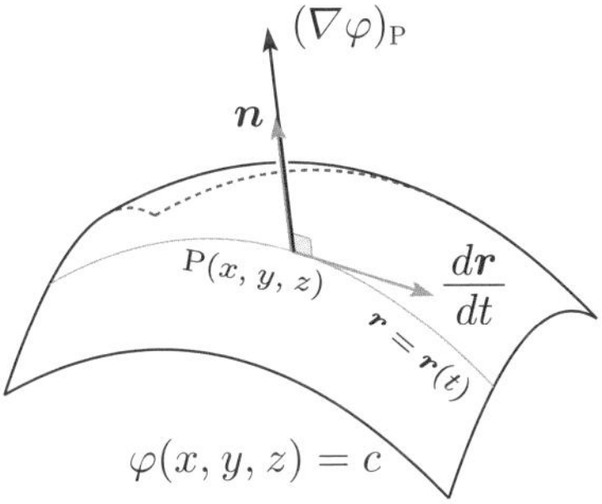

$$\varphi\bigl(x(t),\ y(t),\ z(t)\bigr) = c$$

両辺を t で微分すると

$$\frac{\partial\varphi}{\partial x}\frac{dx}{dt} + \frac{\partial\varphi}{\partial y}\frac{dy}{dt} + \frac{\partial\varphi}{\partial z}\frac{dz}{dt} = 0$$

すなわち

$$\nabla\varphi\cdot\frac{d\boldsymbol{r}}{dt} = 0 \text{ より} \quad \nabla\varphi \perp \frac{d\boldsymbol{r}}{dt}$$

いま，ベクトル場 $\nabla\varphi$ の点 $\mathrm{P}(x,\ y,\ z)$ に対応するベクトルを $(\nabla\varphi)_{\mathrm{P}}$ で表すと，上の等式から，$(\nabla\varphi)_{\mathrm{P}}$ は，P を通る等位面上の曲線の接線ベクトルに垂直になる．また，曲線は任意だから，$(\nabla\varphi)_{\mathrm{P}}$ は，P を通る等位面の法線ベクトルであることがわかる．

次に，零ベクトルでない任意のベクトル $\boldsymbol{a} = (a_x,\ a_y,\ a_z)$ について，点 P から $\boldsymbol{a}$ の向きに動くとき，φ の値がどのような割合で変化するかを調べよう．

$$\frac{\boldsymbol{a}}{|\boldsymbol{a}|} = \boldsymbol{e} = (e_x,\ e_y,\ e_z)$$

とおくと，点 P から $\boldsymbol{a}$ の向きに τ だけ離れた点の座標は

$$(x + e_x\tau,\ y + e_y\tau,\ z + e_z\tau)$$

となるから，φ の値の変化率は

$$\frac{d}{d\tau}\varphi(x + e_x\tau,\ y + e_y\tau,\ z + e_z\tau)$$
$$= \frac{\partial\varphi}{\partial x}e_x + \frac{\partial\varphi}{\partial y}e_y + \frac{\partial\varphi}{\partial z}e_z = \nabla\varphi\cdot\boldsymbol{e} \qquad (2)$$

この変化率の点 P での値 $(\nabla\varphi)_{\mathrm{P}}\cdot\boldsymbol{e}$ を，点 P におけるベクトル $\boldsymbol{a}$ の方向への φ の**方向微分係数**という．$(\nabla\varphi)_{\mathrm{P}}$ と $\boldsymbol{a}$ のなす角を θ とすると，$(\nabla\varphi)_{\mathrm{P}}$ と $\boldsymbol{e}$ のなす角も θ だから

$$(\nabla\varphi)_{\mathrm{P}}\cdot\boldsymbol{e} = |(\nabla\varphi)_{\mathrm{P}}||\boldsymbol{e}|\cos\theta = |(\nabla\varphi)_{\mathrm{P}}|\cos\theta$$

したがって，点 P における方向微分係数は，$\theta = 0$ となる方向，すなわち，$(\nabla\varphi)_{\mathrm{P}}$ の方向で最大となり，最大値 $|(\nabla\varphi)_{\mathrm{P}}|$ をとる．

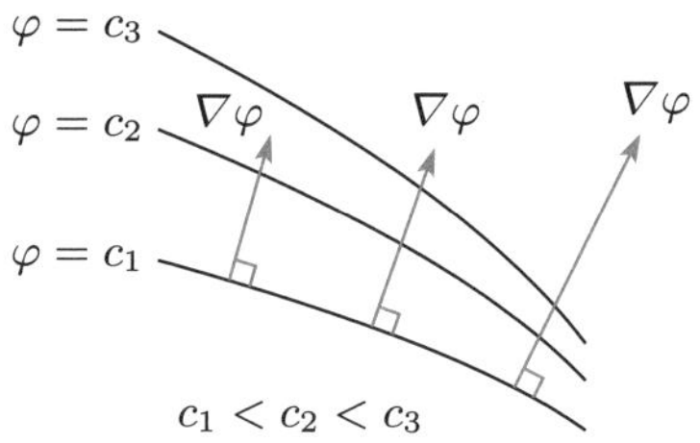

このことから，φ の勾配 $\nabla\varphi$ は，各点で φ の方向微分係数が最大となる方向を持ち，その最大値と同じ大きさを持つベクトル場であることがわかる．$(\nabla\varphi)_{\mathrm{P}}$ は等位面に垂直，向きは φ の値が増加する向きであり，等位面が密集している点ほど φ の値の変化率が大きいから $|(\nabla\varphi)_{\mathrm{P}}|$ は大きくなる．

例題 1 スカラー場 $\varphi = xyz^3 + 2x^2z$ と点 $\mathrm{P}(1,\ -1,\ 1)$ について，次を求めよ．

(1) $(\nabla\varphi)_{\mathrm{P}}$

(2) $(\nabla\varphi)_{\mathrm{P}}$ と同じ向きの単位ベクトル $\boldsymbol{n}$

(3) 点 P における $\boldsymbol{n}$ の方向への方向微分係数

(4) 点 P における $\boldsymbol{a} = (1,\ 1,\ 0)$ の方向への方向微分係数

解 (1) $\nabla\varphi = \left(\dfrac{\partial\varphi}{\partial x},\ \dfrac{\partial\varphi}{\partial y},\ \dfrac{\partial\varphi}{\partial z}\right) = (yz^3 + 4xz,\ xz^3,\ 3xyz^2 + 2x^2)$

$\therefore\ (\nabla\varphi)_{\mathrm{P}} = (3,\ 1,\ -1)$

(2) $\boldsymbol{n} = \dfrac{1}{|(\nabla\varphi)_{\mathrm{P}}|}(\nabla\varphi)_{\mathrm{P}} = \dfrac{1}{\sqrt{11}}(3,\ 1,\ -1)$

(3) $(\nabla\varphi)_{\mathrm{P}} \cdot \boldsymbol{n} = \sqrt{11}$

(4) $\boldsymbol{a}$ と同じ向きの単位ベクトル $\boldsymbol{e}$ は $\boldsymbol{e} = \dfrac{\boldsymbol{a}}{|\boldsymbol{a}|} = \dfrac{1}{\sqrt{2}}(1,\ 1,\ 0)$

よって $(\nabla\varphi)_{\mathrm{P}} \cdot \boldsymbol{e} = \dfrac{4}{\sqrt{2}} = 2\sqrt{2}$ //

問・1 スカラー場 $\varphi = e^{3x} + y^2 \log z$ と点 P(0, 2, 1) について，次を求めよ．

(1) $(\nabla\varphi)_{\mathrm{P}}$

(2) $(\nabla\varphi)_{\mathrm{P}}$ と同じ向きの単位ベクトル $\boldsymbol{n}$

(3) 点 P における $\boldsymbol{n}$ の方向への方向微分係数

(4) 点 P における $\boldsymbol{a} = (2,\ 1,\ -2)$ の方向への方向微分係数

φ, ψ がスカラー場のとき，積 $\varphi\psi$ もスカラー場であり

$$\frac{\partial}{\partial x}(\varphi\psi) = \frac{\partial\varphi}{\partial x}\psi + \varphi\frac{\partial\psi}{\partial x}$$

y, z についての偏微分も，同様に計算すると

$$\begin{aligned}\nabla(\varphi\psi) &= \left(\frac{\partial\varphi}{\partial x}\psi + \varphi\frac{\partial\psi}{\partial x},\ \frac{\partial\varphi}{\partial y}\psi + \varphi\frac{\partial\psi}{\partial y},\ \frac{\partial\varphi}{\partial z}\psi + \varphi\frac{\partial\psi}{\partial z}\right)\\ &= \left(\frac{\partial\varphi}{\partial x},\ \frac{\partial\varphi}{\partial y},\ \frac{\partial\varphi}{\partial z}\right)\psi + \varphi\left(\frac{\partial\psi}{\partial x},\ \frac{\partial\psi}{\partial y},\ \frac{\partial\psi}{\partial z}\right)\\ &= (\nabla\varphi)\,\psi + \varphi\,(\nabla\psi)\end{aligned}$$

●注…… $\varphi\,(\nabla\psi)$ を $\varphi\nabla\psi$ と書くこともある．

このようにして，勾配についての次の公式が得られる．

●勾配の公式

φ, ψ がスカラー場で，f が1変数の関数のとき

(I) $\nabla(\varphi+\psi)=\nabla\varphi+\nabla\psi$

(II) $\nabla(\varphi\psi)=(\nabla\varphi)\psi+\varphi(\nabla\psi)$

(III) $\nabla f(\varphi)=f'(\varphi)\nabla\varphi$

問・2 上の公式(I)，(III)を証明せよ．

問・3 φ, ψ がスカラー場のとき，次の等式が成り立つことを証明せよ．ただし，$\psi\neq 0$ とする．

(1) $\nabla\left(\dfrac{1}{\psi}\right)=-\dfrac{1}{\psi^2}\nabla\psi$　　(2) $\nabla\left(\dfrac{\varphi}{\psi}\right)=\dfrac{\psi\nabla\varphi-\varphi\nabla\psi}{\psi^2}$

2 発散と回転

ベクトル場 $\boldsymbol{a}=(a_x,\ a_y,\ a_z)$ に対して，∇ と $\boldsymbol{a}$ との形式的な内積

$$\nabla\cdot\boldsymbol{a}=\left(\frac{\partial}{\partial x},\ \frac{\partial}{\partial y},\ \frac{\partial}{\partial z}\right)\cdot(a_x,\ a_y,\ a_z)$$
$$=\frac{\partial a_x}{\partial x}+\frac{\partial a_y}{\partial y}+\frac{\partial a_z}{\partial z}$$

によって定義されるスカラー場 $\nabla\cdot\boldsymbol{a}$ をベクトル場 $\boldsymbol{a}$ の**発散**という．これを $\mathrm{div}\,\boldsymbol{a}$ で表すこともある．

また，∇ と $\boldsymbol{a}$ との形式的な外積

$$\nabla\times\boldsymbol{a}=\begin{vmatrix}\boldsymbol{i} & \boldsymbol{j} & \boldsymbol{k}\\ \dfrac{\partial}{\partial x} & \dfrac{\partial}{\partial y} & \dfrac{\partial}{\partial z}\\ a_x & a_y & a_z\end{vmatrix}$$
$$=\left(\frac{\partial a_z}{\partial y}-\frac{\partial a_y}{\partial z},\ \frac{\partial a_x}{\partial z}-\frac{\partial a_z}{\partial x},\ \frac{\partial a_y}{\partial x}-\frac{\partial a_x}{\partial y}\right)$$

によって定義されるベクトル場 $\nabla\times\boldsymbol{a}$ をベクトル場 $\boldsymbol{a}$ の**回転**という．これを $\mathrm{rot}\,\boldsymbol{a}$ または $\mathrm{curl}\,\boldsymbol{a}$ で表すこともある．

例題 2 ベクトル場 $\boldsymbol{a} = (x^2y,\ -2xz,\ 2yz)$ の発散 $\nabla \cdot \boldsymbol{a}$ と回転 $\nabla \times \boldsymbol{a}$ を求めよ.

解

$$\nabla \cdot \boldsymbol{a} = \frac{\partial}{\partial x}(x^2y) + \frac{\partial}{\partial y}(-2xz) + \frac{\partial}{\partial z}(2yz) = 2xy + 2y$$

$$\nabla \times \boldsymbol{a} = \begin{vmatrix} \boldsymbol{i} & \boldsymbol{j} & \boldsymbol{k} \\ \dfrac{\partial}{\partial x} & \dfrac{\partial}{\partial y} & \dfrac{\partial}{\partial z} \\ x^2y & -2xz & 2yz \end{vmatrix} = (2z + 2x,\ 0,\ -2z - x^2) \qquad //$$

問・4 次のベクトル場の発散と回転を求めよ.

(1) $\boldsymbol{a} = (x^3z,\ -y^2z,\ xyz)$ (2) $\boldsymbol{b} = (x^2 - y^2,\ y^2 - z^2,\ z^2 - x^2)$

☞ 発散と回転の意味については，補章の 153 ページで説明する.

発散と回転について，次の公式が成り立つ.

●発散と回転の公式

$\boldsymbol{a}$, $\boldsymbol{b}$ をベクトル場，φ をスカラー場とするとき

(I) $\nabla \cdot (\boldsymbol{a} + \boldsymbol{b}) = \nabla \cdot \boldsymbol{a} + \nabla \cdot \boldsymbol{b}$, $\nabla \times (\boldsymbol{a} + \boldsymbol{b}) = \nabla \times \boldsymbol{a} + \nabla \times \boldsymbol{b}$

(II) $\nabla \cdot (\varphi \boldsymbol{a}) = (\nabla \varphi) \cdot \boldsymbol{a} + \varphi(\nabla \cdot \boldsymbol{a})$

$\nabla \times (\varphi \boldsymbol{a}) = (\nabla \varphi) \times \boldsymbol{a} + \varphi(\nabla \times \boldsymbol{a})$

(III) $\nabla \times (\nabla \varphi) = \boldsymbol{0}$, $\nabla \cdot (\nabla \times \boldsymbol{a}) = 0$

証明 (II) を証明しよう.

(II) 第 1 式の証明

$\boldsymbol{a} = (a_x,\ a_y,\ a_z)$ とおくと，$\varphi \boldsymbol{a} = (\varphi a_x,\ \varphi a_y,\ \varphi a_z)$ だから

$$\begin{aligned} &\nabla \cdot (\varphi \boldsymbol{a}) \\ &= \left(\frac{\partial \varphi}{\partial x} a_x + \varphi \frac{\partial a_x}{\partial x}\right) + \left(\frac{\partial \varphi}{\partial y} a_y + \varphi \frac{\partial a_y}{\partial y}\right) + \left(\frac{\partial \varphi}{\partial z} a_z + \varphi \frac{\partial a_z}{\partial z}\right) \end{aligned}$$

$$= \left(\frac{\partial \varphi}{\partial x}a_x + \frac{\partial \varphi}{\partial y}a_y + \frac{\partial \varphi}{\partial z}a_z\right) + \left(\varphi\frac{\partial a_x}{\partial x} + \varphi\frac{\partial a_y}{\partial y} + \varphi\frac{\partial a_z}{\partial z}\right)$$
$$= (\nabla\varphi)\cdot\boldsymbol{a} + \varphi(\nabla\cdot\boldsymbol{a})$$

（II）第2式の証明

$$\nabla\times(\varphi\boldsymbol{a}) = \begin{vmatrix} \boldsymbol{i} & \boldsymbol{j} & \boldsymbol{k} \\ \dfrac{\partial}{\partial x} & \dfrac{\partial}{\partial y} & \dfrac{\partial}{\partial z} \\ \varphi a_x & \varphi a_y & \varphi a_z \end{vmatrix}$$

このベクトルの x 成分は

$$\frac{\partial}{\partial y}(\varphi a_z) - \frac{\partial}{\partial z}(\varphi a_y) = \frac{\partial \varphi}{\partial y}a_z + \varphi\frac{\partial a_z}{\partial y} - \left(\frac{\partial \varphi}{\partial z}a_y + \varphi\frac{\partial a_y}{\partial z}\right)$$
$$= \left(\frac{\partial \varphi}{\partial y}a_z - \frac{\partial \varphi}{\partial z}a_y\right) + \varphi\left(\frac{\partial a_z}{\partial y} - \frac{\partial a_y}{\partial z}\right)$$

これは，$\nabla\varphi\times\boldsymbol{a}$ の x 成分と $\varphi(\nabla\times\boldsymbol{a})$ の x 成分の和である．

y 成分，z 成分についても同様なことが成り立つから

$$\nabla\times(\varphi\boldsymbol{a}) = (\nabla\varphi)\times\boldsymbol{a} + \varphi(\nabla\times\boldsymbol{a})$$ //

問・5 上の公式(I)，(III)を証明せよ．

問・6 φ をスカラー場とするとき，次の等式が成り立つことを証明せよ．

$$\nabla\times(\varphi\nabla\varphi) = \boldsymbol{0}$$

位置ベクトル $\boldsymbol{r} = (x,\ y,\ z)$ は1つのベクトル場であり，位置ベクトルの大きさ $r = |\boldsymbol{r}|$ は1つのスカラー場である．

例題 3 $\boldsymbol{r} = (x,\ y,\ z)$，$r = |\boldsymbol{r}|$ のとき，次を求めよ．ただし，$\boldsymbol{r} \neq \boldsymbol{0}$ とする．

(1) ∇r　　(2) $\nabla\cdot\boldsymbol{r}$　　(3) $\nabla\times\boldsymbol{r}$

解 (1) $r = \sqrt{x^2+y^2+z^2} = (x^2+y^2+z^2)^{\frac{1}{2}}$ から

$$\frac{\partial r}{\partial x} = \frac{1}{2}(x^2+y^2+z^2)^{-\frac{1}{2}}\cdot 2x = \frac{x}{r}$$

同様にして

$$\frac{\partial r}{\partial y} = \frac{y}{r}, \quad \frac{\partial r}{\partial z} = \frac{z}{r}$$

$$\therefore \quad \nabla r = \left(\frac{x}{r},\ \frac{y}{r},\ \frac{z}{r}\right) = \frac{1}{r}(x,\ y,\ z) = \frac{\boldsymbol{r}}{r}$$

(2) $\nabla \cdot \boldsymbol{r} = \dfrac{\partial}{\partial x}(x) + \dfrac{\partial}{\partial y}(y) + \dfrac{\partial}{\partial z}(z) = 1 + 1 + 1 = 3$

(3) $\nabla \times \boldsymbol{r} = \left(\dfrac{\partial}{\partial y}(z) - \dfrac{\partial}{\partial z}(y),\ \dfrac{\partial}{\partial z}(x) - \dfrac{\partial}{\partial x}(z),\ \dfrac{\partial}{\partial x}(y) - \dfrac{\partial}{\partial y}(x)\right)$

$= (0,\ 0,\ 0) = \mathbf{0}$ //

問・7 $\boldsymbol{r} = (x,\ y,\ z)$, $r = |\boldsymbol{r}|$ のとき，次を求めよ．ただし，$\boldsymbol{r} \neq \mathbf{0}$ とする．

(1) $\nabla\left(\dfrac{1}{r}\right)$ (2) $\nabla \cdot \left(\dfrac{\boldsymbol{r}}{r}\right)$ (3) $\nabla \times \left(\dfrac{\boldsymbol{r}}{r}\right)$

スカラー場 φ に対して $\nabla \cdot (\nabla \varphi)$ を計算すると次のようになる．

$$\nabla \cdot (\nabla \varphi) = \left(\frac{\partial}{\partial x},\ \frac{\partial}{\partial y},\ \frac{\partial}{\partial z}\right) \cdot \left(\frac{\partial \varphi}{\partial x},\ \frac{\partial \varphi}{\partial y},\ \frac{\partial \varphi}{\partial z}\right)$$

$$= \frac{\partial^2 \varphi}{\partial x^2} + \frac{\partial^2 \varphi}{\partial y^2} + \frac{\partial^2 \varphi}{\partial z^2} \qquad (1)$$

ここで，$\dfrac{\partial^2}{\partial x^2} + \dfrac{\partial^2}{\partial y^2} + \dfrac{\partial^2}{\partial z^2}$ を形式的な内積 $\nabla \cdot \nabla$ とみて ∇^2 で表すことにすると，(1) は ∇^2 と φ との形式的な積と考えられる．すなわち

$$\nabla^2 \varphi = \frac{\partial^2 \varphi}{\partial x^2} + \frac{\partial^2 \varphi}{\partial y^2} + \frac{\partial^2 \varphi}{\partial z^2}$$

∇^2 は Δ と表すこともあり，**ラプラシアン**と呼ばれる．

問・8 次のスカラー場について，$\nabla^2 \varphi$ を求めよ．

(1) $\varphi = x^2yz + 3xy^2$ (2) $\varphi = x^2y + y^2z + z^2x$

(3) $\varphi = \log(x^2 + y^2 + z^2)$ (4) $\varphi = \dfrac{1}{\sqrt{x^2 + y^2 + z^2}}$

練習問題 2

1. スカラー場 $\varphi = x^3z - xyz^2$ と点 $\mathrm{P}(-1,\ 1,\ 2)$ について，次を求めよ．

(1) $\nabla\varphi$

(2) 点 P における $(\nabla\varphi)_{\mathrm{P}}$ の方向への方向微分係数

(3) 点 P における $\nabla^2\varphi$

2. ベクトル場 $\boldsymbol{a} = (xy,\ yz,\ zx)$ について，次を求めよ．

(1) $\nabla\cdot\boldsymbol{a}$　　(2) $\nabla\times\boldsymbol{a}$　　(3) $\nabla(\nabla\cdot\boldsymbol{a})$　　(4) $\nabla\times(\nabla\times\boldsymbol{a})$

3. ベクトル場 $\boldsymbol{r} = (x,\ y,\ z)$ と $\boldsymbol{a} = (1,\ 2,\ 3)$，$\boldsymbol{b} = (4,\ 5,\ 6)$ について，次の等式が成り立つことを証明せよ．

(1) $\nabla\cdot(\boldsymbol{a}\times\boldsymbol{r}) = 0$　　(2) $\nabla\times\big((\boldsymbol{a}\cdot\boldsymbol{r})\boldsymbol{b}\big) = \boldsymbol{a}\times\boldsymbol{b}$

(3) $\nabla\times(\boldsymbol{a}\times\boldsymbol{r}) = 2\boldsymbol{a}$

4. $\boldsymbol{a} = (a_x,\ a_y,\ a_z)$，$\boldsymbol{r} = (x,\ y,\ z)$ とするとき，次の問いに答えよ．

(1) $\nabla\times\boldsymbol{a} = \boldsymbol{0}$ のとき

$$\frac{\partial a_z}{\partial y} = \frac{\partial a_y}{\partial z},\quad \frac{\partial a_x}{\partial z} = \frac{\partial a_z}{\partial x},\quad \frac{\partial a_y}{\partial x} = \frac{\partial a_x}{\partial y}$$

が成り立つことを証明せよ．

(2) $\boldsymbol{a}\times\boldsymbol{r}$ の成分表示を求めよ．

(3) $\nabla\times\boldsymbol{a} = \boldsymbol{0}$ のとき，$\nabla\cdot(\boldsymbol{a}\times\boldsymbol{r}) = 0$ であることを証明せよ．

5. $\boldsymbol{r} = (x,\ y,\ z)$ と一定のベクトル $\boldsymbol{c}$ について，$\boldsymbol{v} = (\boldsymbol{r}\cdot\boldsymbol{c})\boldsymbol{c}$ とおくとき，次の等式が成り立つことを証明せよ．

(1) $\nabla(\boldsymbol{r}\cdot\boldsymbol{c}) = \boldsymbol{c}$　　(2) $\nabla\cdot\boldsymbol{v} = |\boldsymbol{c}|^2$　　(3) $\nabla\times\boldsymbol{v} = \boldsymbol{0}$

6. $\boldsymbol{r} = (x,\ y,\ z)$，$r = |\boldsymbol{r}|$，$f(r)$ は r の関数であるとき，次の等式が成り立つことを証明せよ．

(1) $\nabla\cdot\big(f(r)\boldsymbol{r}\big) = rf'(r) + 3f(r)$　　(2) $\nabla\times\big(f(r)\boldsymbol{r}\big) = \boldsymbol{0}$

3 線積分・面積分

3 1 スカラー場の線積分

ベクトル関数

$$\boldsymbol{r}(t) = \big(x(t),\ y(t),\ z(t)\big) \qquad (a \leqq t \leqq b) \tag{1}$$

の表す曲線を C とし，$t = a,\ b$ に対応する点をそれぞれ A, B とする．

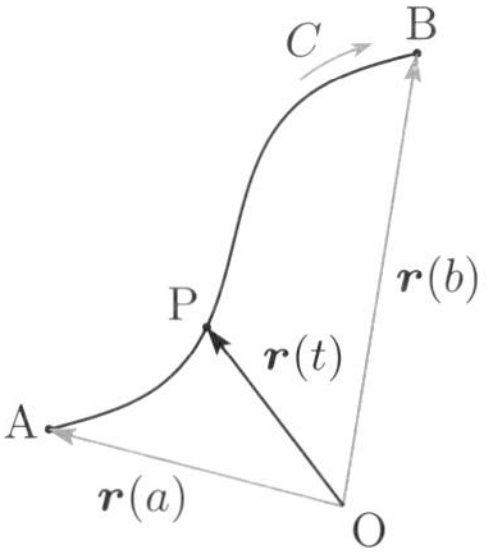

A と B が一致するとき，C を**閉曲線**という．また，途中で自分自身と交わらない閉曲線を**単純閉曲線**という．

$\boldsymbol{r}(t)$ が微分可能で，$\boldsymbol{r}'(t)$ が連続かつ $\boldsymbol{r}'(t) \neq \boldsymbol{0}$ のとき，曲線 C は**滑らか**であるという．

最初に，(1) の表す曲線 C が滑らかな場合を考えよう．

スカラー場 φ が C を含むある範囲で定義されているとする．C 上に点 A から順に，分点

$$\mathrm{A} = \mathrm{P}_0,\ \mathrm{P}_1,\ \mathrm{P}_2,\ \cdots,\ \mathrm{P}_n = \mathrm{B}$$

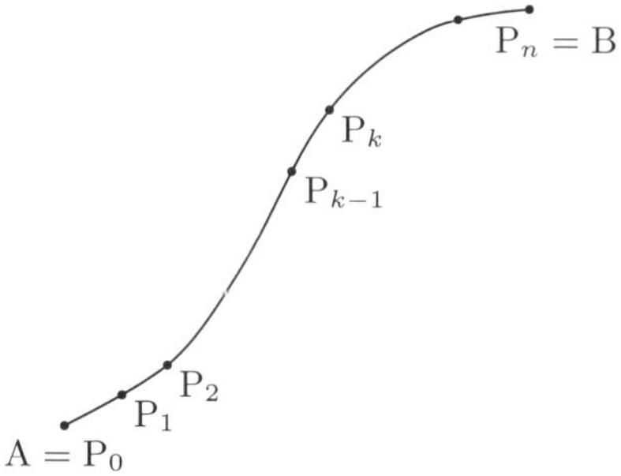

をとり，P_k の座標を $(x_k,\ y_k,\ z_k)$ とおく．点 A から P_k までの曲線の長さを s_k および $\Delta s_k = s_k - s_{k-1}$ として，次の和を作る．

$$W_n = \sum_{k=1}^{n} \varphi(x_k,\ y_k,\ z_k)\Delta s_k$$

すべての k について $\Delta s_k \to 0$ となるように分割の数 n を限りなく大きくするときの W_n の極限値を，スカラー場 φ の曲線 C に沿う**線積分**といい，$\displaystyle\int_C \varphi\, ds$ で表す．また，C を**積分路**という．

$$\int_C \varphi\, ds = \lim_{\Delta s_k \to 0} \sum_{k=1}^{n} \varphi(x_k,\ y_k,\ z_k) \Delta s_k \tag{2}$$

t に対応する C 上の点を $\mathrm{P}(t)$ と表すとき，点 $\mathrm{P}(a)$ から点 $\mathrm{P}(t)$ までの曲線の長さ s は，9 ページの公式から

$$s = \int_a^t \left| \frac{d\boldsymbol{r}}{dt} \right| dt \tag{3}$$

となる．したがって s は t の関数であり，次の等式が成り立つ．

$$\int_C \varphi\, ds = \int_a^b \varphi\big(x(t),\ y(t),\ z(t)\big) \frac{ds}{dt}\, dt \tag{4}$$

(3) より $\dfrac{ds}{dt} = \left| \dfrac{d\boldsymbol{r}}{dt} \right|$ だから，(4) は

$$\int_C \varphi\, ds = \int_a^b \varphi\big(x(t),\ y(t),\ z(t)\big) \left| \frac{d\boldsymbol{r}}{dt} \right| dt$$

とも表される．

特に，φ が定数関数 $\varphi = 1$ のとき，線積分

$$\int_C ds = \int_a^b \frac{ds}{dt}\, dt$$

は，点 A から点 B までの曲線の長さである．

スカラー場 φ の曲線 C に沿う x 成分に関する線積分は，$\Delta x_k = x_k - x_{k-1}$ として，次のように定義される．

$$\int_C \varphi\, dx = \lim_{\Delta x_k \to 0} \sum_{k=1}^{n} \varphi(x_k,\ y_k,\ z_k) \Delta x_k \tag{5}$$

また，(4) と同様に次の等式が成り立つ．

$$\int_C \varphi\, dx = \int_a^b \varphi\big(x(t),\ y(t),\ z(t)\big) \frac{dx}{dt}\, dt$$

y 成分，z 成分に関する線積分についても同様である．

$$\int_C \varphi\, dy = \int_a^b \varphi\big(x(t),\ y(t),\ z(t)\big) \frac{dy}{dt}\, dt$$

$$\int_C \varphi\, dz = \int_a^b \varphi\big(x(t),\ y(t),\ z(t)\big) \frac{dz}{dt}\, dt$$

例題 1 曲線 $C: \boldsymbol{r}(t) = (\cos t,\ \sin t,\ 1)\ (0 \leqq t \leqq \pi)$ に沿う次の線積分の値を求めよ.

(1) $\displaystyle\int_C (x^2 + z)\,ds$　　(2) $\displaystyle\int_C (x^2 + z)\,dx$

解 C 上では $x = \cos t,\ y = \sin t,\ z = 1$

したがって　$\dfrac{dx}{dt} = -\sin t,\ \dfrac{dy}{dt} = \cos t,\ \dfrac{dz}{dt} = 0$

(1) $\dfrac{ds}{dt} = \left|\dfrac{d\boldsymbol{r}}{dt}\right| = \sqrt{(-\sin t)^2 + \cos^2 t + 0^2} = 1$ より

$$\int_C (x^2 + z)\,ds = \int_0^\pi (\cos^2 t + 1)\cdot 1\,dt = \int_0^\pi \left(\frac{1+\cos 2t}{2} + 1\right)dt$$

$$= \left[\frac{3}{2}t + \frac{1}{4}\sin 2t\right]_0^\pi = \frac{3}{2}\pi$$

(2) $$\int_C (x^2 + z)\,dx = \int_0^\pi (\cos^2 t + 1)(-\sin t)\,dt$$

$$= \left[\frac{1}{3}\cos^3 t + \cos t\right]_0^\pi = \left(-\frac{1}{3} - 1\right) - \left(\frac{1}{3} + 1\right) = -\frac{8}{3}$$ //

問・1 曲線 $C: \boldsymbol{r}(t) = (\cos t,\ \sin t,\ t)\ \left(0 \leqq t \leqq \dfrac{\pi}{2}\right)$ に沿う次の線積分の値を求めよ.

(1) $\displaystyle\int_C (x + y^2)\,ds$　　(2) $\displaystyle\int_C (x + y^2)\,dy$

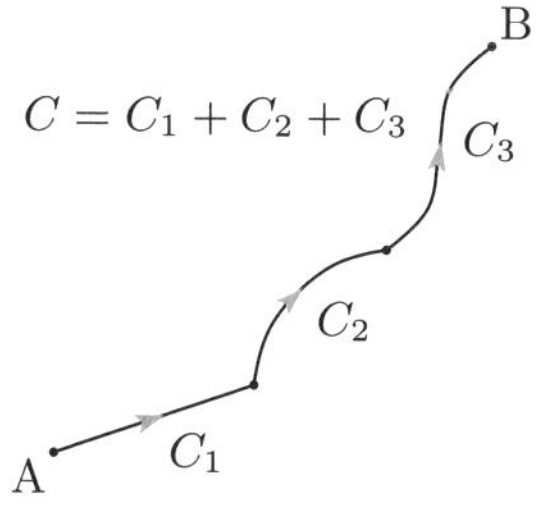

曲線 $C_1,\ C_2,\ \cdots,\ C_n$ をつないでできる曲線 C を $C_1 + C_2 + \cdots + C_n$ と書く. このとき, 各 C_k が滑らかならば, 曲線 C は**区分的に滑らか**であるという.

区分的に滑らかな曲線

$$C = C_1 + C_2 + \cdots + C_n \qquad (\text{各 } C_k \text{ は滑らか})$$

に沿ったスカラー場 φ の線積分は次のように定められる.

$$\int_C \varphi\,ds = \int_{C_1} \varphi\,ds + \int_{C_2} \varphi\,ds + \cdots + \int_{C_n} \varphi\,ds$$

例えば，曲線 $C_1 + C_2$ に沿った線積分については，次のようになる．

$$\int_{C_1+C_2} \varphi\,ds = \int_{C_1} \varphi\,ds + \int_{C_2} \varphi\,ds$$

x 成分，y 成分，z 成分に関する線積分についても同様である．

以後，特に断わらない限り，曲線は区分的に滑らかであるとする．

点 A から点 B に至る曲線 C について，1 つの点が曲線 C 上を逆向きに点 B から点 A まで動いてできる曲線を $-C$ で表す．

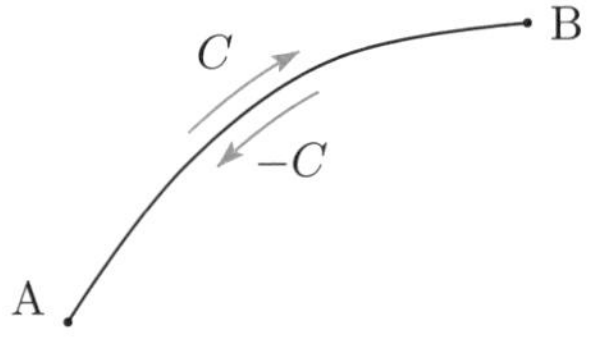

$-C$ に沿った線積分については

$$\int_{-C} \varphi\,ds = \int_{-C} \varphi \left| \frac{d\boldsymbol{r}}{dt} \right| dt$$

$$= \int_C \varphi \left| -\frac{d\boldsymbol{r}}{dt} \right| dt = \int_C \varphi \left| \frac{d\boldsymbol{r}}{dt} \right| dt = \int_C \varphi\,ds$$

が成り立つ．一方，x 成分，y 成分，z 成分に関する線積分については

$$\int_{-C} \varphi\,dx = -\int_C \varphi\,dx\ ,\quad \int_{-C} \varphi\,dy = -\int_C \varphi\,dy\ ,\quad \int_{-C} \varphi\,dz = -\int_C \varphi\,dz$$

である．

3 2　ベクトル場の線積分

ベクトル場 $\boldsymbol{a}$ は曲線 C を含むある範囲で定義されているとする．

位置ベクトルが $\boldsymbol{r}(t)$ である C 上の点を P とし，P における単位接線ベクトルを $\boldsymbol{t}$ とする．ベクトル場 $\boldsymbol{a}$ の P における接線方向成分を $a_t = \boldsymbol{a} \cdot \boldsymbol{t}$ で表すとき，スカラー場 a_t の C に沿う線積分

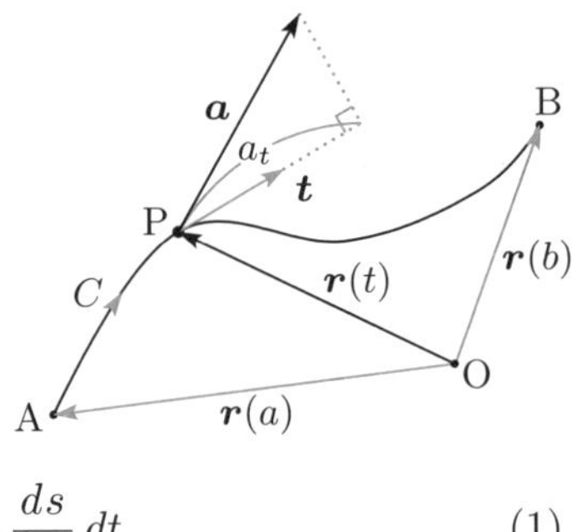

$$\int_C a_t\,ds = \int_C \boldsymbol{a} \cdot \boldsymbol{t}\,ds = \int_a^b \boldsymbol{a} \cdot \boldsymbol{t} \frac{ds}{dt}\,dt \tag{1}$$

をベクトル場 $\boldsymbol{a}$ の曲線 C に沿う**線積分**という.

$\dfrac{d\boldsymbol{r}}{dt}=\left|\dfrac{d\boldsymbol{r}}{dt}\right|\boldsymbol{t}=\dfrac{ds}{dt}\boldsymbol{t}$ だから, (1) は次のように表される.

$$\int_a^b \boldsymbol{a}\cdot\frac{d\boldsymbol{r}}{dt}\,dt \tag{2}$$

$\boldsymbol{a}=(a_x,\ a_y,\ a_z)$ とおくと, $\dfrac{d\boldsymbol{r}}{dt}=\left(\dfrac{dx}{dt},\ \dfrac{dy}{dt},\ \dfrac{dz}{dt}\right)$ より, (2) は

$$\int_a^b\left(a_x\frac{dx}{dt}+a_y\frac{dy}{dt}+a_z\frac{dz}{dt}\right)dt=\int_C a_x\,dx+\int_C a_y\,dy+\int_C a_z\,dz$$

この式の右辺を $\displaystyle\int_C(a_x\,dx+a_y\,dy+a_z\,dz)$ と表す.

また, 形式的に $\dfrac{d\boldsymbol{r}}{dt}dt=d\boldsymbol{r}$ とおけば, 次のようになる.

$$\int_C \boldsymbol{a}\cdot d\boldsymbol{r}=\int_a^b \boldsymbol{a}\cdot\frac{d\boldsymbol{r}}{dt}\,dt \tag{3}$$

例題 2 曲線 $C:\boldsymbol{r}(t)=(t^2+1,\ 2t,\ 1)\ (0\leqq t\leqq 1)$ に沿うベクトル場 $\boldsymbol{a}=(xy,\ yz,\ zx)$ の線積分の値を求めよ.

解 曲線 C 上で

$$\boldsymbol{a}=\big((t^2+1)\cdot 2t,\ 2t\cdot 1,\ 1\cdot(t^2+1)\big)=(2t^3+2t,\ 2t,\ t^2+1)$$

また, $\dfrac{d\boldsymbol{r}}{dt}=(2t,\ 2,\ 0)$ だから

$$\int_C \boldsymbol{a}\cdot d\boldsymbol{r}=\int_0^1\left\{(2t^3+2t)\cdot 2t+2t\cdot 2\right\}dt$$

$$=4\int_0^1(t^4+t^2+t)\,dt=\frac{62}{15}$$

//

問・2 曲線 $C:\boldsymbol{r}(t)=(t,\ t^2,\ t+t^2)\ (1\leqq t\leqq 2)$ に沿うベクトル場 $\boldsymbol{a}=(x-2y,\ 2z,\ -x)$ の線積分の値を求めよ.

問・3 曲線 $C:\boldsymbol{r}(t)=(\cos t,\ \sin t,\ t)\ (0\leqq t\leqq \pi)$ に沿うベクトル場 $\boldsymbol{a}=(-y,\ x,\ z)$ の線積分の値を求めよ.

ベクトル場の線積分について，次の公式が成り立つ．

●ベクトル場の線積分

$$\int_{C_1+C_2} \boldsymbol{a}\cdot d\boldsymbol{r} = \int_{C_1} \boldsymbol{a}\cdot d\boldsymbol{r} + \int_{C_2} \boldsymbol{a}\cdot d\boldsymbol{r}, \quad \int_{-C} \boldsymbol{a}\cdot d\boldsymbol{r} = -\int_{C} \boldsymbol{a}\cdot d\boldsymbol{r}$$

例題 3 次のベクトル関数で表される曲線 C_1, C_2 がある．

C_1 : $\boldsymbol{r}(t) = (t,\ 0,\ 0) \qquad (-3 \leqq t \leqq 3)$

C_2 : $\boldsymbol{r}(t) = (3\cos t,\ 3\sin t,\ 0) \qquad (0 \leqq t \leqq \pi)$

ベクトル場 $\boldsymbol{a} = (x^2,\ y,\ -z)$ について，次の線積分の値を求めよ．

(1) $\displaystyle\int_{-C_1} \boldsymbol{a}\cdot d\boldsymbol{r}$ (2) $\displaystyle\int_{C_1+C_2} \boldsymbol{a}\cdot d\boldsymbol{r}$

解 (1) C_1 上で $\boldsymbol{a} = (t^2,\ 0,\ 0)$，また，$\dfrac{d\boldsymbol{r}}{dt} = (1,\ 0,\ 0)$ だから

$$\int_{C_1} \boldsymbol{a}\cdot d\boldsymbol{r} = \int_{-3}^{3} t^2\,dt = 18$$

$$\therefore \int_{-C_1} \boldsymbol{a}\cdot d\boldsymbol{r} = -\int_{C_1} \boldsymbol{a}\cdot d\boldsymbol{r} = -18$$

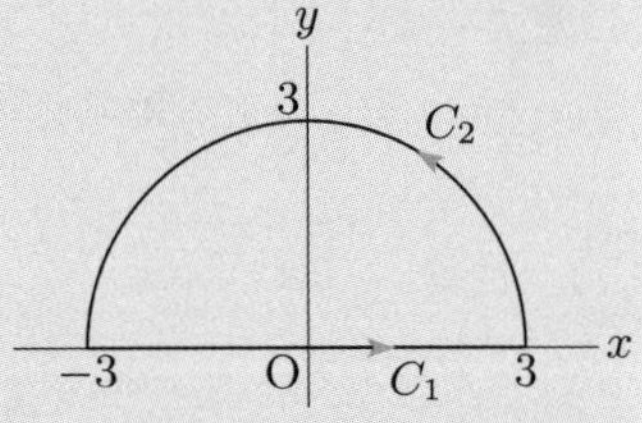

(2) C_2 上で $\boldsymbol{a} = (9\cos^2 t,\ 3\sin t,\ 0)$

また，$\dfrac{d\boldsymbol{r}}{dt} = (-3\sin t,\ 3\cos t,\ 0)$ だから

$$\int_{C_2} \boldsymbol{a}\cdot d\boldsymbol{r} = \int_0^{\pi} (-27\sin t\cos^2 t + 9\cos t\sin t)\,dt$$

$$= \left[9\cos^3 t + \frac{9}{2}\sin^2 t\right]_0^{\pi} = -18$$

$$\therefore \int_{C_1+C_2} \boldsymbol{a}\cdot d\boldsymbol{r} = \int_{C_1} \boldsymbol{a}\cdot d\boldsymbol{r} + \int_{C_2} \boldsymbol{a}\cdot d\boldsymbol{r} = 18 + (-18) = 0 \qquad //$$

問・4 例題 3 の曲線 C_1, C_2 について，次の線積分の値を求めよ．

(1) $\displaystyle\int_{-C_2} \boldsymbol{a}\cdot d\boldsymbol{r}$ ただし $\boldsymbol{a} = (x^2,\ y^2,\ z^2)$

(2) $\displaystyle\int_{C_1+C_2} \boldsymbol{a}\cdot d\boldsymbol{r}$ ただし $\boldsymbol{a} = (x-y,\ x-z,\ y+z)$

点 A から点 B に至る任意の曲線 $C : \boldsymbol{r} = \boldsymbol{r}(t)$ とスカラー場 φ について，線積分 $\displaystyle\int_C (\nabla\varphi)\cdot d\boldsymbol{r}$ を計算しよう．

$\boldsymbol{r}(t) = \big(x(t),\ y(t),\ z(t)\big)$ $(a \leqq t \leqq b)$ とすると

$$\int_C (\nabla\varphi)\cdot d\boldsymbol{r} = \int_a^b \left(\frac{\partial\varphi}{\partial x}\frac{dx}{dt} + \frac{\partial\varphi}{\partial y}\frac{dy}{dt} + \frac{\partial\varphi}{\partial z}\frac{dz}{dt}\right)dt$$

$$= \int_a^b \frac{d}{dt}\varphi\big(x(t),\ y(t),\ z(t)\big)\,dt$$

$$= \Big[\varphi(x(t),\ y(t),\ z(t))\Big]_a^b = \varphi(\mathrm{B}) - \varphi(\mathrm{A}) \tag{4}$$

したがって，$\nabla\varphi$ の線積分の値は積分路に関係なく始点と終点だけで定まることがわかる．特に，積分路 C が閉曲線のときは，$\displaystyle\int_C (\nabla\varphi)\cdot d\boldsymbol{r} = 0$ が成り立つ．

3 面積分

座標平面上の範囲 D で定義されたベクトル関数 $\boldsymbol{r}(u,\ v)$ の表す曲面 S があるとき，S を含むある範囲で定義されたスカラー場 φ の積分について考えよう．D において $\boldsymbol{r}(u,\ v)$ は連続な偏導関数をもつものとする．

13 ページで見たように，曲面 S を多数の u-曲線群，v-曲線群によって網目状の微小部分に分けると，その 1 つの面積 ΔS は

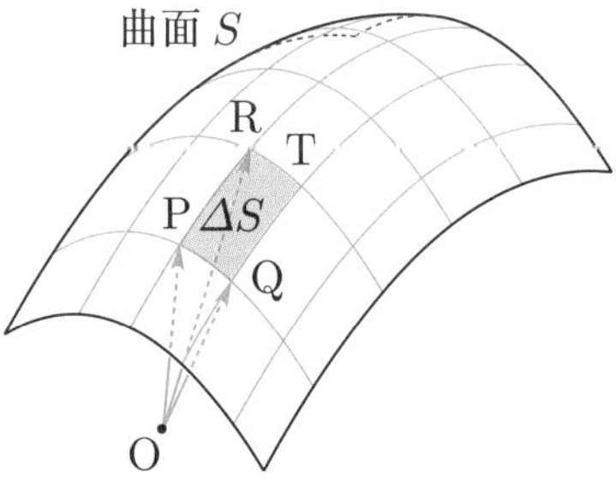

$$\Delta S \fallingdotseq \left|\frac{\partial\boldsymbol{r}}{\partial u}\times\frac{\partial\boldsymbol{r}}{\partial v}\right|\Delta u\Delta v$$

両辺に $\varphi(x,\ y,\ z)$ を掛けると

$$\varphi(x,\ y,\ z)\Delta S$$
$$\fallingdotseq \varphi(x,\ y,\ z)\left|\frac{\partial\boldsymbol{r}}{\partial u}\times\frac{\partial\boldsymbol{r}}{\partial v}\right|\Delta u\Delta v$$

この形の式を S 上のすべての微小部分にわたって加えた和を S_Δ とする．

u-曲線群，v-曲線群のすべての間隔が限りなく 0 に近づくように，曲面を分割していくとき，S_Δ の極限値は，次の 2 重積分で表される．これをスカラー場 φ の曲面 S 上の**面積分**といい，$\displaystyle\int_S \varphi\, dS$ で表す．

$$\int_S \varphi\, dS = \iint_D \varphi \left| \frac{\partial \boldsymbol{r}}{\partial u} \times \frac{\partial \boldsymbol{r}}{\partial v} \right| du\, dv \tag{1}$$

特に，φ が定数関数 $\varphi = 1$ のとき，面積分

$$\int_S dS = \iint_D \left| \frac{\partial \boldsymbol{r}}{\partial u} \times \frac{\partial \boldsymbol{r}}{\partial v} \right| du\, dv$$

は S の面積である．

例題 4 原点を中心とする xy 平面上の半径 a の円を底面とし，z 軸を軸とする高さ h の円柱の側面 S は，次のベクトル関数で表される．

$$\boldsymbol{r}(u,\ v) = (a\cos u,\ a\sin u,\ v) \qquad (D : 0 \leqq u \leqq 2\pi,\ 0 \leqq v \leqq h)$$

このとき，$\varphi = \sqrt{x^2 + y^2 + z^2}$ の S 上の面積分の値を求めよ．

解

$$\frac{\partial \boldsymbol{r}}{\partial u} = (-a\sin u,\ a\cos u,\ 0), \qquad \frac{\partial \boldsymbol{r}}{\partial v} = (0,\ 0,\ 1)$$

これより

$$\frac{\partial \boldsymbol{r}}{\partial u} \times \frac{\partial \boldsymbol{r}}{\partial v} = (a\cos u,\ a\sin u,\ 0)$$

$$\left| \frac{\partial \boldsymbol{r}}{\partial u} \times \frac{\partial \boldsymbol{r}}{\partial v} \right| = a$$

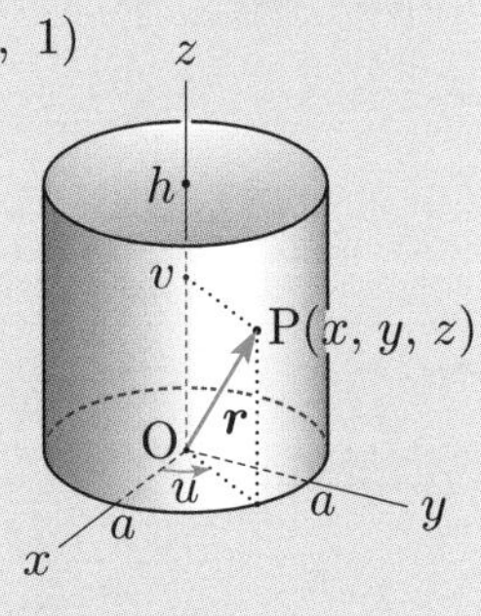

よって

$$\begin{aligned}
\int_S \varphi\, dS &= \iint_D \sqrt{a^2\cos^2 u + a^2\sin^2 u + v^2} \cdot a\, du\, dv \\
&= a\int_0^{2\pi} \left(\int_0^h \sqrt{a^2 + v^2}\, dv \right) du \\
&= 2\pi a \left[\frac{1}{2} \left(v\sqrt{a^2+v^2} + a^2 \log\left| v + \sqrt{a^2+v^2} \right| \right) \right]_0^h \\
&= \pi a \left(h\sqrt{a^2+h^2} + a^2 \log \frac{h + \sqrt{a^2+h^2}}{a} \right)
\end{aligned}$$

198 ページの積分の公式

//

問・5 ベクトル関数

$$\boldsymbol{r}(u,\ v)=(u\cos v,\ u\sin v,\ v)\quad (D:0\leqq u\leqq 1,\ 0\leqq v\leqq 2\pi)$$

で表される曲面 S について，次の問いに答えよ．

(1) スカラー場 $\varphi=\sqrt{x^2+y^2}$ の S 上の面積分の値を求めよ．

(2) 曲面 S の面積を求めよ．

次に，ベクトル場 $\boldsymbol{a}=\boldsymbol{a}(x,\ y,\ z)$ が曲面 S を含むある範囲で定義されているとし，S 上の点 P における単位法線ベクトルを $\boldsymbol{n}$ とする．$\boldsymbol{n}$ の向きは，P が S 上を動くとき，$\boldsymbol{n}$ が連続的に変わるようにとっておく．

このとき，P における $\boldsymbol{a}$ と $\boldsymbol{n}$ の内積 $\boldsymbol{a}\cdot\boldsymbol{n}$ の S 上の面積分

$$\int_S \boldsymbol{a}\cdot\boldsymbol{n}\,dS=\iint_D \boldsymbol{a}\cdot\boldsymbol{n}\left|\frac{\partial\boldsymbol{r}}{\partial u}\times\frac{\partial\boldsymbol{r}}{\partial v}\right|du\,dv$$

をベクトル場 $\boldsymbol{a}$ の曲面 S 上の**面積分**という．

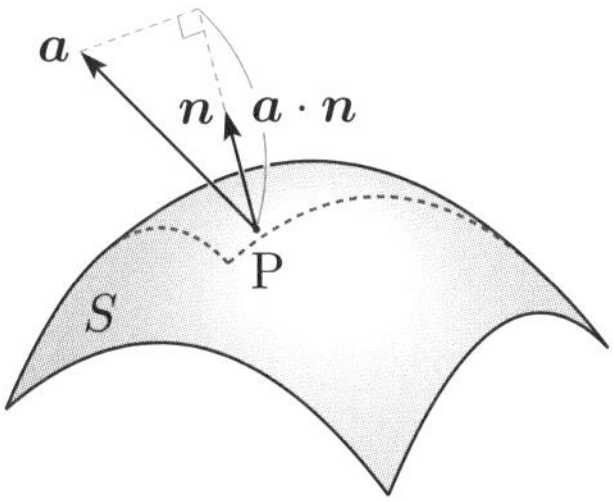

例題 5 $D:0\leqq u\leqq 3,\ 0\leqq v\leqq 4$ を定義域とするベクトル関数

$$\boldsymbol{r}(u,\ v)=(u,\ v,\ \sqrt{9-u^2})$$

の表す曲面を S とし，S の単位法線ベクトル $\boldsymbol{n}$ を z 成分が正の値になる向きにとるとき，ベクトル場 $\boldsymbol{a}=(6z,\ 2x+y,\ -x)$ の S 上の面積分の値を求めよ．

解 $\dfrac{\partial\boldsymbol{r}}{\partial u}=\left(1,\ 0,\ \dfrac{-u}{\sqrt{9-u^2}}\right),\ \dfrac{\partial\boldsymbol{r}}{\partial v}=(0,\ 1,\ 0)$ より

$$\frac{\partial\boldsymbol{r}}{\partial u}\times\frac{\partial\boldsymbol{r}}{\partial v}=\left(\frac{u}{\sqrt{9-u^2}},\ 0,\ 1\right)$$

$\boldsymbol{e}=\dfrac{\partial\boldsymbol{r}}{\partial u}\times\dfrac{\partial\boldsymbol{r}}{\partial v}$ とおくと，$\boldsymbol{n}$ の z 成分が正の値になるようにとるから

$$\boldsymbol{n}=\frac{\boldsymbol{e}}{|\boldsymbol{e}|}$$

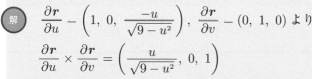

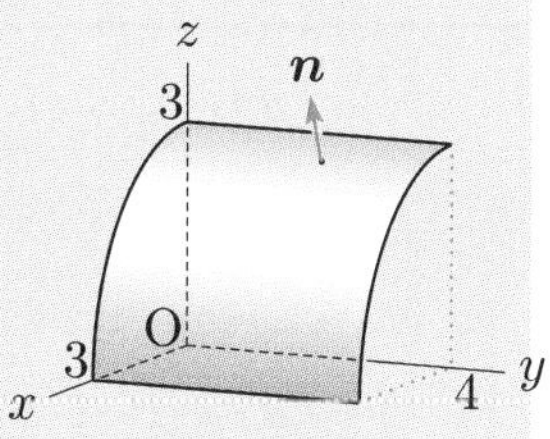

S 上で $\boldsymbol{a} = \left(6\sqrt{9-u^2},\ 2u+v,\ -u\right)$ だから

$$\begin{aligned}\int_S \boldsymbol{a}\cdot\boldsymbol{n}\,dS &= \iint_D \boldsymbol{a}\cdot\boldsymbol{n}|\boldsymbol{e}|\,du\,dv = \iint_D \boldsymbol{a}\cdot\boldsymbol{e}\,du\,dv\\ &= \iint_D (6u+0-u)\,du\,dv = \iint_D 5u\,du\,dv\\ &= \int_0^4\left(\int_0^3 5u\,du\right)dv = 90\end{aligned}$$

//

問・6 ベクトル関数

$$\boldsymbol{r}(u,\ v) = (u,\ v,\ 1-u^2)\ \ (D：0 \leqq u \leqq 1,\ 0 \leqq v \leqq 1)$$

の表す曲面を S とし，S の単位法線ベクトル $\boldsymbol{n}$ の z 成分を正にとるとき，ベクトル場 $\boldsymbol{a} = (2y,\ x-y,\ 3z)$ の S 上の面積分の値を求めよ．

問・7 原点を中心とする半径 a の球面 S 上の任意の点 P の位置ベクトルを $\boldsymbol{r}$ とし，$r = |\boldsymbol{r}|$ とする．P における単位法線ベクトル $\boldsymbol{n}$ を外向き（$\boldsymbol{r}$ と同じ向き）にとるとき

$$\int_S \frac{\boldsymbol{r}}{r^3}\cdot\boldsymbol{n}\,dS = 4\pi$$

であることを証明せよ．

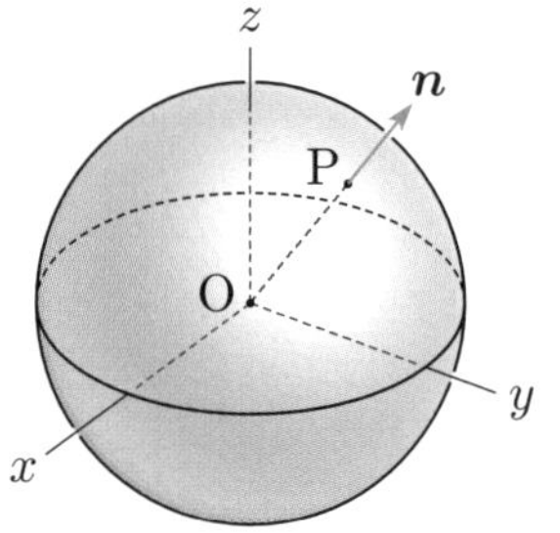

③ 4 グリーンの定理

xy 平面上で，C を単純閉曲線とし，C によって囲まれた範囲を D とする．C の向きは，D を左側に見ながら1周する向きとする．これを**正の向き**という．このとき，関数 $F(x,\ y)$，$G(x,\ y)$ の C に沿う線積分について，次の**グリーンの定理**が成り立つ．

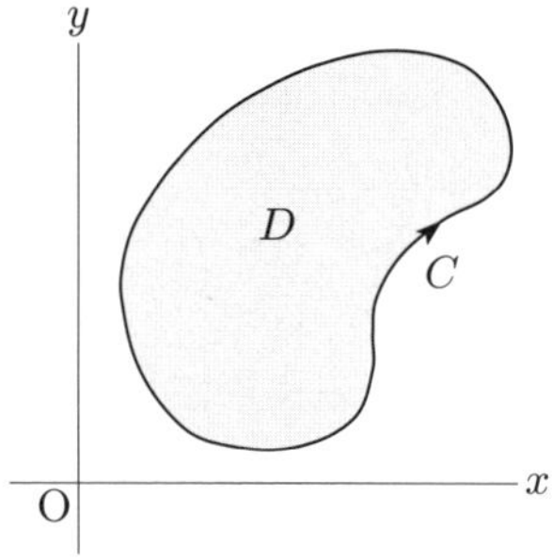

●グリーンの定理

単純閉曲線 C によって囲まれた範囲を D とする．このとき，関数 $F(x,\ y)$, $G(x,\ y)$ が C と D を含む領域で連続な偏導関数をもつならば

$$\int_C (F\,dx + G\,dy) = \iint_D \left(\frac{\partial G}{\partial x} - \frac{\partial F}{\partial y}\right) dx\,dy \qquad (1)$$

証明 図のように，座標軸に平行に引いた直線が C と高々 2 点で交わり，C が滑らかな場合にこの定理を証明する．

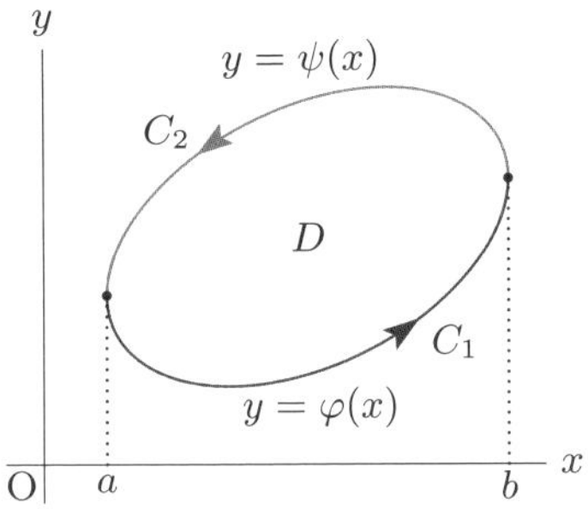

このとき，D は不等式

$a \leqq x \leqq b,\ \varphi(x) \leqq y \leqq \psi(x)$

で表される．したがって

$C_1 : \boldsymbol{r} = (t,\ \varphi(t),\ 0) \quad (a \leqq t \leqq b)$

$-C_2 : \boldsymbol{r} = (t,\ \psi(t),\ 0) \quad (a \leqq t \leqq b)$

とおくと，$C = C_1 + C_2$ だから

$$\begin{aligned}\int_C F\,dx &= \int_{C_1} F\,dx + \int_{C_2} F\,dx \\ &= \int_{C_1} F\,dx - \int_{-C_2} F\,dx \\ &= \int_a^b F\bigl(t,\ \varphi(t)\bigr)\,dt - \int_a^b F\bigl(t,\ \psi(t)\bigr)\,dt \qquad (2)\end{aligned}$$

一方

$$\begin{aligned}\iint_D \frac{\partial F}{\partial y}\,dx\,dy &= \int_a^b \left\{\int_{\varphi(x)}^{\psi(x)} \frac{\partial F}{\partial y}\,dy\right\} dx = \int_a^b \Bigl[F(x,\ y)\Bigr]_{\varphi(x)}^{\psi(x)} dx \\ &= \int_a^b \Bigl\{F\bigl(x,\ \psi(x)\bigr) - F\bigl(x,\ \varphi(x)\bigr)\Bigr\}\,dx \\ &= \int_a^b F\bigl(x,\ \psi(x)\bigr)\,dx - \int_a^b F\bigl(x,\ \varphi(x)\bigr)\,dx \qquad (3)\end{aligned}$$

したがって，(2), (3) から

$$\int_C F\,dx = -\iint_D \frac{\partial F}{\partial y}\,dx\,dy \qquad (4)$$

同様にして，次の等式も導かれる．

$$\int_C G\,dy = \iint_D \frac{\partial G}{\partial x}\,dx\,dy \tag{5}$$

(4) と (5) を加えると，(1) が得られる． //

例題 6 xy 平面上の単純閉曲線 C で囲まれる範囲 D の面積を S とするとき，次の公式が成り立つことを証明せよ．

$$S = \frac{1}{2}\int_C (x\,dy - y\,dx)$$

解 グリーンの定理から

$$\frac{1}{2}\int_C (x\,dy - y\,dx) = \frac{1}{2}\iint_D \left\{\frac{\partial}{\partial x}(x) - \frac{\partial}{\partial y}(-y)\right\} dx\,dy$$
$$= \frac{1}{2}\iint_D 2\,dx\,dy = \iint_D dx\,dy = S$$ //

問•8 C を xy 平面上の原点を中心とする半径 2 の円とする．このとき，次の線積分を 2 重積分に直してその値を求めよ．

$$\int_C \{(x-y)\,dx + (x+y)\,dy\}$$

問•9 問 8 の円 C は，方程式 $x = 2\cos t,\ y = 2\sin t\ (0 \leqq t \leqq 2\pi)$ で表される．これを用いて，問 8 の線積分の値を直接求めよ．

3 5 発散定理

空間内のある立体を V とし，V を含むある範囲で定義されたスカラー場を φ とする．

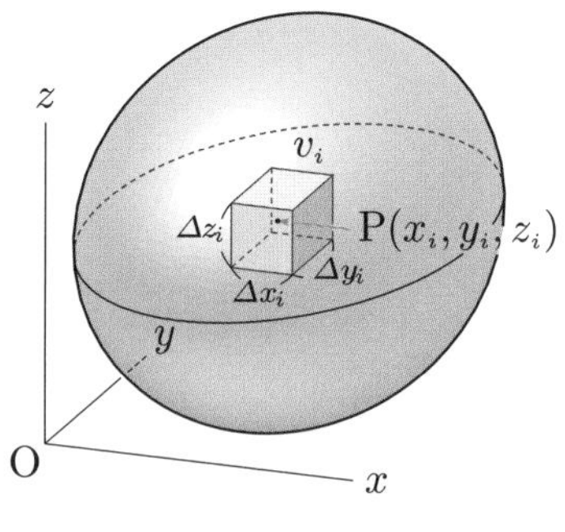

立体 V を xy 平面，yz 平面，zx 平面に平行な平面により微小な立体 $v_1,\ v_2,\ \cdots,\ v_n$（これらは直方体とみ

なしてよい）に分割し，各 i について，v_i の体積を ΔV_i，v_i 内の任意の点を $\mathrm{P}_i(x_i,\ y_i,\ z_i)$ とし，また，v_i の x 軸，y 軸，z 軸に平行な辺の長さをそれぞれ Δx_i，Δy_i，Δz_i とする．このとき，P_i における φ の値と ΔV_i との積の和

$$S_n = \sum_{i=1}^{n} \varphi(x_i,\ y_i,\ z_i)\Delta V_i$$
$$= \sum_{i=1}^{n} \varphi(x_i,\ y_i,\ z_i)\Delta x_i \Delta y_i \Delta z_i$$

を考え，すべての v_i において

$$\Delta x_i \to 0,\ \Delta y_i \to 0,\ \Delta z_i \to 0$$

となるように分割の数 n を限りなく大きくするとき，S_n の極限値をスカラー場 φ の立体 V についての**体積分**といい，次のように表す．

$$\int_V \varphi\, dV \quad \text{または} \quad \iiint_V \varphi\, dx\, dy\, dz$$

特に，φ が定数関数 $\varphi = 1$ のとき，体積分

$$\int_V dV = \iiint_V dx\, dy\, dz$$

は立体 V の体積である．

球面や浮き輪のように，空間を内部と外部の 2 つの部分に分けることができる曲面を**閉曲面**という．

このとき，次の**ガウスの発散定理**が成り立つ．

●発散定理

閉曲面 S で囲まれた立体 V があり，S の単位法線ベクトル $\boldsymbol{n}$ は S の外側を向くものとする．V を含むある範囲でベクトル場 $\boldsymbol{a}$ とその偏導関数が連続であるとき，次の等式が成り立つ．

$$\int_V \nabla \cdot \boldsymbol{a}\, dV = \int_S \boldsymbol{a} \cdot \boldsymbol{n}\, dS$$

☞ 発散定理の証明については，補章の 157 ページに記述する．

発散定理の物理的意味は次の通りである．

$\boldsymbol{v}$ を流体の速度のベクトル場とすると，発散 $\nabla\cdot\boldsymbol{v}$ は，微小部分から流出する流体の単位時間，単位体積当りの流出量だから，体積分 $\displaystyle\int_V \nabla\cdot\boldsymbol{v}\,dV$ は単位時間当りの立体 V からの流出総量である．

一方，$\boldsymbol{v}\cdot\boldsymbol{n}$ は，V の表面 S の微小部分から外へ流出する流体の単位時間，単位面積当りの流出量だから，面積分 $\displaystyle\int_S \boldsymbol{v}\cdot\boldsymbol{n}\,dS$ は単位時間当りの S からの流出総量である．

発散定理は，それらが等しいこと，すなわち，立体 V からの流出総量は，立体内部での流出入は相殺され，結局，表面からの流出総量になることを示している．

以後，特に断らない限り，閉曲面 S の単位法線ベクトル $\boldsymbol{n}$ は，S の外側を向くものとする．

例題 7　平面 $x=0,\ x=1,\ y=0,\ y=1,\ z=0,\ z=1$ で囲まれる立体を V，その表面を S とするとき，ベクトル場 $\boldsymbol{a}=(2xy,\ yz^2,\ zx)$ の S 上の面積分の値を求めよ．

解　発散定理を用いると

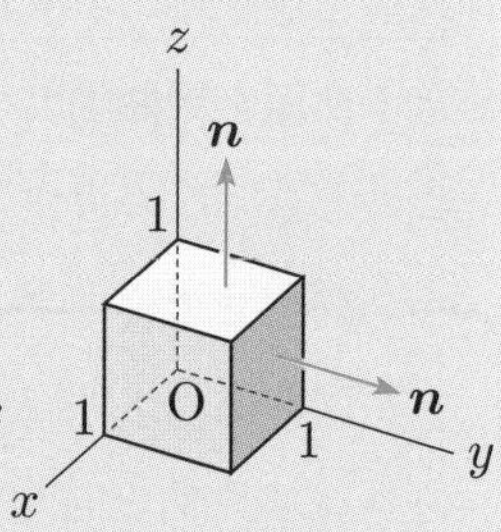

$$\int_S \boldsymbol{a}\cdot\boldsymbol{n}\,dS=\int_V \nabla\cdot\boldsymbol{a}\,dV$$

$$=\int_V (2y+z^2+x)\,dx\,dy\,dz$$

$$=\int_0^1\left\{\int_0^1\left(\int_0^1 (2y+z^2+x)\,dz\right)dy\right\}dx$$

$$=\int_0^1\left\{\int_0^1\left[2yz+\frac{1}{3}z^3+xz\right]_0^1 dy\right\}dx$$

$$=\int_0^1\left[y^2+\frac{1}{3}y+xy\right]_0^1 dx=\int_0^1\left(\frac{4}{3}+x\right)dx$$

$$=\left[\frac{4}{3}x+\frac{1}{2}x^2\right]_0^1=\frac{11}{6}$$

//

問・10 原点を中心とする半径 2 の球面を S, $\boldsymbol{a} = (x+y,\ y+z,\ z+x)$ とするとき，ベクトル場 $\boldsymbol{a}$ の曲面 S 上の面積分の値を体積分に直して求めよ．

例題 8 閉曲面 S で囲まれる立体を V とする．原点 O が V の外部にあるとき，$\boldsymbol{n}$ を S の単位法線ベクトルとすると，次の等式が成り立つことを証明せよ．ただし，$\boldsymbol{r} = (x,\ y,\ z)$, $r = |\boldsymbol{r}|$ とする．

$$\int_S \frac{\boldsymbol{r}}{r^3}\cdot\boldsymbol{n}\,dS = 0$$

解 V において，$r \neq 0$ だから

$$\begin{aligned}\nabla\cdot\left(\frac{\boldsymbol{r}}{r^3}\right) &= \nabla\left(\frac{1}{r^3}\right)\cdot\boldsymbol{r} + \frac{1}{r^3}\nabla\cdot\boldsymbol{r}\\ &= \left(\frac{1}{r^3}\right)'\nabla r\cdot\boldsymbol{r} + \frac{1}{r^3}\nabla\cdot\boldsymbol{r}\\ &= -\frac{3}{r^4}\frac{\boldsymbol{r}}{r}\cdot\boldsymbol{r} + \frac{3}{r^3}\\ &= -\frac{3}{r^3} + \frac{3}{r^3} = 0\end{aligned}$$

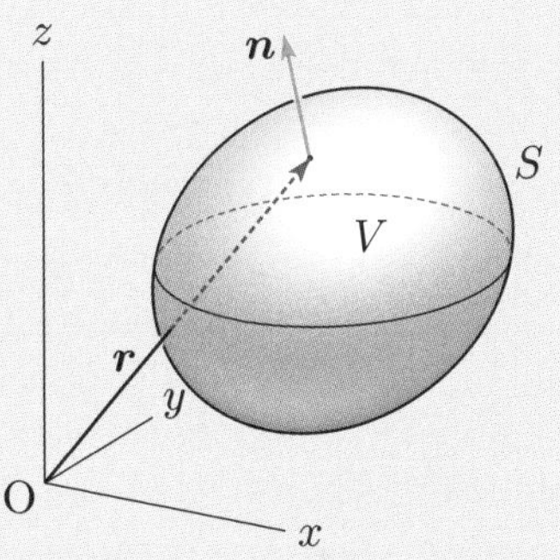

したがって，発散定理から

$$\int_S \frac{\boldsymbol{r}}{r^3}\cdot\boldsymbol{n}\,dS = \int_V \nabla\cdot\left(\frac{\boldsymbol{r}}{r^3}\right)dV = 0$$ //

● **注**…原点 O が V の内部にある場合，O では $\dfrac{\boldsymbol{r}}{r^3}$ が定義されないから，発散定理を適用できない．実際，問 7 では $\displaystyle\int_S \frac{\boldsymbol{r}}{r^3}\cdot\boldsymbol{n}\,dS = 4\pi$ である．

問・11 閉曲面 S で囲まれた立体の体積を V, $\boldsymbol{n}$ を S の単位法線ベクトルとする．$\boldsymbol{r} = (x,\ y,\ z)$ として，次の問いに答えよ．

(1) 次の等式が成り立つことを証明せよ．

$$V = \frac{1}{3}\int_S \boldsymbol{r}\cdot\boldsymbol{n}\,dS$$

(2) 原点を中心とした半径 a の球について，(1) の等式が成り立つことを確認せよ．

3 6　ストークスの定理

グリーンの定理をベクトル場の積分として考えよう．

$F(x,\ y)$, $G(x,\ y)$ に対して $\boldsymbol{a}=\big(F(x,\ y),\ G(x,\ y),\ 0\big)$ とおくと

$$\nabla\times\boldsymbol{a}=\left(0,\ 0,\ \frac{\partial G}{\partial x}-\frac{\partial F}{\partial y}\right)=\left(\frac{\partial G}{\partial x}-\frac{\partial F}{\partial y}\right)\boldsymbol{k}$$

C を単純閉曲線とし，C によって囲まれた範囲を D とすると

$$\iint_D\left(\frac{\partial G}{\partial x}-\frac{\partial F}{\partial y}\right)dx\,dy=\iint_D(\nabla\times\boldsymbol{a})\cdot\boldsymbol{k}\,dx\,dy$$

また，単純閉曲線 C がベクトル関数

$$\boldsymbol{r}=\boldsymbol{r}(t)=\big(x(t),\ y(t),\ 0\big)\quad(a\leqq t\leqq b)$$

で表されるとすると

$$\int_C(F\,dx+G\,dy)=\int_C\boldsymbol{a}\cdot d\boldsymbol{r}$$

となるから，グリーンの定理を次のように書くことができる．

$$\int_C\boldsymbol{a}\cdot d\boldsymbol{r}=\iint_D(\nabla\times\boldsymbol{a})\cdot\boldsymbol{k}\,dx\,dy\tag{1}$$

C を曲面 S の境界とする．S の単位法線ベクトル $\boldsymbol{n}$ の向きは，S 上で $\boldsymbol{n}$ が連続的に変わるようにとる．S の 2 つの側のうち，$\boldsymbol{n}$ の向く側を S の**正の側**ということにする．C の向きは，S の正の側に立ち C に沿って進むとき S が常に左側にあるようにする．

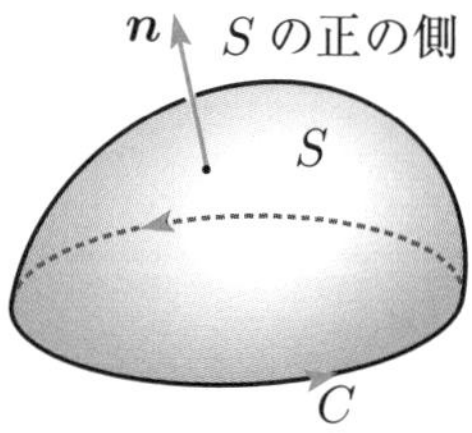

次の定理を**ストークスの定理**という．

●ストークスの定理

曲面 S，単純閉曲線 C, S の単位法線ベクトル $\boldsymbol{n}$ の向きを上のように定める．S を含むある範囲でベクトル場 $\boldsymbol{a}$ とその偏導関数が連続であるとき，次の等式が成り立つ．

$$\int_S(\nabla\times\boldsymbol{a})\cdot\boldsymbol{n}\,dS=\int_C\boldsymbol{a}\cdot d\boldsymbol{r}\tag{2}$$

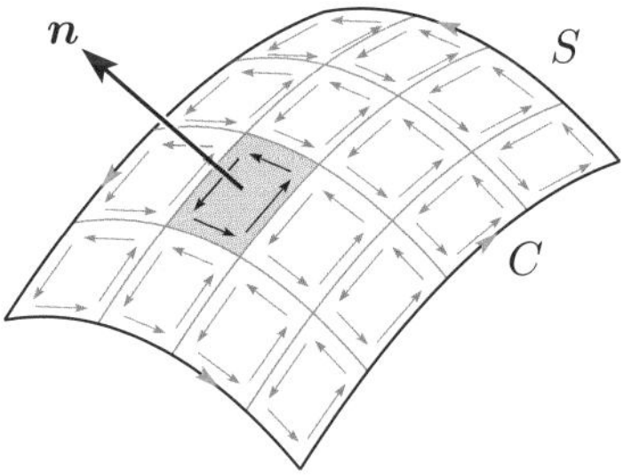

証明の考え方を述べる.

C, S が xy 平面上にある場合, $\boldsymbol{n} = \boldsymbol{k}$ だから, 40 ページの (1) より (2) が成り立つ. また, 座標変換を用いると, C, S が 1 つの平面上にあるときも, (2) が証明される.

一般の場合, S を網目状の微小部分に分けたとき, 各微小部分は, 近似的に平面と考えられ, したがって (2) が成り立つ. それらの和をつくるとき, 内部にある曲線部分に沿う線積分は互いに打ち消しあって, C に沿う線積分のみが残り, 定理が証明される.

注…ストークスの定理は, グリーンの定理の一般化である.

例題 9 S を半球面 $x^2 + y^2 + z^2 = 1 \ \ (z \geqq 0)$ とし, S の単位法線ベクトル $\boldsymbol{n}$ は球面から外向きとする. S の境界を

$$C : \boldsymbol{r}(t) = (\cos t,\ \sin t,\ 0) \quad (0 \leqq t \leqq 2\pi)$$

とするとき, ベクトル場 $\boldsymbol{a} = (2x - y,\ -yz^2,\ -y^2 z)$ について

$\displaystyle\int_S (\nabla \times \boldsymbol{a}) \cdot \boldsymbol{n}\, dS$ を求めよ.

解 C 上で, $\boldsymbol{a} = (2\cos t - \sin t,\ 0,\ 0)$, $\dfrac{d\boldsymbol{r}}{dt} = (-\sin t,\ \cos t,\ 0)$ より

$$\begin{aligned}
&\int_S (\nabla \times \boldsymbol{a}) \cdot \boldsymbol{n}\, dS \\
&= \int_C \boldsymbol{a} \cdot d\boldsymbol{r} = \int_0^{2\pi} \boldsymbol{a} \cdot \frac{d\boldsymbol{r}}{dt}\, dt \\
&= \int_0^{2\pi} (-2\sin t \cos t + \sin^2 t)\, dt \\
&= \int_0^{2\pi} \left(-\sin 2t + \frac{1 - \cos 2t}{2}\right) dt \\
&= \pi
\end{aligned}$$

//

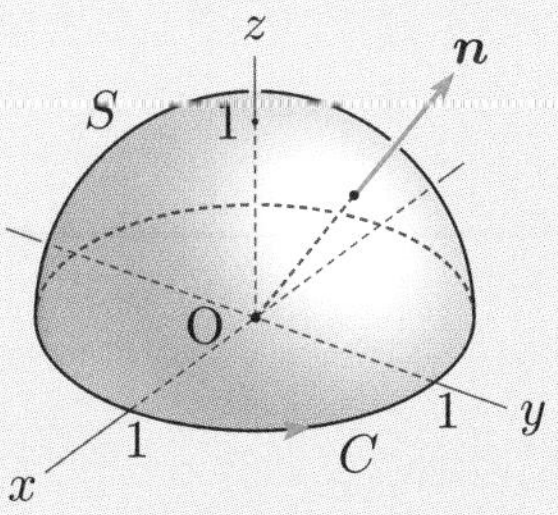

問・12 $S,\ C,\ \boldsymbol{n}$ を例題 9 のように定める．$\boldsymbol{a}=(y,\ 3x,\ z)$ のとき $\displaystyle\int_S(\nabla\times\boldsymbol{a})\cdot\boldsymbol{n}\,dS$ を求めよ．

問・13 $S,\ C,\ \boldsymbol{n}$ をストークスの定理の場合のように定める．S を含むある範囲で定義されたスカラー場 $\varphi,\ \psi$ について，次の等式が成り立つことを証明せよ．

$$\int_C(\varphi\nabla\psi)\cdot d\boldsymbol{r}=\int_S(\nabla\varphi\times\nabla\psi)\cdot\boldsymbol{n}\,dS$$

コラム

勾配の意味

空間のスカラー場 φ とは 3 変数の関数 $w = \varphi(x,\ y,\ z)$ のことである．この関数のグラフを考えることにより，関数の変化の状態を具体的に知ることができる．しかし，グラフを眺めるためには，あと 1 次元（w 軸）が必要となる．つまり 4 次元空間が必要である．勾配 $\nabla\varphi = \mathrm{grad}\ \varphi$ は，スカラー場 φ の変化の状態を 3 次元空間内で理解するために役立つ量であるといえる．ここでは，1 つ次元を下げて 2 次元平面の場合で説明しよう．

xy 平面内のある範囲 D における 2 次元スカラー場 $z = \varphi(x,\ y)$ を考える．勾配は $\nabla\varphi = \left(\dfrac{\partial\varphi}{\partial x},\ \dfrac{\partial\varphi}{\partial y}\right)$ で定義される．関数 $z = \varphi(x,\ y)$ のグラフは，xy 平面に z 軸を加えた 3 次元空間内の曲面である．この関数は D 上の山の高さを表す関数であるとしよう．このとき，$\varphi(x,\ y) = k$ は山の高さが k である等高線となっている．曲面上の点 $\mathrm{P}\bigl(a,\ b,\ \varphi(a,\ b)\bigr)$ における接平面の方程式は

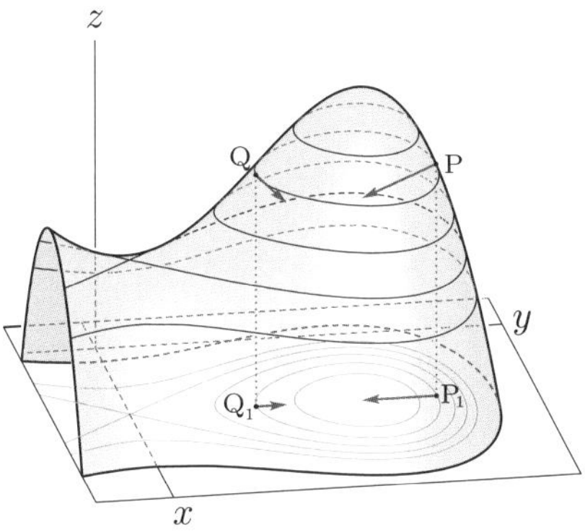

$$z - \varphi(a,\ b) = \varphi_x(a,\ b)(x-a) + \varphi_y(a,\ b)(y-b)$$

であり，この平面の法線ベクトルは $\boldsymbol{n} = \bigl(\varphi_x(a,\ b),\ \varphi_y(a,\ b),\ -1\bigr)$ である．従って，$\boldsymbol{n}$ と等高線は垂直に交わっており，接平面の傾きが大きいほど $|\boldsymbol{n}|$ の値も大きい．等高線の xy 平面への射影が等位線であり，$\boldsymbol{n}$ の xy 平面への射影 $(\varphi_x(a,\ b),\ \varphi_y(a,\ b))$ が $(\nabla\varphi)_{\mathrm{P}_1}$ である．このことからも，$\nabla\varphi$ が等位線に垂直であり，山の勾配が大きい（等位線が密になっている）所ほど，$|\nabla\varphi|$ の値が大きいことが察せられる．

練習問題 3

1. $\varphi = x^2 + y^3$ のとき，原点から点 (1, 2, 0) に至る線分 C に沿う次の線積分の値を求めよ．

(1) $\displaystyle\int_C \varphi\, ds$ (2) $\displaystyle\int_C \varphi\, dx$ (3) $\displaystyle\int_C \varphi\, dy$

2. 図の矢印のような向きに正方形を 1 周する曲線 OPQRO を C とするとき，次の線積分を 2 重積分に直して，その値を求めよ．

$$\int_C \left\{x^2 y\, dx + (xy + y^2)\, dy\right\}$$

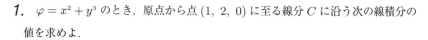

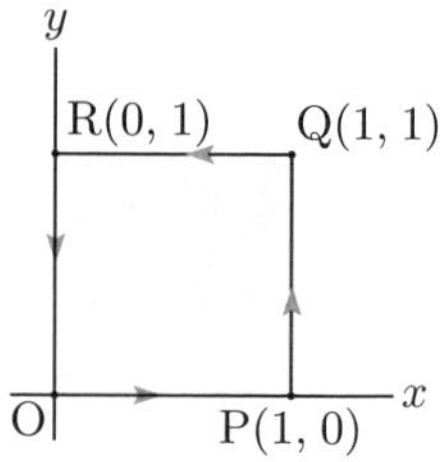

3. 円柱面 $S : \boldsymbol{r} = (\cos u,\ \sin u,\ v)$

$$\left(0 \leqq u \leqq \frac{\pi}{2},\ 0 \leqq v \leqq 1\right)$$

上でのベクトル場 $\boldsymbol{a} = (z,\ x,\ y)$ の面積分の値を求めよ．ただし，S 上の単位法線ベクトル $\boldsymbol{n}$ は円柱の外側を向くものとする．

4. スカラー場 φ, ψ の定義域内の閉曲面 S で囲まれた立体を V とし，$\boldsymbol{n}$ を S の外側に向く単位法線ベクトルとする．このとき，次の等式が成り立つことを証明せよ．

(1) $\displaystyle\int_S (\varphi\nabla\psi)\cdot\boldsymbol{n}\, dS = \int_V \left(\varphi\nabla^2\psi + (\nabla\varphi)\cdot(\nabla\psi)\right) dV$

(2) $\displaystyle\int_S \left((\varphi\nabla\psi)\cdot\boldsymbol{n} - (\psi\nabla\varphi)\cdot\boldsymbol{n}\right) dS = \int_V \left(\varphi\nabla^2\psi - \psi\nabla^2\varphi\right) dV$

2章 ラプラス変換

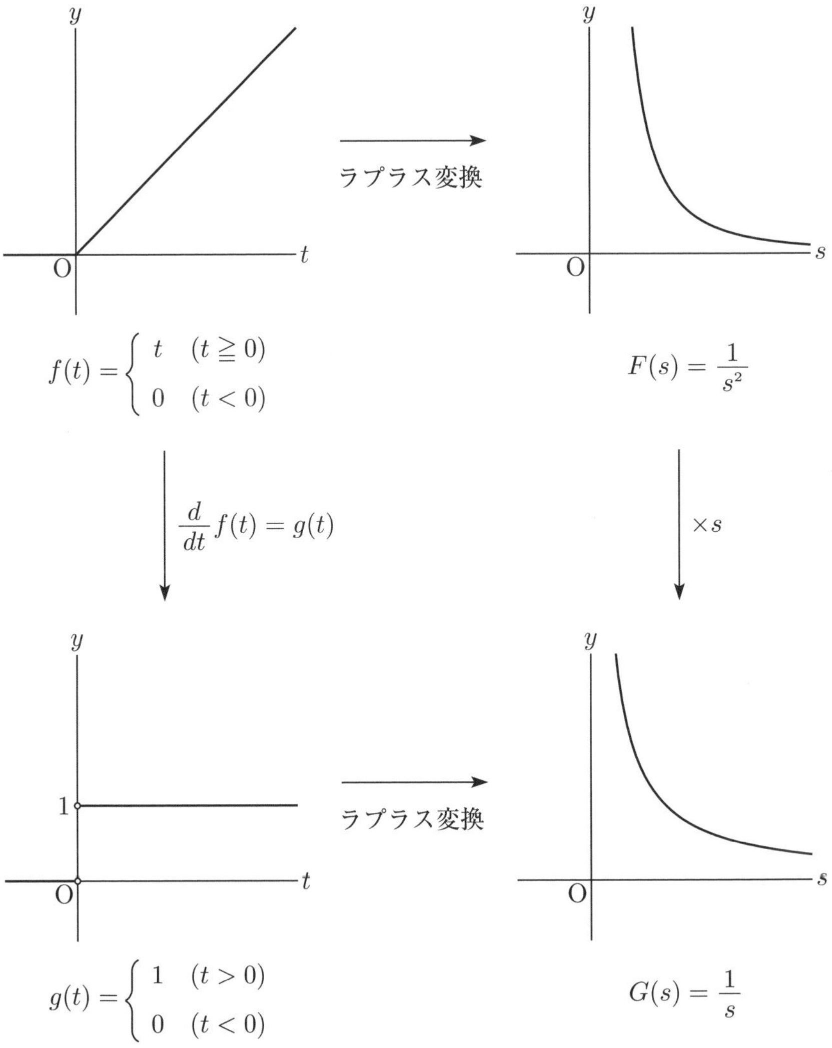

y
t
O
ラプラス変換
y
s
O
$f(t) = \begin{cases} t & (t \geqq 0) \\ 0 & (t < 0) \end{cases}$
$F(s) = \dfrac{1}{s^2}$
$\dfrac{d}{dt}f(t) = g(t)$
$\times s$
y
1
t
O
ラプラス変換
y
s
O
$g(t) = \begin{cases} 1 & (t > 0) \\ 0 & (t < 0) \end{cases}$
$G(s) = \dfrac{1}{s}$

●この章を学ぶために

ラプラス変換は，フランスの数学者ピエール＝シモン・ラプラス（1749–1827）が，微分方程式の解法に用いた変換で，名称はそれに由来する．ラプラス変換は，関数 $f(t)$ の微分や積分を，積などの代数的な演算に置き換えるため，微分方程式を代数方程式に変換することができる．これにより，微分方程式をそのまま解くより容易に解が得られ，特に，線形微分方程式の初期値問題に威力を発揮する．微分方程式の階数によらず同じ手順で解法できるという利点もあり，電気回路，自動制御などの工学分野において広く用いられている．

1 ラプラス変換の定義と性質

1 1 ラプラス変換の定義

関数 $f(t)$ は $t > 0$ で定義され，実数の値をとるとする．実数 s に対して，積分

$$F(s) = \int_0^\infty e^{-st} f(t)\,dt = \lim_{\substack{T\to\infty \\ \varepsilon\to+0}} \int_\varepsilon^T e^{-st} f(t)\,dt$$

が存在するとき，これを $f(t)$ の**ラプラス変換**といい

$$F(s) = \mathcal{L}[f(t)]$$

と書く．また，$f(t)$ を**原関数**，$F(s)$ を**像関数**という．

いくつかの関数のラプラス変換を例題によって求めよう．

例題 1 $f(t) = 1$ のラプラス変換を求めよ．

解 $s > 0$ のとき，$\displaystyle\lim_{t\to\infty} e^{-st} = 0$ だから

$$F(s) = \int_0^\infty e^{-st}\,dt = \left[-\frac{1}{s}e^{-st}\right]_0^\infty = \frac{1}{s} - \frac{1}{s}\lim_{t\to\infty} e^{-st} = \frac{1}{s}$$

$s = 0$ のとき，$\displaystyle\int_0^\infty dt$ は存在しない．

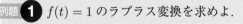

$s<0$ のとき，$\displaystyle\int_0^\infty e^{-st}\,dt$ は存在しない．

したがって，$s>0$ のとき，$f(t)=1$ のラプラス変換は存在し

$$\boldsymbol{\mathcal{L}[1]=\frac{1}{s}} \qquad (s>0)$$ //

例題 2 $f(t)=t$ のラプラス変換を求めよ．

解 $s>0$ のとき，部分積分法を用いて

$$F(s)=\int_0^\infty e^{-st}t\,dt=\left[-\frac{1}{s}e^{-st}t\right]_0^\infty+\frac{1}{s}\int_0^\infty e^{-st}\,dt$$

ここで，ロピタルの定理より

$$\lim_{t\to\infty}e^{-st}t=\lim_{t\to\infty}\frac{t}{e^{st}}=\lim_{t\to\infty}\frac{1}{se^{st}}=0$$

このことと例題 1 の結果により

$$F(s)=\frac{1}{s}\mathcal{L}[1]=\frac{1}{s}\cdot\frac{1}{s}=\frac{1}{s^2}$$

$s=0$ のとき，$\displaystyle\int_0^\infty t\,dt$ は存在しない．

$s<0$ のとき，$\displaystyle\int_0^\infty e^{-st}t\,dt$ は存在しない．

したがって，$s>0$ のとき，$f(t)=t$ のラプラス変換は存在し

$$\boldsymbol{\mathcal{L}[t]=\frac{1}{s^2}} \qquad (s>0)$$ //

問・1 $f(t)=t^2$ のラプラス変換を求めよ．

注……例題 2 と同様の計算によって，任意の正の整数 n について，$f(t)=t^n$ のラプラス変換が求められる．

定積分の性質より，次の性質が成り立つ．

ラプラス変換の線形性

$$\mathcal{L}[c_1f_1(t)+c_2f_2(t)]=c_1\mathcal{L}[f_1(t)]+c_2\mathcal{L}[f_2(t)] \qquad (c_1,\ c_2 \text{ は定数})$$

例 1　$s > 0$ のとき

$$\mathcal{L}[3t+1] = 3\mathcal{L}[t] + \mathcal{L}[1] = 3 \cdot \frac{1}{s^2} + \frac{1}{s} = \frac{s+3}{s^2}$$

問・2　ラプラス変換の線形性を用いて，$\mathcal{L}[t+2t^2]$ を求めよ．

例題 3　$f(t) = e^{\alpha t}$（α は定数）のラプラス変換を求めよ．

解　$F(s) = \displaystyle\int_0^\infty e^{-st} e^{\alpha t}\, dt = \int_0^\infty e^{-(s-\alpha)t}\, dt$

例題 1 と同様に，$s - \alpha > 0$ のときラプラス変換は存在し

$$\boldsymbol{\mathcal{L}[e^{\alpha t}] = \frac{1}{s-\alpha}} \qquad (s > \alpha) \qquad //$$

問・3　$\mathcal{L}[e^{2t} + e^{-t}]$ を求めよ．

例題 4　$f(t) = \sin t$ のラプラス変換を求めよ．

解　$s > 0$ のとき

$$\lim_{t\to\infty} e^{-st} \sin t = 0, \quad \lim_{t\to\infty} e^{-st} \cos t = 0$$

このことと部分積分法を用いると

$$\begin{aligned} F(s) &= \int_0^\infty e^{-st} \sin t\, dt \\ &= \Big[-e^{-st} \cos t\Big]_0^\infty - s\int_0^\infty e^{-st} \cos t\, dt \\ &= 1 - s\left(\Big[e^{-st} \sin t\Big]_0^\infty + s\int_0^\infty e^{-st} \sin t\, dt\right) \\ &= 1 - s^2 F(s) \end{aligned}$$

よって　$(1+s^2)F(s) = 1$

$$\therefore \quad \boldsymbol{\mathcal{L}[\sin t] = \frac{1}{s^2+1}} \qquad (s > 0) \qquad //$$

問・4 次の公式を証明せよ．

$$\boldsymbol{\mathcal{L}}[\cos t] = \frac{s}{s^2+1} \qquad (s>0)$$

次の式で定義される t の関数 $\sinh t$, $\cosh t$ を**双曲線関数**という．

$$\sinh t = \frac{e^t - e^{-t}}{2}, \quad \cosh t = \frac{e^t + e^{-t}}{2}$$

問・5 双曲線関数 $\sinh t$, $\cosh t$ のラプラス変換を求めよ．

単位ステップ関数

$t \geqq 0$ のとき 1, $t < 0$ のとき 0 である関数 $U(t)$ について，関数 $U(t-a)$（a は定数）を考えよう．

この関数は次の式で与えられる．

$$U(t-a) = \begin{cases} 1 & (t \geqq a) \\ 0 & (t < a) \end{cases}$$

これを**単位ステップ関数**という．

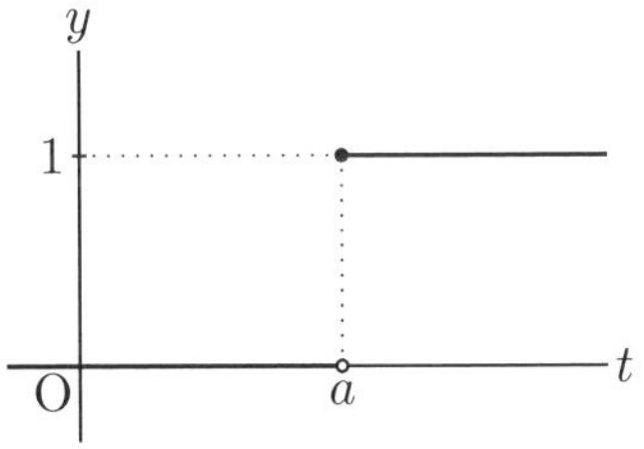

例題 5 $a \geqq 0$ のとき，単位ステップ関数 $U(t-a)$ のラプラス変換を求めよ．

解 $s>0$ のとき，$\displaystyle\lim_{t\to\infty} e^{-st} = 0$ だから

$$F(s) = \int_0^\infty e^{-st} U(t-a)\, dt = \int_a^\infty e^{-st}\, dt = \left[-\frac{1}{s} e^{-st} \right]_a^\infty$$

$$= \frac{e^{-as}}{s} - \frac{1}{s} \lim_{t\to\infty} e^{-st} = \frac{e^{-as}}{s}$$

したがって

$$\boldsymbol{\mathcal{L}[U(t-a)] = \frac{e^{-as}}{s}} \qquad (s>0)$$

//

● 注…… $a=0$ とすると　$\mathcal{L}[U(t)] = \dfrac{1}{s}$

これは，例題 1 の結果と一致する．

問・6 関数 $y = U(t-2)$ のグラフをかけ．また，$\mathcal{L}[U(t-2)]$ を求めよ．

例題 6 正の実数 a, b（ただし $a < b$）について，関数 $f(t)$ を

$$f(t) = \begin{cases} 0 & (0 < t < a,\ t \geqq b) \\ 1 & (a \leqq t < b) \end{cases}$$

で定めるとき，$f(t)$ を単位ステップ関数を用いて表せ．また，$\mathcal{L}[f(t)]$ を求めよ．

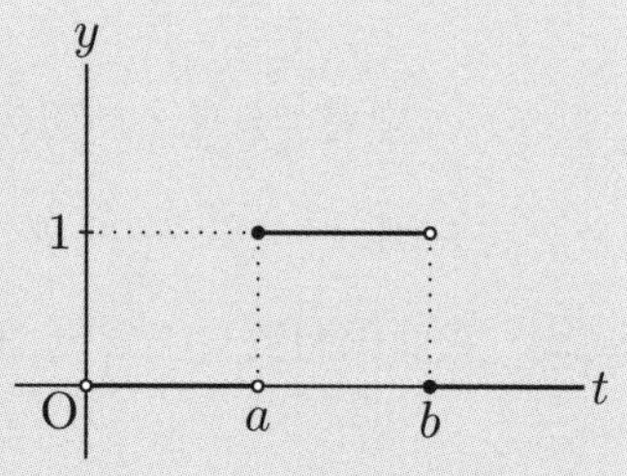

解 単位ステップ関数 $y = U(t-a)$ および $y = U(t-b)$ のグラフは次のようになる．

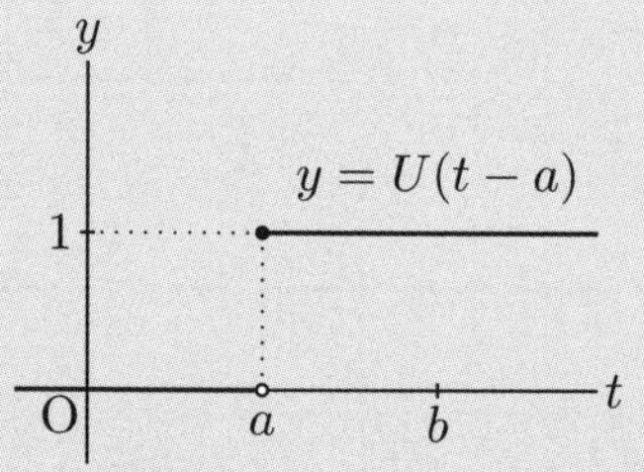

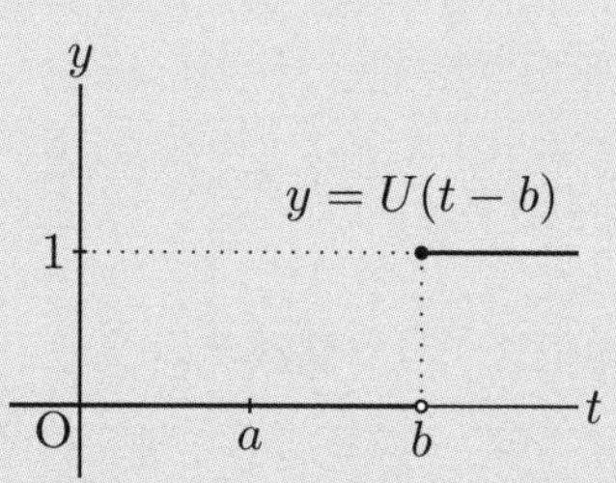

$f(t)$ を単位ステップ関数で表すと

$$f(t) = U(t-a) - U(t-b) \quad (t > 0)$$

また，$f(t)$ のラプラス変換は，例題 5 の結果を用いて

$$\begin{aligned} \mathcal{L}[f(t)] &= \mathcal{L}[U(t-a)] - \mathcal{L}[U(t-b)] \\ &= \frac{e^{-as} - e^{-bs}}{s} \qquad (s > 0) \end{aligned}$$

//

問・7 正の実数 a, b, c（ただし $a < b < c$）について，関数 $f(t)$ を

$$f(t) = \begin{cases} 1 & (0 < t < a,\ b \leqq t < c) \\ 0 & (a \leqq t < b,\ t \geqq c) \end{cases}$$

で定めるとき，$f(t)$ を単位ステップ関数を用いて表せ．また，$\mathcal{L}[f(t)]$ を求めよ．

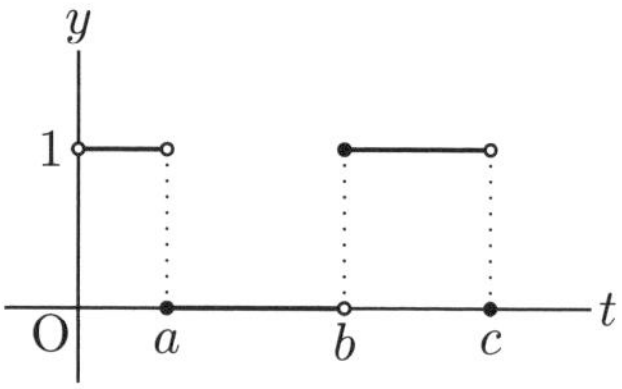

1 2 相似性と移動法則

ラプラス変換は s の値によっては存在しないことがあるが，以後，s はラプラス変換が存在する値であるとし，s の範囲については明示しない．

ラプラス変換の相似性

$\mathcal{L}[f(t)] = F(s)$ のとき

$$\mathcal{L}[f(at)] = \frac{1}{a}F\left(\frac{s}{a}\right) \quad (a\text{ は正の定数})$$

証明 $at = \tau$ とおくと

$$\text{左辺} = \int_0^\infty e^{-st} f(at)\,dt = \frac{1}{a}\int_0^\infty e^{-\frac{s}{a}\tau} f(\tau)\,d\tau = \text{右辺} \qquad //$$

例題 7 $\mathcal{L}[\sin\omega t]$ を求めよ．ただし，ω は 0 でない定数とする．

解 $\omega > 0$ のとき，ラプラス変換の相似性と例題 4 の結果から

$$\mathcal{L}[\sin\omega t] = \frac{1}{\omega}\frac{1}{\left(\dfrac{s}{\omega}\right)^2 + 1} = \frac{\omega}{s^2+\omega^2}$$

$\omega < 0$ のとき，$\sin\omega t = -\sin(-\omega t)$，$-\omega > 0$ だから

$$\mathcal{L}[\sin\omega t] = -\mathcal{L}[\sin(-\omega t)] = -\frac{-\omega}{s^2+(-\omega)^2} = \frac{\omega}{s^2+\omega^2}$$

したがって，ω の正負に関係なく $\mathcal{L}[\sin\omega t] = \dfrac{\omega}{s^2+\omega^2}$ //

問・8 $\mathcal{L}[\cos\omega t]$ を求めよ．ただし，ω は 0 でない定数とする．

問・9 半角の公式 $\sin^2 t = \dfrac{1-\cos 2t}{2}$，$\cos^2 t = \dfrac{1+\cos 2t}{2}$ を用いて，$\mathcal{L}[\sin^2 t]$，$\mathcal{L}[\cos^2 t]$ を求めよ．

原関数 $f(t)$ と $e^{\alpha t}$ との積のラプラス変換について次の性質が成り立つ．

像関数の移動法則

$\mathcal{L}[f(t)] = F(s)$ のとき

$$\mathcal{L}[e^{\alpha t} f(t)] = F(s-\alpha) \quad (\alpha\text{ は定数})$$

証明　左辺 $= \displaystyle\int_0^\infty e^{-st}e^{\alpha t}f(t)\,dt = \int_0^\infty e^{-(s-\alpha)t}f(t)\,dt =$ 右辺　//

例題 8　$\mathcal{L}[e^{\alpha t}\sin\beta t]$ を求めよ．ただし，α, β は定数で，$\beta \neq 0$ とする．

解　例題 7 と像関数の移動法則を用いて

$$\mathcal{L}[e^{\alpha t}\sin\beta t] = \frac{\beta}{(s-\alpha)^2+\beta^2}$$
//

問・10　$\mathcal{L}[te^{\alpha t}]$, $\mathcal{L}[e^{\alpha t}\cos\beta t]$ を求めよ．

$\mu > 0$ のとき，原関数 $f(t)$ に対して関数 $f(t-\mu)U(t-\mu)$ を次のように定める．

$$f(t-\mu)U(t-\mu) = \begin{cases} f(t-\mu) & (t > \mu) \\ 0 & (t < \mu) \end{cases}$$

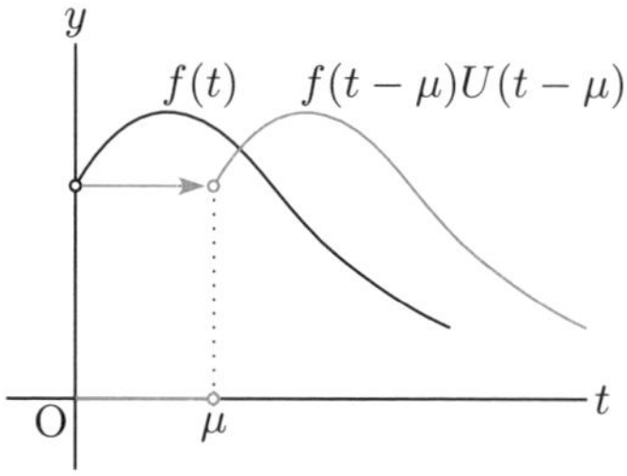

この関数のラプラス変換について，次の公式が成り立つ．

●原関数の移動法則

$\mu > 0$, $\mathcal{L}[f(t)] = F(s)$ のとき

$$\mathcal{L}[f(t-\mu)U(t-\mu)] = e^{-\mu s}F(s)$$

証明

$$\begin{aligned}\mathcal{L}[f(t-\mu)U(t-\mu)] &= \int_\mu^\infty e^{-st}f(t-\mu)\,dt \\ &= \int_0^\infty e^{-s(\mu+\tau)}f(\tau)\,d\tau \qquad (t-\mu=\tau) \\ &= e^{-\mu s}\int_0^\infty e^{-s\tau}f(\tau)\,d\tau = e^{-\mu s}F(s)\end{aligned}$$
//

問・11　$\mathcal{L}\left[\sin\left(t-\dfrac{\pi}{4}\right)U\left(t-\dfrac{\pi}{4}\right)\right]$ を求めよ．

問・12　関数 $f(t) = (t-2)\,U(t-2)$ のグラフをかけ．また，$\mathcal{L}[f(t)]$ を求めよ．

1 3 微分法則と積分法則

原関数や像関数の導関数 $f'(t)$, $F'(s)$ に関して次の性質が成り立つ.

●微分法則

$\mathcal{L}[f(t)] = F(s)$ のとき

(I) $\mathcal{L}[f'(t)] = sF(s) - f(0)$ (原関数の微分法則)

(II) $\mathcal{L}[tf(t)] = -F'(s)$ (像関数の微分法則)

●**注**…(I)の右辺の $f(0)$ は, $t \to +0$ のときの $f(t)$ の極限値を表す.

証明 (I) $\displaystyle\lim_{t\to\infty} e^{-st}f(t) = 0$ の条件の下で証明する.

$$\mathcal{L}[f'(t)] = \int_0^\infty e^{-st}f'(t)\,dt = \Big[e^{-st}f(t)\Big]_0^\infty + s\int_0^\infty e^{-st}f(t)\,dt$$
$$= \lim_{t\to\infty} e^{-st}f(t) - f(0) + s\mathcal{L}[f(t)] = sF(s) - f(0)$$

(II) 次の等式が成り立つという条件の下で証明する.

$$\frac{d}{ds}\int_0^\infty e^{-st}f(t)\,dt = \int_0^\infty \frac{\partial}{\partial s}\left(e^{-st}f(t)\right)dt$$

このとき

$$F'(s) = \int_0^\infty \frac{\partial}{\partial s}(e^{-st}f(t))\,dt$$
$$= -\int_0^\infty e^{-st}tf(t)\,dt = -\mathcal{L}[tf(t)]$$

よって $\mathcal{L}[tf(t)] = -F'(s)$ //

例 2 $f(t) = \sin t$ とすると, 例題 4 より

$$F(s) = \mathcal{L}[f(t)] = \frac{1}{s^2+1}$$

$f'(t) = \cos t$ のラプラス変換は, 原関数の微分法則を用いて, 次のように求めることができる.

$$\mathcal{L}[\cos t] = sF(s) - f(0) = \frac{s}{s^2+1}$$

例題 9　像関数の微分法則を用いて，次の問いに答えよ．

(1)　$\mathcal{L}[te^{\alpha t}]$ を求めよ．ただし，α は定数とする．

(2)　$\mathcal{L}[t\sin\omega t]$ を求めよ．ただし，ω は0でない定数とする．

解　(1)　$f(t)=e^{\alpha t}$ とおくと，例題3より

$$F(s)=\mathcal{L}[f(t)]=\frac{1}{s-\alpha}$$

よって，$F'(s)=-\dfrac{1}{(s-\alpha)^2}$ となり，像関数の微分法則より

$$\mathcal{L}[te^{\alpha t}]=-F'(s)=\frac{1}{(s-\alpha)^2}$$

(2)　$f(t)=\sin\omega t$ とおくと，例題7より　$F(s)=\mathcal{L}[f(t)]=\dfrac{\omega}{s^2+\omega^2}$

よって，$F'(s)=-\dfrac{2\omega s}{(s^2+\omega^2)^2}$ となる．像関数の微分法則より

$$\mathcal{L}[t\sin\omega t]=-F'(s)=\frac{2\omega s}{(s^2+\omega^2)^2}$$ //

問・13　$\mathcal{L}[t\cos\omega t]$ を求めよ．

問・14　関数 $f(t)$ が $f'(t)+2f(t)=t$，$f(0)=0$ を満たすとき，原関数の微分法則を用いて，$\mathcal{L}[f(t)]$ を求めよ．

原関数や像関数の微分法則を繰り返し用いると，次の公式が得られる．

●高次微分法則

$\mathcal{L}[f(t)]=F(s)$ のとき，正の整数 n について

(Ⅰ)　$\mathcal{L}[f^{(n)}(t)]=s^nF(s)-f(0)s^{n-1}-f'(0)s^{n-2}-\cdots-f^{(n-1)}(0)$

（原関数の高次微分法則）

(Ⅱ)　$\mathcal{L}[t^nf(t)]=(-1)^nF^{(n)}(s)$　　（像関数の高次微分法則）

●注……(Ⅰ)の右辺の $f(0)$ および $f^{(k)}(0)$ $(k=1,\ 2,\ \cdots,\ n-1)$ は，それぞれ，$t\to+0$ のときの $f(t)$ および $f^{(k)}(t)$ の極限値を表す．

証明 （I）原関数の微分法則を繰り返し用いると

$$\begin{aligned}\mathcal{L}[f^{(n)}(t)] &= s\mathcal{L}[f^{(n-1)}(t)] - f^{(n-1)}(0)\\ &= s(s\mathcal{L}[f^{(n-2)}(t)] - f^{(n-2)}(0)) - f^{(n-1)}(0)\\ &= s^2\mathcal{L}[f^{(n-2)}(t)] - f^{(n-2)}(0)s - f^{(n-1)}(0) = \cdots\\ &= s^nF(s) - f(0)s^{n-1} - f'(0)s^{n-2} - \cdots - f^{(n-1)}(0)\end{aligned}$$

（II）像関数の微分法則を繰り返し用いると

$$\begin{aligned}\mathcal{L}[t^nf(t)] &= \mathcal{L}[t\cdot t^{n-1}f(t)] = -(\mathcal{L}[t^{n-1}f(t)])'\\ &= -(\mathcal{L}[t\cdot t^{n-2}f(t)])' = (-1)^2(\mathcal{L}[t^{n-2}f(t)])'' = \cdots\\ &= (-1)^nF^{(n)}(s)\end{aligned}$$

//

例題 10 $\mathcal{L}[t^ne^t]$ を求めよ．ただし，n は正の整数とする．

解 $f(t) = e^t$ とおくと　$F(s) = \mathcal{L}[f(t)] = \dfrac{1}{s-1}$

$F(s)$ を繰り返し n 回微分すると

$$F'(s) = -(s-1)^{-2},\ F''(s) = 2(s-1)^{-3},\ F'''(s) = -3\cdot 2(s-1)^{-4},\ \cdots$$

$$\therefore\ F^{(n)}(s) = (-1)^nn!(s-1)^{-(n+1)} = (-1)^n\frac{n!}{(s-1)^{n+1}}$$

したがって，像関数の高次微分法則より

$$\mathcal{L}[t^ne^t] = (-1)^nF^{(n)}(s) = \frac{n!}{(s-1)^{n+1}}$$

//

問・15 $\mathcal{L}[t^n]$ を求めよ．ただし，n は正の整数とする．

原関数や像関数の積分については，次の公式が成り立つ．

積分法則

$\mathcal{L}[f(t)] = F(s)$ のとき

（I）$\mathcal{L}\left[\displaystyle\int_0^t f(\tau)\,d\tau\right] = \dfrac{F(s)}{s}$　　（原関数の積分法則）

（II）$\mathcal{L}\left[\dfrac{f(t)}{t}\right] = \displaystyle\int_s^\infty F(\sigma)\,d\sigma$　　（像関数の積分法則）

証明 （I）$g(t)=\int_0^t f(\tau)\,d\tau$ とおくと　$g'(t)=f(t),\ g(0)=0$

原関数の微分法則より

$$\mathcal{L}[g'(t)]=s\mathcal{L}[g(t)]-g(0)=s\mathcal{L}[g(t)]$$

$$\therefore\quad \mathcal{L}[g(t)]=\frac{1}{s}\mathcal{L}[f(t)]=\frac{F(s)}{s}$$

（II）積分順序が変更できるという条件の下で証明する．

$$\begin{aligned}\int_s^\infty F(\sigma)\,d\sigma &= \int_s^\infty \left\{\int_0^\infty e^{-\sigma t} f(t)\,dt\right\} d\sigma\\ &= \int_0^\infty f(t)\left\{\int_s^\infty e^{-\sigma t}\,d\sigma\right\} dt\\ &= \int_0^\infty f(t)\left[-\frac{1}{t}e^{-\sigma t}\right]_s^\infty dt\\ &= \int_0^\infty e^{-st}\frac{f(t)}{t}\,dt=\mathcal{L}\left[\frac{f(t)}{t}\right]\end{aligned}$$ //

例題 11 $\mathcal{L}\left[\dfrac{\sin\omega t}{t}\right]$ を求めよ．ただし，ω は正の定数とする．

解 例題7より　$\mathcal{L}[\sin\omega t]=\dfrac{\omega}{s^2+\omega^2}$

像関数の積分法則より

$$\begin{aligned}\mathcal{L}\left[\frac{\sin\omega t}{t}\right] &= \int_s^\infty \frac{\omega}{\sigma^2+\omega^2}\,d\sigma\\ &= \left[\tan^{-1}\frac{\sigma}{\omega}\right]_s^\infty=\frac{\pi}{2}-\tan^{-1}\frac{s}{\omega}\end{aligned}$$ //

問・16 $\mathcal{L}\left[\dfrac{e^{2t}-e^t}{t}\right]$ を求めよ．

●注……巻末195ページ，196ページに原関数と像関数の対応をまとめたラプラス変換表およびラプラス変換の性質を掲げる．例えば，ラプラス変換表の1行目にある原関数1，像関数 $\dfrac{1}{s}$ は，$\mathcal{L}[1]=\dfrac{1}{s}$ であることを表す．

1 4 逆ラプラス変換

関数 $f(t)$ は区間 $[a,\ b]$ で定義されているとする．このとき，この区間を次の条件 (i)，(ii) を満たす小区間に分けることができるならば，$f(t)$ は区間 $[a,\ b]$ で**区分的に連続**であるという．

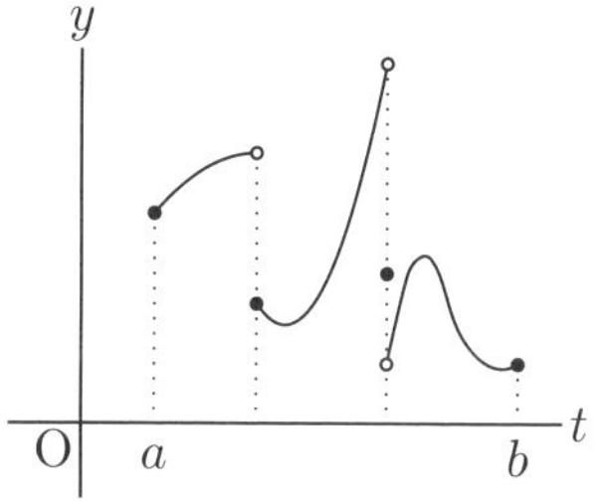

(i) $f(t)$ は各小区間の内部で連続である．

(ii) 各小区間の端点 c について，$f(c+0)$ および $f(c-0)$ が存在する．

また，区間 I に含まれる任意の閉区間 $[a,\ b]$ で区分的に連続のとき，関数 $f(t)$ は区間 I で区分的に連続であるという．

●注…… $f(c+0)$，$f(c-0)$ は，それぞれ極限値 $\displaystyle\lim_{t\to c+0} f(t)$，$\displaystyle\lim_{t\to c-0} f(t)$ を表す．

例 3　$f(t) = U(t-a)$（単位ステップ関数）

$t<a$ および $t>a$ で連続であり，$f(a+0)=1$，$f(a-0)=0$ だから，区分的に連続である．

これまでは，$f(t)$ を与えてそのラプラス変換 $F(s)$ を求めることを考えたが，その逆向きの変換，すなわち $F(s)$ が与えられたとき，ラプラス変換すると $F(s)$ となる関数 $f(t)$ を求めることを考えよう．

一般に，2 つの関数 $f_1(t)$，$f_2(t)$ のラプラス変換が一致したとしても，$f_1(t)$，$f_2(t)$ が一致しているとは限らないが，次の定理が成り立つことが知られている．

●原関数の一致性

$f_1(t)$，$f_2(t)$ は $t>0$ で区分的に連続で，$\mathcal{L}[f_1(t)] = \mathcal{L}[f_2(t)]$ とする．このとき，ともに連続である区間において $f_1(t)$ と $f_2(t)$ は一致する．

以後，特に断らない限り，原関数は $t>0$ で区分的に連続とする．

この定理によれば，$F(s)$ を与えたとき，$\mathcal{L}[f(t)] = F(s)$ となる関数 $f(t)$ は，もし存在する場合には，不連続な点における違いを除いて一意的に定まる．この $f(t)$ を $F(s)$ の**逆ラプラス変換**といい，$\mathcal{L}^{-1}[F(s)]$ と書く．

例 4　$\mathcal{L}[\cos t] = \dfrac{s}{s^2+1}$ より　$\mathcal{L}^{-1}\left[\dfrac{s}{s^2+1}\right] = \cos t$

$\mathcal{L}[\sin t] = \dfrac{1}{s^2+1}$ より　$\mathcal{L}^{-1}\left[\dfrac{1}{s^2+1}\right] = \sin t$

逆ラプラス変換のもつ性質は，ラプラス変換のもつ性質から導かれる．例えば，$\mathcal{L}[f_1(t)] = F_1(s)$，$\mathcal{L}[f_2(t)] = F_2(s)$ とすると

$$\mathcal{L}^{-1}[F_1(s)] = f_1(t),\ \mathcal{L}^{-1}[F_2(s)] = f_2(t)$$

であり，ラプラス変換の線形性から

$$\mathcal{L}[c_1 f_1(t) + c_2 f_2(t)] = c_1 F_1(s) + c_2 F_2(s)$$

これから

$$c_1 f_1(t) + c_2 f_2(t) = \mathcal{L}^{-1}[c_1 F_1(s) + c_2 F_2(s)]$$

すなわち，逆ラプラス変換についての線形性

$$\mathcal{L}^{-1}[c_1 F_1(s) + c_2 F_2(s)] = c_1 \mathcal{L}^{-1}[F_1(s)] + c_2 \mathcal{L}^{-1}[F_2(s)]$$

が成り立つ．

逆ラプラス変換を具体的に求めるには，前節までにあげた一般的な法則や関係と，巻末のラプラス変換の表を利用すればよい．

例題 12　次の関数の逆ラプラス変換を求めよ．ただし，α，β は定数で，(3) では $\alpha \neq \beta$ とし，(4) では $\beta \neq 0$ とする．

(1)　$\dfrac{1}{s-\alpha}$　　(2)　$\dfrac{1}{(s-\alpha)^2}$

(3)　$\dfrac{1}{(s-\alpha)(s-\beta)}$　　(4)　$\dfrac{1}{(s-\alpha)^2+\beta^2}$

解　巻末のラプラス変換の表を用いる．

(1) $\mathcal{L}^{-1}\left[\dfrac{1}{s-\alpha}\right]=e^{\alpha t}$

(2) $\mathcal{L}^{-1}\left[\dfrac{1}{(s-\alpha)^2}\right]=te^{\alpha t}$

(3) $\dfrac{1}{(s-\alpha)(s-\beta)}=\dfrac{1}{\alpha-\beta}\left(\dfrac{1}{s-\alpha}-\dfrac{1}{s-\beta}\right)$ より

$$\mathcal{L}^{-1}\left[\frac{1}{(s-\alpha)(s-\beta)}\right]=\frac{1}{\alpha-\beta}(e^{\alpha t}-e^{\beta t})$$

(4) $\dfrac{1}{(s-\alpha)^2+\beta^2}=\dfrac{1}{\beta}\cdot\dfrac{\beta}{(s-\alpha)^2+\beta^2}$ より

$$\mathcal{L}^{-1}\left[\frac{1}{(s-\alpha)^2+\beta^2}\right]=\frac{1}{\beta}e^{\alpha t}\sin\beta t$$ //

問・17 次の関数の逆ラプラス変換を求めよ.

(1) $\dfrac{1}{s^2-s-2}$　　(2) $\dfrac{1}{s^2-2s+5}$

例題 13 次の関数の逆ラプラス変換を求めよ.

(1) $\dfrac{s}{(s-4)^2}$　　(2) $\dfrac{s}{(s-1)^2+2^2}$

解 (1) $\dfrac{s}{(s-4)^2}=\dfrac{1}{s-4}+\dfrac{4}{(s-4)^2}$ より

$$\mathcal{L}^{-1}\left[\frac{s}{(s-4)^2}\right]=e^{4t}+4te^{4t}=(1+4t)e^{4t}$$

(2) $\dfrac{s}{(s-1)^2+2^2}=\dfrac{s-1}{(s-1)^2+2^2}+\dfrac{1}{(s-1)^2+2^2}$ より

$$\mathcal{L}^{-1}\left[\frac{s}{(s-1)^2+2^2}\right]=e^t\cos 2t+\frac{1}{2}e^t\sin 2t$$

$$=\frac{1}{2}e^t(\sin 2t+2\cos 2t)$$ //

問・18 次の関数の逆ラプラス変換を求めよ.

(1) $\dfrac{s-1}{s^2-4s+4}$　　(2) $\dfrac{s-3}{s^2-6s+10}$

例題 14 次の関数の逆ラプラス変換を求めよ．

(1) $\dfrac{s}{(s+2)(s+3)(s+4)}$　　(2) $\dfrac{3s^2+5}{(s+1)^2(s-3)}$

解 与えられた式を部分分数に分解し，それぞれの分数式の逆ラプラス変換を求める．

(1) $\dfrac{s}{(s+2)(s+3)(s+4)} = \dfrac{A}{s+2} + \dfrac{B}{s+3} + \dfrac{C}{s+4}$ とおく．

両辺に $(s+2)(s+3)(s+4)$ を掛けると

$$s = A(s+3)(s+4) + B(s+2)(s+4) + C(s+2)(s+3)$$

これが恒等式となるように定数 A, B, C を定めると

$$A = -1,\ B = 3,\ C = -2$$

したがって，求める逆ラプラス変換は

$$\mathcal{L}^{-1}\left[\frac{-1}{s+2} + \frac{3}{s+3} + \frac{-2}{s+4}\right] = -e^{-2t} + 3e^{-3t} - 2e^{-4t}$$

(2) $\dfrac{3s^2+5}{(s+1)^2(s-3)} = \dfrac{A}{s+1} + \dfrac{B}{(s+1)^2} + \dfrac{C}{s-3}$ とおく．

両辺に $(s+1)^2(s-3)$ を掛けると

$$3s^2 + 5 = A(s+1)(s-3) + B(s-3) + C(s+1)^2$$

これが恒等式となるように定数 A, B, C を定めると

$$A = 1,\ B = -2,\ C = 2$$

したがって，求める逆ラプラス変換は

$$\mathcal{L}^{-1}\left[\frac{1}{s+1} + \frac{-2}{(s+1)^2} + \frac{2}{s-3}\right] = e^{-t} - 2te^{-t} + 2e^{3t} \quad //$$

問・19 次の関数の逆ラプラス変換を求めよ．

(1) $\dfrac{1}{s(s-1)(s-2)}$　　(2) $\dfrac{5s+1}{(s-1)^2(s+2)}$

練習問題 1

1. 次の関数のラプラス変換を求めよ．

(1) $(t+1)^2$　　(2) $\sin t\cos 2t$

(3) $(e^t+3e^{-2t})\sin t$　　(4) $t^2\cos t$

2. 正の定数 $a,\ b,\ k,\ l$（ただし $a<b,\ k<l$）について，次の関数を単位ステップ関数で表し，そのラプラス変換を求めよ．

(1) $f(t)=\begin{cases}0 & (t<a,\ t\geqq b)\\ k & (a\leqq t<b)\end{cases}$　　(2) $g(t)=\begin{cases}0 & (t<0)\\ k & (0\leqq t<a,\ t\geqq b)\\ l & (a\leqq t<b)\end{cases}$

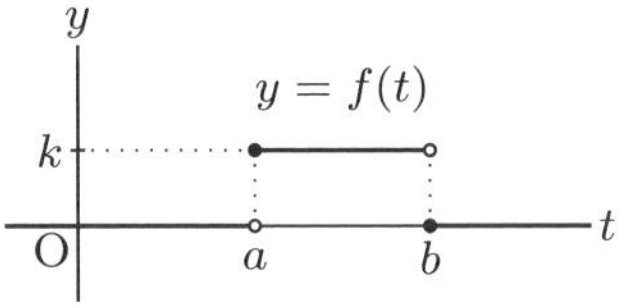

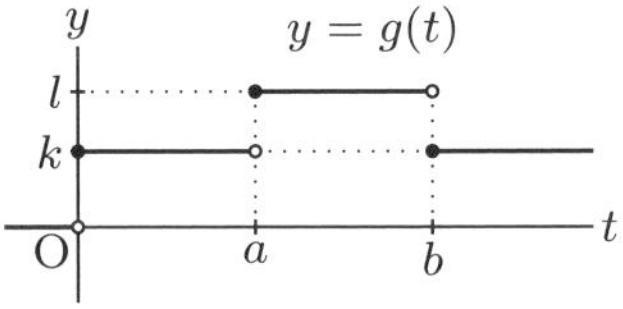

3. 次の関数の逆ラプラス変換を求めよ．

(1) $\dfrac{s}{s^2+4}$　　(2) $\dfrac{s+1}{s^2+9}$

(3) $\dfrac{1}{4s^2-1}$　　(4) $\dfrac{s}{(s+1)^2}$

(5) $\dfrac{s+3}{(s+1)(s-2)}$　　(6) $\dfrac{s+1}{(2s-1)^2}$

4. 関数 $F(s)=\dfrac{s^2}{s^3+8}$ について，次の問いに答えよ．

(1) 次の恒等式が成り立つように定数 $A,\ B,\ C$ の値を定めよ．

$$\frac{s^2}{s^3+8}=\frac{A}{s+2}+\frac{Bs+C}{s^2-2s+4}$$

(2) 関数 $F(s)$ の逆ラプラス変換を求めよ．

5. 原関数の移動法則を用いて，次の関数の逆ラプラス変換を求めよ．

(1) $\dfrac{e^{-s}}{s^3}$　　(2) $\dfrac{e^{-2\pi s}}{s^2+1}$

2 ラプラス変換の応用

2-1 微分方程式への応用

ラプラス変換を用いて，線形微分方程式を解く方法を例題で示そう．

例題 1 次の微分方程式を，与えられた初期条件の下で解け．

$$\frac{dx}{dt} + x = e^t,\ x(0) = 1$$

解 $\mathcal{L}[x(t)] = X(s)$ とすると，原関数の微分法則から

$$\mathcal{L}\left[\frac{dx}{dt}\right] = sX(s) - x(0) = sX(s) - 1$$

与えられた微分方程式の両辺のラプラス変換を求めると

$$sX(s) - 1 + X(s) = \frac{1}{s-1}$$

$$(s+1)X(s) = \frac{1}{s-1} + 1 = \frac{s}{s-1}$$

$$X(s) = \frac{s}{(s-1)(s+1)} = \frac{1}{2}\left(\frac{1}{s-1} + \frac{1}{s+1}\right)$$

したがって

$$x(t) = \mathcal{L}^{-1}[X(s)] = \frac{1}{2}(e^t + e^{-t})$$ //

例題 1 の解法を図示すると次のようになる．

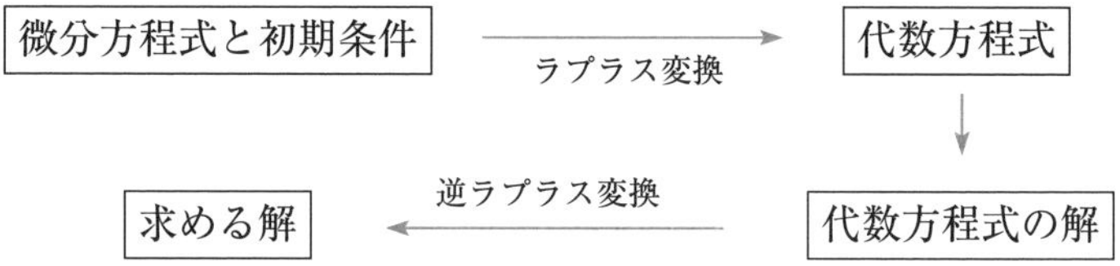

この方法では，初めから初期条件を考慮に入れて計算するため，一般解を経由しないで特殊解を求めることができる．

問・1 次の微分方程式を解け.

(1) $\dfrac{dx}{dt} = 2x,\ x(0) = 1$　　(2) $\dfrac{dx}{dt} + x = e^{-t},\ x(0) = 0$

例題 2 次の微分方程式を解け.

$$\frac{d^2x}{dt^2} + 4x = e^{-t} \qquad \left(t = 0 \text{ のとき } x = 0,\ \frac{dx}{dt} = 0\right)$$

解 $\mathcal{L}[x(t)] = X(s)$ とすると

$$\mathcal{L}[x''(t)] = s^2X(s) - x(0)s - x'(0) = s^2X(s)$$

与えられた微分方程式の両辺のラプラス変換を求めると

$$s^2X(s) + 4X(s) = \frac{1}{s+1}$$

$$X(s) = \frac{1}{(s+1)(s^2+4)}$$

右辺を次のように部分分数分解する.

$$\frac{1}{(s+1)(s^2+4)} = \frac{A}{s+1} + \frac{Bs+C}{s^2+4}$$

このとき　$A = \dfrac{1}{5},\ B = -\dfrac{1}{5},\ C = \dfrac{1}{5}$

$$\begin{aligned}\therefore\ x(t) &= \mathcal{L}^{-1}\left[\frac{1}{5}\frac{1}{s+1} - \frac{1}{5}\frac{s-1}{s^2+4}\right] \\ &= \mathcal{L}^{-1}\left[\frac{1}{5}\frac{1}{s+1} - \frac{1}{5}\frac{s}{s^2+4} + \frac{1}{10}\frac{2}{s^2+4}\right] \\ &= \frac{1}{5}e^{-t} - \frac{1}{5}\cos 2t + \frac{1}{10}\sin 2t\end{aligned}$$

//

問・2 次の微分方程式を解け.

(1) $\dfrac{d^2x}{dt^2} - 5\dfrac{dx}{dt} + 6x = e^t \qquad \left(t = 0 \text{ のとき } x = 0,\ \dfrac{dx}{dt} = 0\right)$

(2) $\dfrac{d^2x}{dt^2} + 4\dfrac{dx}{dt} + 5x = 0 \qquad \left(t = 0 \text{ のとき } x = 0,\ \dfrac{dx}{dt} = 1\right)$

独立変数の異なる値についての条件（**境界条件**）が与えられたときの解法を例題で示そう.

例題 3 次の微分方程式を与えられた境界条件の下で解け.

$$\frac{d^2x}{dt^2} - x = 0,\ x(0) = 0,\ x(1) = 1$$

解　$x'(0) = \alpha$ とおき, $\mathcal{L}[x(t)] = X(s)$ とする.

与えられた微分方程式の両辺のラプラス変換を求めると

$$s^2X(s) - \alpha - X(s) = 0$$

$$X(s) = \frac{\alpha}{s^2 - 1} = \frac{\alpha}{2}\left(\frac{1}{s-1} - \frac{1}{s+1}\right)$$

$$\therefore\quad x(t) = \mathcal{L}^{-1}[X(s)] = \frac{\alpha}{2}(e^t - e^{-t})$$

$x(1) = 1$ から

$$\frac{\alpha}{2}(e - e^{-1}) = 1 \quad \text{すなわち} \quad \alpha = \frac{2}{e - e^{-1}}$$

したがって, 求める解は　$x(t) = \dfrac{e^t - e^{-t}}{e - e^{-1}}$　//

問・3　次の微分方程式を解け.

(1)　$\dfrac{d^2x}{dt^2} + \dfrac{dx}{dt} = 0,\ x(0) = 2,\ x(1) = 1 + e^{-1}$

(2)　$\dfrac{d^2x}{dt^2} + x = 1,\ x(0) = 0,\ x\left(\dfrac{\pi}{2}\right) = 0$

初期条件を任意定数の形で与えると, 一般解を求めることができる.

例題 4 次の微分方程式の一般解を求めよ.

$$\frac{d^2x}{dt^2} - 4\frac{dx}{dt} + 4x = e^{2t}$$

解　$x(0) = \alpha,\ x'(0) = \beta$ とおき, $\mathcal{L}[x(t)] = X(s)$ とする.

与えられた微分方程式の両辺のラプラス変換を求めると

$$\left(s^2X(s) - \alpha s - \beta\right) - 4\left(sX(s) - \alpha\right) + 4X(s) = \frac{1}{s-2}$$

$$(s-2)^2X(s) = \alpha s - 4\alpha + \beta + \frac{1}{s-2}$$

$$X(s) = \frac{\alpha s - 4\alpha + \beta}{(s-2)^2} + \frac{1}{(s-2)^3}$$
$$= \frac{\alpha(s-2) - 2\alpha + \beta}{(s-2)^2} + \frac{1}{(s-2)^3}$$
$$= \frac{\alpha}{s-2} + \frac{\beta - 2\alpha}{(s-2)^2} + \frac{1}{(s-2)^3}$$

$A = \alpha,\ B = \beta - 2\alpha$ とおくと，$A,\ B$ は任意定数で

$$x(t) = \mathcal{L}^{-1}\left[\frac{A}{s-2} + \frac{B}{(s-2)^2} + \frac{1}{(s-2)^3}\right]$$
$$= Ae^{2t} + Bte^{2t} + \frac{1}{2}t^2e^{2t} = \left(A + Bt + \frac{1}{2}t^2\right)e^{2t} \qquad //$$

問•4 次の微分方程式の一般解を求めよ．

(1) $\dfrac{dx}{dt} - 2x = e^{3t}$ (2) $\dfrac{d^2x}{dt^2} + 4x = \cos 2t$

2 たたみこみ

区間 $[0,\ \infty)$ で定義された 2 つの関数 $f(t),\ g(t)$ に対して，積分

$$\int_0^t f(\tau)g(t-\tau)\,d\tau$$

を $f(t)$ と $g(t)$ の**たたみこみ**または**合成積**といい，$(f*g)(t)$ または $f(t)*g(t)$ で表す．すなわち

$$(f*g)(t) = f(t)*g(t) = \int_0^t f(\tau)g(t-\tau)\,d\tau$$

例題 5 $\sin t * \cos t$ を求めよ．

解

$$\sin t * \cos t = \int_0^t \sin\tau\cos(t-\tau)\,d\tau = \frac{1}{2}\int_0^t (\sin t + \sin(2\tau - t))\,d\tau$$
$$= \frac{1}{2}\left[\tau\sin t - \frac{1}{2}\cos(2\tau - t)\right]_0^t$$
$$= \frac{1}{2}\left(t\sin t - \frac{1}{2}\cos t + \frac{1}{2}\cos t\right) = \frac{1}{2}t\sin t \qquad //$$

問・5 関数 t^2, t のたたみこみ $t^2 * t$ を求めよ．

例題 6 $f(t) * g(t) = g(t) * f(t)$ が成り立つことを証明せよ．

解 $$\text{左辺} = \int_0^t f(\tau)g(t-\tau)\,d\tau = -\int_t^0 f(t-u)g(u)\,du \qquad (t-\tau=u)$$
$$= \int_0^t g(u)f(t-u)\,du = \text{右辺}$$ //

問・6 次の等式を証明せよ．

$$f(t) * (g_1(t) + g_2(t)) = f(t) * g_1(t) + f(t) * g_2(t)$$

たたみこみのラプラス変換について，次の関係が成り立つ．

●たたみこみのラプラス変換

$$\mathcal{L}[f(t) * g(t)] = \mathcal{L}[f(t)]\mathcal{L}[g(t)]$$

証明 積分順序が変更できるという条件の下で証明する．

$$\mathcal{L}[f(t) * g(t)] = \int_0^\infty e^{-st}\left\{\int_0^t f(\tau)g(t-\tau)\,d\tau\right\}dt$$
$$= \int_0^\infty f(\tau)\left\{\int_\tau^\infty e^{-st}g(t-\tau)\,dt\right\}d\tau$$
$$= \int_0^\infty f(\tau)\left\{\int_0^\infty e^{-s(\tau+u)}g(u)\,du\right\}d\tau \qquad (t-\tau=u)$$
$$= \int_0^\infty e^{-s\tau}f(\tau)\,d\tau \cdot \int_0^\infty e^{-su}g(u)\,du$$
$$= \mathcal{L}[f(t)]\mathcal{L}[g(t)]$$

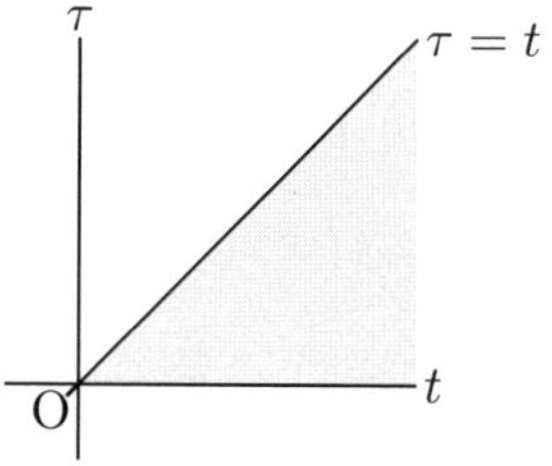

//

例 1 $$\mathcal{L}[\sin t * \cos t] = \mathcal{L}[\sin t]\mathcal{L}[\cos t] = \frac{1}{s^2+1}\frac{s}{s^2+1} = \frac{s}{(s^2+1)^2}$$

このことは，例題5の結果から直接確かめられる．

$$\mathcal{L}[\sin t * \cos t] = \frac{1}{2}\mathcal{L}[t\sin t] = \frac{1}{2}\frac{2s}{(s^2+1)^2} = \frac{s}{(s^2+1)^2}$$

問・7 $\mathcal{L}[t^2 * t]$ を求めよ．また，問5の結果から直接 $\mathcal{L}[t^2 * t]$ を求めよ．

たたみこみのラプラス変換の公式から，次の等式が成り立つ.

$$\mathcal{L}^{-1}[F(s)G(s)] = f(t) * g(t) = \int_0^t f(\tau)g(t-\tau)d\tau$$

例題 7 $\mathcal{L}[f(t)] = F(s)$ のとき，関数 $\dfrac{F(s)}{s-\alpha}$ の逆ラプラス変換を求めよ.
ただし，α は定数とする.

・・

解　$\mathcal{L}^{-1}\left[\dfrac{F(s)}{s-\alpha}\right] = \mathcal{L}^{-1}\left[F(s)\dfrac{1}{s-\alpha}\right]$

$\qquad = \mathcal{L}^{-1}[F(s)] * \mathcal{L}^{-1}\left[\dfrac{1}{s-\alpha}\right] = f(t) * e^{\alpha t} = \displaystyle\int_0^t e^{\alpha(t-\tau)} f(\tau)\, d\tau$　//

問・8 $\mathcal{L}[f(t)] = F(s)$ のとき，次の関数の逆ラプラス変換を求めよ. ただし，$\alpha,\ \beta$ は定数で，(2) では $\alpha \neq \beta$，(3) では $\beta \neq 0$ とする.

(1) $\dfrac{F(s)}{(s-\alpha)^2}$ 　　　　(2) $\dfrac{F(s)}{(s-\alpha)(s-\beta)}$ 　　(3) $\dfrac{F(s)}{(s-\alpha)^2+\beta^2}$

積分記号内に未知の関数を含む等式を**積分方程式**という.

例題 8 次の積分方程式を満たす関数 $x(t)$ を求めよ.

$$\int_0^t x(\tau)\sin(t-\tau)\, d\tau = t^2$$

・・

解　左辺は $x(t)$ と $\sin t$ のたたみこみ $x(t) * \sin t$ である.
$\mathcal{L}[x(t)] = X(s)$ として，積分方程式の両辺のラプラス変換を求めると

$$X(s)\frac{1}{s^2+1} = \frac{2}{s^3}$$

$$X(s) = \frac{2(s^2+1)}{s^3} = \frac{2}{s} + \frac{2}{s^3}$$

両辺の逆ラプラス変換を求めると　$x(t) = \mathcal{L}^{-1}[X(s)] = 2 + t^2$　　　//

問・9 次の積分方程式を満たす関数 $x(t)$ を求めよ.

$$x(t) + \int_0^t x(t-\tau)e^\tau\, d\tau = \cos 3t$$

2 3 線形システムの伝達関数とデルタ関数

ここでは，$t<0$ のときの関数の値は恒等的に 0 とする．

定数係数非斉次線形微分方程式

$$y''+ay'+by=x(t),\ y(0)=0,\ y'(0)=0 \tag{1}$$

（ただし，a, b は定数）

において，関数 $x(t)$ が変化すると，微分方程式 (1) の解 $y(t)$ も変化する．関数 $x(t)$ から解 $y(t)$ への対応を，微分方程式 (1) の表す**線形システム**といい，関数 $x(t)$ を**入力**，関数 $y(t)$ を**出力**という．

出力 $y(t)$ を入力 $x(t)$ によって表すことを考えよう．

$\mathcal{L}[x(t)]=X(s)$, $\mathcal{L}[y(t)]=Y(s)$ とおくと，(1) より

$$s^2Y(s)+asY(s)+bY(s)=X(s)$$

したがって

$$Y(s)=\frac{X(s)}{s^2+as+b}$$

ここで

$$H(s)=\frac{1}{s^2+as+b},\ h(t)=\mathcal{L}^{-1}[H(s)]$$

とおくと，$y(t)$ は次のように表される．

$$\begin{aligned} y(t)&=\mathcal{L}^{-1}[H(s)X(s)]\\ &=h(t)*x(t)\\ &=\int_0^t h(\tau)x(t-\tau)\,d\tau=\int_0^t h(t-\tau)x(\tau)\,d\tau \end{aligned} \tag{2}$$

関数 $H(s)$ を (1) の表す線形システムの**伝達関数**という．(2) は，出力 $y(t)$ が伝達関数の逆ラプラス変換 $h(t)$ と入力 $x(t)$ とのたたみこみで求められることを示している．

問・10 微分方程式 $y''+y'-2y=x(t)$, $y(0)=0$, $y'(0)=0$ の表す線形システムの伝達関数を求めよ．また，出力 $y(t)$ を入力 $x(t)$ で表せ．

十分小さい正の定数 ε に対して，関数 $\varphi_\varepsilon(t)$ を次のように定義する．

$$\varphi_\varepsilon(t) = \begin{cases} \dfrac{1}{\varepsilon} & (0 \leqq t < \varepsilon) \\ 0 & (t < 0,\ t \geqq \varepsilon) \end{cases}$$

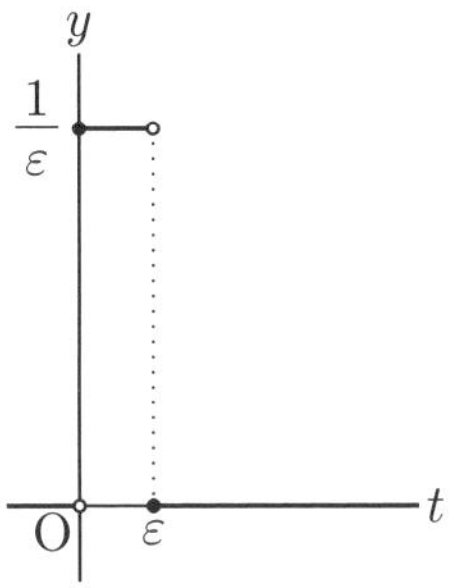

関数 $\varphi_\varepsilon(t)$ は，力学において極めて短時間に働く撃力や電気現象において瞬時に発生するインパルス電圧などを表している．

(1) の表す線形システムにおいて，$\varphi_\varepsilon(t)$ を入力とするときの出力を $y_\varepsilon(t)$ とおくと，(2) より，$t > \varepsilon$ のとき

$$y_\varepsilon(t) = \int_0^t h(t-\tau)\varphi_\varepsilon(\tau)\,d\tau = \frac{1}{\varepsilon}\int_0^\varepsilon h(t-\tau)\,d\tau \qquad (t-\tau = u)$$

$$= -\frac{1}{\varepsilon}\int_t^{t-\varepsilon} h(u)\,du = \frac{1}{\varepsilon}\int_{t-\varepsilon}^t h(u)\,du \tag{3}$$

さらに，$t > 0$ で $h(t)$ が連続のとき，定積分の平均値の定理を用いると

$$\frac{1}{\varepsilon}\int_{t-\varepsilon}^t h(u)\,du = h(c) \qquad (t-\varepsilon < c < t)$$

を満たす c が存在するから，(3) で $\varepsilon \to +0$ とすると

$$\lim_{\varepsilon \to +0} y_\varepsilon(t) = \lim_{\varepsilon \to +0} h(c) = h(t)$$

すなわち，$\varepsilon \to +0$ のときの出力は伝達関数の逆ラプラス変換 $h(t)$ である．

入力 $\varphi_\varepsilon(t)$ については，ふつうの意味で $\varepsilon \to +0$ とすると

$$\lim_{\varepsilon \to +0} \varphi_\varepsilon(t) - \begin{cases} \infty & (t = 0) \\ 0 & (t \neq 0) \end{cases}$$

となってしまい，$h(t)$ を出力として得ることはできない．しかし，極限と関数の意味を拡張して $\displaystyle\lim_{\varepsilon \to +0} \varphi_\varepsilon(t)$ を 1 つの関数と認め，これを数学的対象として取り扱うことができる．このように拡張した関数を**デルタ関数**といい，$\delta(t)$ と表す．すなわち

$$\delta(t) = \lim_{\varepsilon \to +0} \varphi_\varepsilon(t)$$

このことから，デルタ関数は次の性質をもつ．

$t \neq 0$ のとき　$\delta(t) = 0$

☞ $\varepsilon \to +0$ とするとデルタ関数になるような関数 $\varphi_\varepsilon(t)$ は他にも定義することができる．補章の 159 ページでその他の定義も紹介する．

関数 $h(t)$ は，入力 $\delta(t)$ に対応する出力であり，微分方程式

$$y'' + ay' + by = \delta(t),\ y(0) = 0,\ y'(0) = 0 \tag{4}$$

の解である．

(4) において，$y = h(t)$ とおき，両辺のラプラス変換を求めると

$$s^2H(s) + asH(s) + bH(s) = (s^2 + as + b)H(s) = \mathcal{L}[\delta(t)]$$

$H(s) = \dfrac{1}{s^2 + as + b}$ より，次の公式が成り立つ．

$$\boldsymbol{\mathcal{L}[\delta(t)] = 1} \tag{5}$$

すなわち，デルタ関数のラプラス変換は定数関数 1 である．

(5) をラプラス変換の定義式を用いて表すと

$$\int_0^\infty e^{-st}\delta(t)\,dt = 1$$

特に，$s \to +0$ とすると次の等式が成り立つ．

$$\boldsymbol{\int_0^\infty \delta(t)\,dt = 1} \tag{6}$$

問・11 たたみこみのラプラス変換の公式を用いて，次の等式を証明せよ．

$$\boldsymbol{f(t) * \delta(t) = \delta(t) * f(t) = f(t)}$$

問・12 次の微分方程式の解を求めよ．ただし，ω は正の定数とする．

$$y'' + \omega^2 y = \delta(t),\ y(0) = 0,\ y'(0) = 0$$

コラム

ラプラス変換と演算子法

ラプラス変換は，フランスの数学者ピエール＝シモン・ラプラス（1749–1827）にちなんで名づけられた．関連するものとしてラプラス変換の約 100 年後に発表されたイギリスの物理学者オリバー・ヘビサイド（1850–1925）による演算子法がある．これは，特に電気回路における微分方程式の解法として用いられた．

微分するという演算を D で表すと

$$\frac{dx}{dt} = Dx,\quad \frac{d^2x}{dt^2} = D^2x,\quad \frac{dx}{dt} - \alpha x = (D-\alpha)x \quad (\alpha \text{ は定数})$$

となる．D を微分演算子という．また，関数 f について，$Dx = f$ を満たす関数 x は f の不定積分であり，$x = \dfrac{1}{D}f$ で表される．演算子法では，たとえば，$(D-\alpha)x = f$ を満たす関数 $x = x(t)$ について，次が成り立つ．

$$x(t) = \frac{1}{D-\alpha}f(t) = e^{\alpha t}\int e^{-\alpha t}f(t)\,dt$$

実際の電気回路を考えよう．図のような抵抗 R とインダクタンス L の直列回路に，時刻 $t=0$ でスイッチ Sw を閉じて直流電圧 E を加えると，時刻 t における電流 $i = i(t)$ について，次の微分方程式を得る．

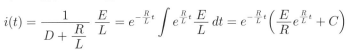

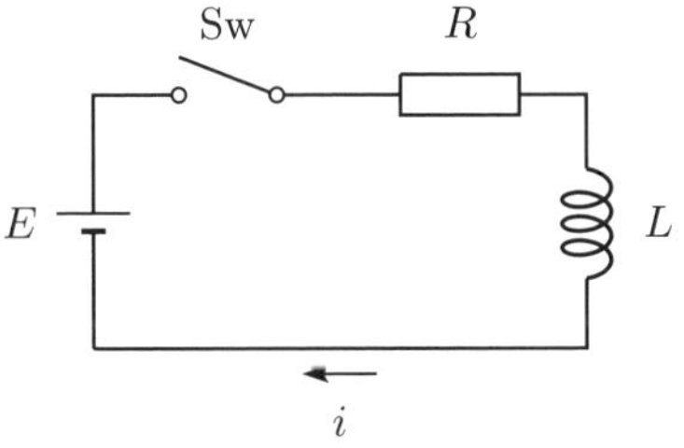

$$E = Ri + L\frac{di}{dt}$$

演算子法で，上の性質を用いると

$$\left(D + \frac{R}{L}\right)i(t) = \frac{E}{L}$$

$$i(t) = \frac{1}{D+\frac{R}{L}}\,\frac{E}{L} = e^{-\frac{R}{L}t}\int e^{\frac{R}{L}t}\frac{E}{L}\,dt = e^{-\frac{R}{L}t}\left(\frac{E}{R}e^{\frac{R}{L}t} + C\right)$$

初期電流を $i(0) = 0$ とすると，特殊解は $i(t) = \dfrac{E}{R}\left(1 - e^{-\frac{R}{L}t}\right)$ となる．

演算子法は，当初は数学的な裏付けのないままであったが，後の数学者らによってラプラス変換と結びつけられ，その理論体系が完成した．

練習問題 2

1. 次の微分方程式を解け.

(1) $\dfrac{d^2x}{dt^2} + 25x = 25t \qquad \left(t = 0 \text{ のとき } x = 0,\ \dfrac{dx}{dt} = 0\right)$

(2) $\dfrac{d^3x}{dt^3} + 3\dfrac{d^2x}{dt^2} + 3\dfrac{dx}{dt} + x = 0$

$$\left(t = 0 \text{ のとき } x = 0,\ \frac{dx}{dt} = 1,\ \frac{d^2x}{dt^2} = -2\right)$$

(3) $\dfrac{d^2x}{dt^2} + 4x = 1,\ x(0) = 0,\ x\left(\dfrac{\pi}{4}\right) = 0$

(4) $\dfrac{d^2x}{dt^2} + x = 2\sin 2t$

2. 次の関係を同時に満たす関数 $x(t),\ y(t)$ を求めよ.

$$\frac{dx}{dt} = 3x - y,\ \frac{dy}{dt} = x + y,\ x(0) = 0,\ y(0) = 1$$

3. たたみこみのラプラス変換の性質を用いて，次の関数の逆ラプラス変換を求めよ.

(1) $\dfrac{1}{s^2(s-1)}$ (2) $\dfrac{s^2}{(s^2+4)^2}$

4. 次の積分方程式を満たす関数 $x(t)$ を求めよ.

$$x(t) = 4\int_0^t x(\tau)\cos 2(t-\tau)\,d\tau + 1$$

5. 微分方程式

$$y'' - 5y' + 6y = x(t),\ y(0) = 0,\ y'(0) = 0$$

で表される線形システムについて，次の問いに答えよ.

(1) この線形システムの伝達関数 $H(s)$ を求めよ.

(2) 入力 $x(t) = \delta(t)$ のとき，出力 $y(t)$ を求めよ.

(3) 入力 $x(t) = U(t)$ のとき，出力 $y(t)$ を求めよ.

(4) 入力 $x(t) = e^{-t}\ (t > 0)$ のとき，出力 $y(t)$ を求めよ.

3章 フーリエ解析

音の波形の正弦波への分解

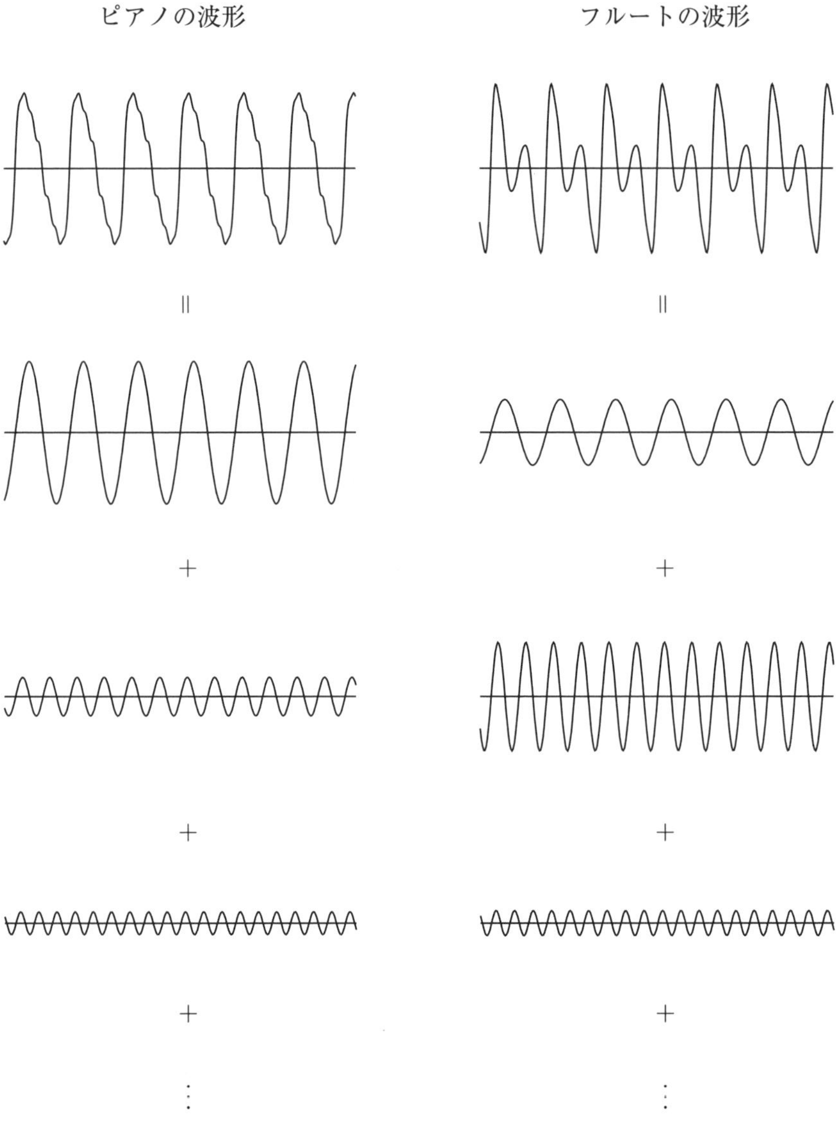

●この章を学ぶために

フーリエ級数・フーリエ変換は，フランスの数学者フーリエがもともと熱伝導を数学的に研究するために考案した理論であった．しかし，その後の研究は熱伝導にとどまらず，数学の他分野さらには物理学・工学など数理科学の多くの分野にまたがり，それぞれにおいて重要な役割を果たすこととなった．

ここでは，1節において周期関数に対するフーリエ級数，2節において周期をもたない関数に対するフーリエ変換の理論の基礎を学ぶ．1節では「フーリエ級数の収束定理」，2節では「フーリエの積分定理」が重要な定理となる．

1 フーリエ級数

1 1 周期 2π の関数のフーリエ級数

関数 $f(x)$ が任意の x について

$$f(x+2\pi) = f(x) \tag{1}$$

を満たすとき，$f(x)$ は周期 2π の周期関数であるという．

三角関数 $\cos x$, $\sin x$ は (1) を満たす代表的な周期関数である．さらに，任意の自然数 n について，三角関数 $\cos nx$, $\sin nx$ も (1) を満たしている．

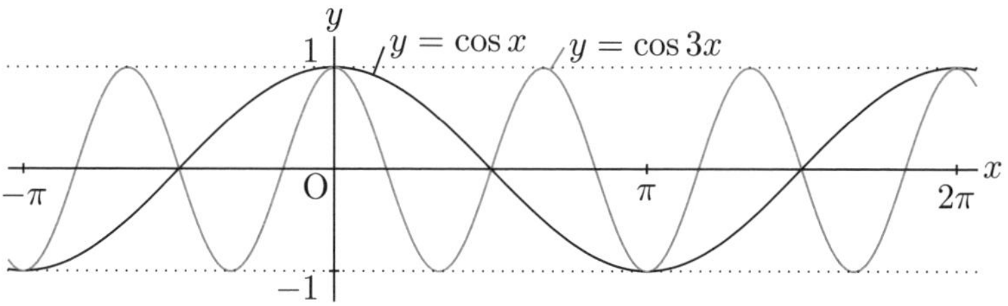

また，定数関数 $f(x) = c$ も (1) を満たしているから，周期 2π の周期関数と考えることにする．

●注……定数関数は0でない任意の正の定数を周期とする周期関数とみなすことができる．

(1) を満たす定数関数および三角関数の和

$$c_0 + (a_1 \cos x + b_1 \sin x) + \cdots + (a_N \cos Nx + b_N \sin Nx)$$
$$= c_0 + \sum_{m=1}^{N} (a_m \cos mx + b_m \sin mx) \quad (2)$$

（ただし，c_0，a_m，b_m は定数）

は，やはり周期 2π の周期関数である．

逆に，周期 2π の周期関数 $f(x)$ が与えられたとき，$f(x)$ を次のように (2) の形の和で近似することを考えよう．

$$f(x) = c_0 + \sum_{m=1}^{N} (a_m \cos mx + b_m \sin mx) + \varepsilon_N(x) \quad (3)$$

ただし，$f(x)$ および $f'(x)$ は区分的に連続とする．また，関数 $\varepsilon_N(x)$ は，N 以下の任意の自然数 n について

$$\int_{-\pi}^{\pi} \varepsilon_N(x)\, dx = 0$$
$$\int_{-\pi}^{\pi} \varepsilon_N(x) \cos nx\, dx = 0 \quad (4)$$
$$\int_{-\pi}^{\pi} \varepsilon_N(x) \sin nx\, dx = 0$$

を満たすとする．

ここで，三角関数と定数関数の区間 $[-\pi,\ \pi]$ における積分について，次の等式が成り立つことを示す．ただし，m，n は自然数，c は実数とする．

(I) $\displaystyle\int_{-\pi}^{\pi} c\, dx = 2\pi c,\quad \int_{-\pi}^{\pi} \cos nx\, dx = 0,\quad \int_{-\pi}^{\pi} \sin nx\, dx = 0$

(II) $\displaystyle\int_{-\pi}^{\pi} \sin mx \cos nx\, dx = 0$

(III) $\displaystyle\int_{-\pi}^{\pi} \sin mx \sin nx\, dx = \begin{cases} 0 & (m \neq n\ \text{のとき}) \\ \pi & (m = n\ \text{のとき}) \end{cases}$

(IV) $\displaystyle\int_{-\pi}^{\pi} \cos mx \cos nx\, dx = \begin{cases} 0 & (m \neq n\ \text{のとき}) \\ \pi & (m = n\ \text{のとき}) \end{cases}$

証明 （Ⅰ）は明らかである．また，$F(x) = \sin mx \cos nx$ とおくと

$$F(-x) = \sin(-mx)\cos(-nx) = -\sin mx \cos nx = -F(x)$$

したがって，$F(x)$ は奇関数だから（Ⅱ）が成り立つ．

一方，$\sin mx \sin nx$ は偶関数だから

$$\int_{-\pi}^{\pi} \sin mx \sin nx\, dx = 2\int_{0}^{\pi} \sin mx \sin nx\, dx$$

$m \neq n$ のとき，三角関数の積を和・差に直す公式から

$$\begin{aligned}
&2\int_{0}^{\pi} \sin mx \sin nx\, dx \\
&\quad = -\int_{0}^{\pi} \{\cos(m+n)x - \cos(m-n)x\}\, dx \\
&\quad = -\left[\frac{1}{m+n}\sin(m+n)x - \frac{1}{m-n}\sin(m-n)x\right]_{0}^{\pi} = 0
\end{aligned}$$

$m = n$ のとき，半角の公式から

$$2\int_{0}^{\pi} \sin^2 nx\, dx = \int_{0}^{\pi} (1 - \cos 2nx)\, dx = \left[x - \frac{1}{2n}\sin 2nx\right]_{0}^{\pi} = \pi$$

したがって，（Ⅲ）が成り立つ． //

問・1 （Ⅳ）が成り立つことを証明せよ．

まず，(3) の両辺を $-\pi$ から π まで積分して，（Ⅰ）および (4) を用いると

$$\int_{-\pi}^{\pi} f(x)\, dx = 2\pi c_0$$

これから，定数 c_0 は次の式で求められる．

$$\boldsymbol{c_0 = \frac{1}{2\pi}\int_{-\pi}^{\pi} f(x)\, dx} \tag{5}$$

次に，(3) の両辺に $\cos nx$ $(1 \leqq n \leqq N)$ を掛けると

$$\begin{aligned}
f(x)\cos nx = c_0 \cos nx& \\
&+ \sum_{m=1}^{N} (a_m \cos mx \cos nx + b_m \sin mx \cos nx) \\
&+ \varepsilon_N(x) \cos nx
\end{aligned}$$

$-\pi$ から π まで積分して，(I)，(II)，(IV) および (4) を用いると

$$\int_{-\pi}^{\pi} f(x)\cos nx\,dx = \pi a_n$$

これから，定数 a_n は次の式で求められることがわかる．

$$\boldsymbol{a_n = \frac{1}{\pi}\int_{-\pi}^{\pi} f(x)\cos nx\,dx} \tag{6}$$

同様に，定数 b_n は次の式で求められる．

$$\boldsymbol{b_n = \frac{1}{\pi}\int_{-\pi}^{\pi} f(x)\sin nx\,dx} \tag{7}$$

定数 c_0，a_n，b_n を (5), (6), (7) によって定めるとき，$\varepsilon_N(x)$ は

$$\lim_{N\to\infty}\int_{-\pi}^{\pi}\left\{\varepsilon_N(x)\right\}^2 dx = 0$$

を満たすことが知られている．これから，N が十分大きいとき，次の近似式が積分の意味で成り立つといってよい．

$$f(x) \fallingdotseq c_0 + \sum_{n=1}^{N}(a_n \cos nx + b_n \sin nx) \tag{8}$$

(8) の右辺を $f(x)$ の**有限フーリエ級数**という．

有限フーリエ級数で，$N \to \infty$ としてできる級数

$$c_0 + \sum_{n=1}^{\infty}(a_n \cos nx + b_n \sin nx)$$

は，任意の実数 x について収束することが知られている．この級数を周期 2π の関数 $f(x)$ の**フーリエ級数**，c_0，a_n，b_n を $f(x)$ の**フーリエ係数**という．

●周期 2π の関数 $f(x)$ のフーリエ級数

$$c_0 + \sum_{n=1}^{\infty}(a_n \cos nx + b_n \sin nx)$$

$$c_0 = \frac{1}{2\pi}\int_{-\pi}^{\pi} f(x)\,dx$$

$$a_n = \frac{1}{\pi}\int_{-\pi}^{\pi} f(x)\cos nx\,dx, \quad b_n = \frac{1}{\pi}\int_{-\pi}^{\pi} f(x)\sin nx\,dx$$

例題 1 次の周期 2π の関数 $f(x)$ のフーリエ級数を求めよ．

$$f(x)=\begin{cases}0 & (-\pi \leqq x < 0)\\ x & (0 \leqq x < \pi)\end{cases},\quad f(x+2\pi)=f(x)$$

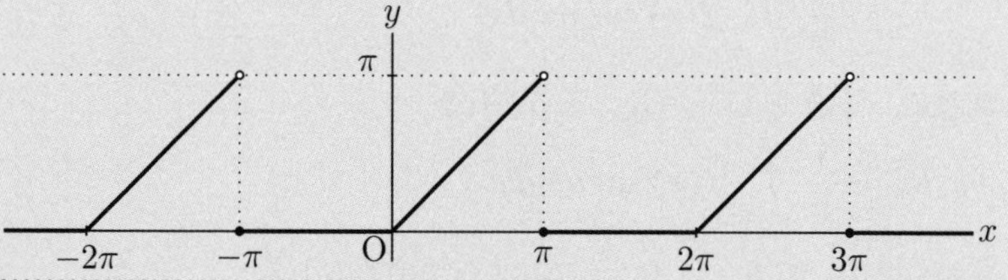

解 $$c_0=\frac{1}{2\pi}\int_{-\pi}^{\pi} f(x)\,dx=\frac{1}{2\pi}\int_0^{\pi} x\,dx=\frac{\pi}{4}$$

また，自然数 n について

$$\begin{aligned}a_n&=\frac{1}{\pi}\int_{-\pi}^{\pi} f(x)\cos nx\,dx=\frac{1}{\pi}\int_0^{\pi} x\cos nx\,dx\\&=\frac{1}{\pi}\left(\left[x\cdot\frac{1}{n}\sin nx\right]_0^{\pi}-\frac{1}{n}\int_0^{\pi}\sin nx\,dx\right)\\&=-\frac{1}{n\pi}\left[-\frac{1}{n}\cos nx\right]_0^{\pi}=-\frac{1}{n^2\pi}\left(1-(-1)^n\right)\end{aligned}$$

同様に

$$b_n=\frac{1}{\pi}\int_0^{\pi} x\sin nx\,dx=-\frac{(-1)^n}{n}$$

したがって，$f(x)$ のフーリエ級数は

$$\begin{aligned}&\frac{\pi}{4}+\sum_{n=1}^{\infty}\left(-\frac{1}{n^2\pi}\left(1-(-1)^n\right)\cos nx-\frac{(-1)^n}{n}\sin nx\right)\\&=\frac{\pi}{4}+\left(-\frac{2}{\pi}\cos x+\sin x\right)-\frac{1}{2}\sin 2x+\cdots\end{aligned}$$ //

●**注**…… 自然数 n について，次が成り立つ．

$$\sin n\pi=0$$

$$\cos n\pi=(-1)^n=\begin{cases}-1 & (n\text{ が奇数のとき})\\ 1 & (n\text{ が偶数のとき})\end{cases}$$

例題 1 の関数について，$N=10$, $N=20$, $N=40$ の場合の有限フーリエ級数のグラフを重ねてかくと次のようになり，N が大きければ，全体として $f(x)$ を近似していることがわかる．

$N=10$ のとき

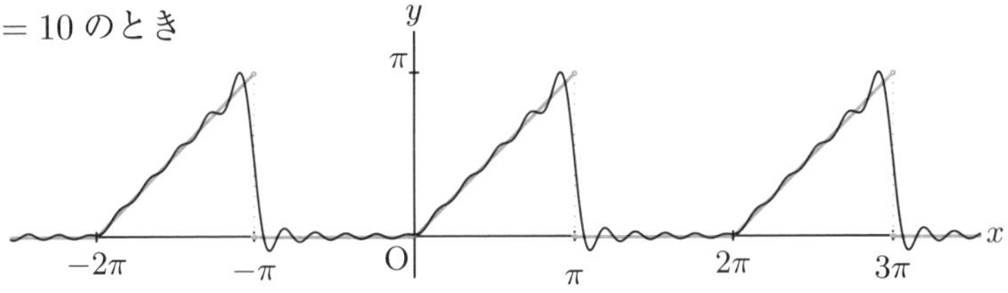

$N=20$ のとき

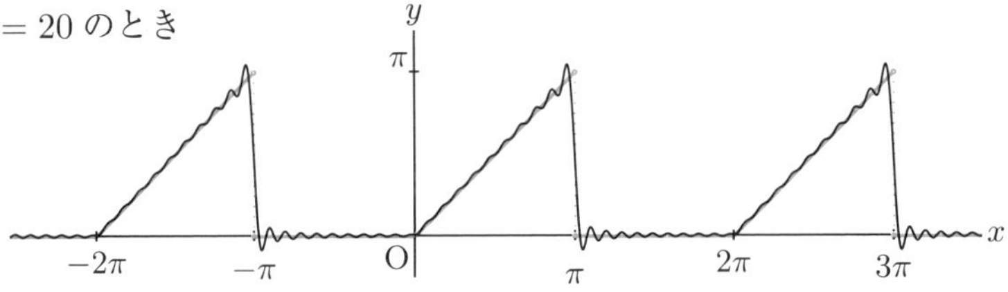

$N=40$ のとき

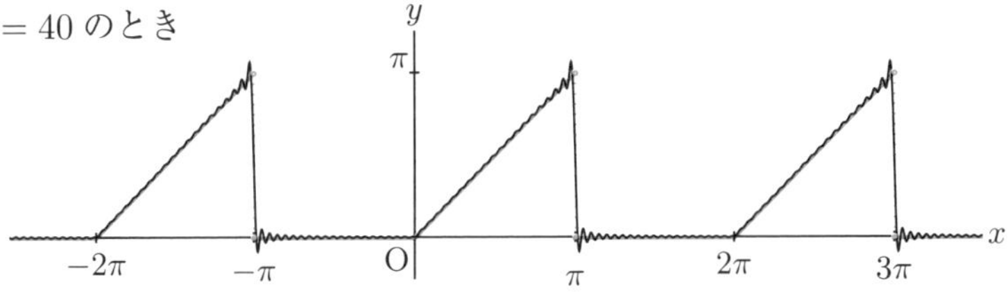

どのグラフも，もとの関数が不連続である点の近くで振動が大きくなるようすが見られる．これは N を大きくしてもなくならないことが知られており，**ギブス現象**と呼ばれる．

問・2 次の周期 2π の関数 $f(x)$ のフーリエ級数を求めよ．

$$f(x)=x\quad(-\pi \leqq x < \pi),\quad f(x+2\pi)=f(x)$$

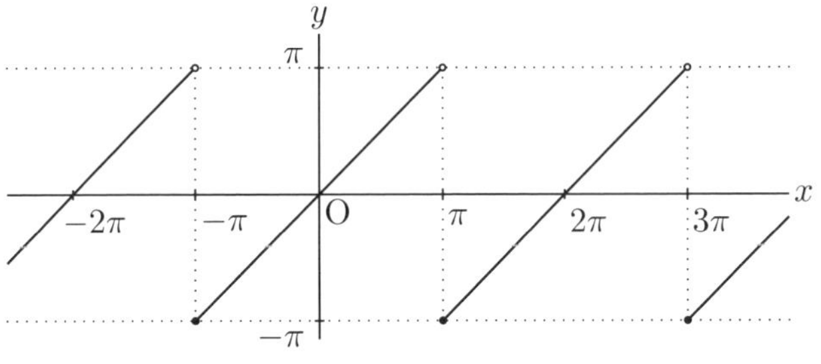

1・2 一般の周期関数のフーリエ級数

l を正の数とするとき，周期 $2l$ の周期関数を考えよう．三角関数では

$$\cos\frac{\pi x}{l},\ \sin\frac{\pi x}{l},\ \cos\frac{2\pi x}{l},\ \sin\frac{2\pi x}{l},\ \cdots$$

が周期 $2l$ であり，次の和も周期 $2l$ の周期関数である．

$$c_0+\sum_{n=1}^{N}\left(a_n\cos\frac{n\pi x}{l}+b_n\sin\frac{n\pi x}{l}\right) \qquad (1)$$

周期 $2l$ の周期関数 $f(x)$ を (1) の形の和で近似するとき，(1) を $f(x)$ の**有限フーリエ級数**，c_0，a_n，b_n を**フーリエ係数**という．有限フーリエ級数で $N\to\infty$ としてできる級数を周期 $2l$ の周期関数 $f(x)$ の**フーリエ級数**という．このとき，フーリエ係数は，1・1 と同様にして，さらに

$$\int_{-l}^{l}1\,dx=2l,\quad \int_{-l}^{l}\cos^2\frac{n\pi x}{l}\,dx=l,\quad \int_{-l}^{l}\sin^2\frac{n\pi x}{l}\,dx=l$$

に注意すれば，次の式で求められる．

●周期 $2l$ の関数 $f(x)$ のフーリエ級数

$$c_0+\sum_{n=1}^{\infty}\left(a_n\cos\frac{n\pi x}{l}+b_n\sin\frac{n\pi x}{l}\right)$$

$$c_0=\frac{1}{2l}\int_{-l}^{l}f(x)\,dx$$

$$a_n=\frac{1}{l}\int_{-l}^{l}f(x)\cos\frac{n\pi x}{l}\,dx,\quad b_n=\frac{1}{l}\int_{-l}^{l}f(x)\sin\frac{n\pi x}{l}\,dx$$

●**注**…… 周期 $2l$ の周期関数 $f(x)$ と $x=\dfrac{lt}{\pi}$ の合成関数を $F(t)=f\left(\dfrac{lt}{\pi}\right)$ とおくと $F(t)$ は周期 2π の周期関数だから，$F(t)$ のフーリエ級数は

$$c_0+\sum_{n=1}^{\infty}(a_n\cos nt+b_n\sin nt)$$

となり，$t=\dfrac{\pi x}{l}$ を代入すると周期 $2l$ のフーリエ級数が得られる．フーリエ係数についても $F(t)$ に 77 ページの公式を適用して，その後変数変換により $f(x)$ についての式にすることができる．

例題 2 次の周期 2 の関数 $f(x)$ のフーリエ級数を求めよ．

$$f(x) = \begin{cases} 0 & (-1 \leqq x < 0) \\ 1 & (0 \leqq x < 1) \end{cases}, \quad f(x+2) = f(x)$$

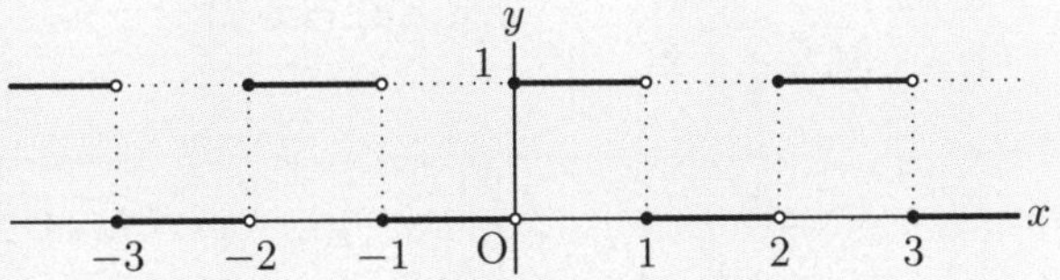

解

$$c_0 = \frac{1}{2}\int_{-1}^{1} f(x)\,dx = \frac{1}{2}\int_0^1 dx = \frac{1}{2}$$

$$a_n = \int_{-1}^{1} f(x)\cos n\pi x\,dx = \int_0^1 \cos n\pi x\,dx = \left[\frac{1}{n\pi}\sin n\pi x\right]_0^1 = 0$$

$$b_n = \int_{-1}^{1} f(x)\sin n\pi x\,dx = \int_0^1 \sin n\pi x\,dx = \left[-\frac{1}{n\pi}\cos n\pi x\right]_0^1$$

$$= \frac{1}{n\pi}(1 - \cos n\pi) = \frac{1}{n\pi}\bigl(1 - (-1)^n\bigr)$$

したがって，$f(x)$ のフーリエ級数は

$$\frac{1}{2} + \sum_{n=1}^{\infty} \frac{1}{n\pi}\bigl(1 - (-1)^n\bigr)\sin n\pi x$$

$$= \frac{1}{2} + \frac{2}{\pi}\left(\sin \pi x + \frac{1}{3}\sin 3\pi x + \frac{1}{5}\sin 5\pi x + \cdots\right) \qquad //$$

$N = 20$ および $N = 50$ の有限フーリエ級数のグラフは下のようになる．どちらのグラフもギブス現象が見られる．

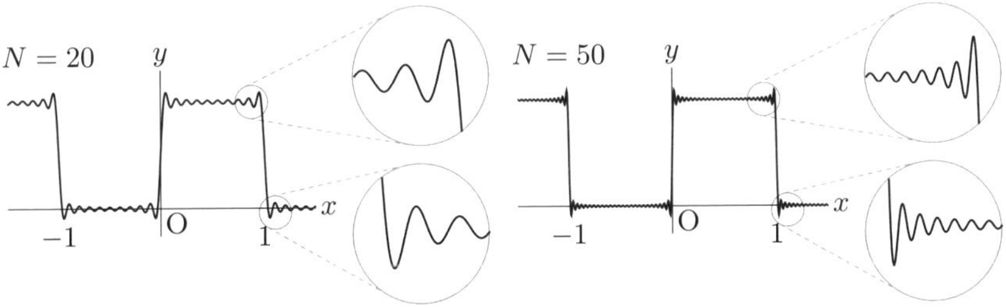

問・3 次の関数のフーリエ級数を求めよ.

(1) $f(x)=\begin{cases} 1 & (-1 \leqq x < 0) \\ 0 & (0 \leqq x < 1) \end{cases}$, $f(x+2)=f(x)$

(2) $g(x)=\begin{cases} 2 & (-2 \leqq x < 0) \\ 4 & (0 \leqq x < 2) \end{cases}$, $g(x+4)=g(x)$

(3) $h(x)=\begin{cases} 2x+1 & \left(-\dfrac{1}{2} \leqq x < 0\right) \\ 0 & \left(0 \leqq x < \dfrac{1}{2}\right) \end{cases}$, $h(x+1)=h(x)$

$f(x)$ が偶関数のとき, c_0, a_n を表す定積分の被積分関数は偶関数, b_n を表す定積分の被積分関数は奇関数になるから, 周期 $2l$ の周期関数のフーリエ係数, フーリエ級数は次のようになる.

$$\boldsymbol{c_0 = \frac{1}{l}\int_0^l f(x)\,dx}$$

$$\boldsymbol{a_n = \frac{2}{l}\int_0^l f(x)\cos\frac{n\pi x}{l}\,dx,\ \ b_n = 0}$$

$$\boldsymbol{c_0 + \sum_{n=1}^{\infty} a_n \cos\frac{n\pi x}{l}}$$

このフーリエ級数を**フーリエ余弦級数**という.

また, $f(x)$ が奇関数のとき, c_0, a_n を表す定積分の被積分関数は奇関数, b_n を表す定積分の被積分関数は偶関数になるから, 周期 $2l$ の周期関数のフーリエ係数, フーリエ級数は次のようになる.

$$\boldsymbol{c_0 = 0}$$

$$\boldsymbol{a_n = 0,\ \ b_n = \frac{2}{l}\int_0^l f(x)\sin\frac{n\pi x}{l}\,dx}$$

$$\boldsymbol{\sum_{n=1}^{\infty} b_n \sin\frac{n\pi x}{l}}$$

このフーリエ級数を**フーリエ正弦級数**という.

例題 3 次の周期 2 の関数 $f(x)$ のフーリエ級数を求めよ.

$$f(x) = |x| \quad (-1 \leqq x < 1), \quad f(x+2) = f(x)$$

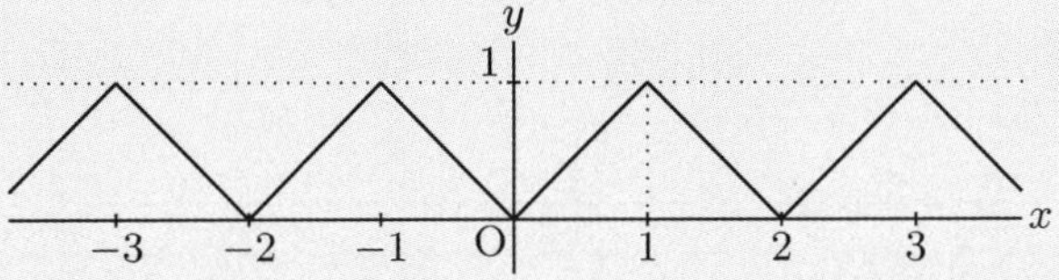

解 $f(x)$ は偶関数だから，$b_n = 0$ であり，フーリエ余弦級数を求めればよい.

$$c_0 = \int_0^1 f(x)\,dx = \int_0^1 x\,dx = \left[\frac{1}{2}x^2\right]_0^1 = \frac{1}{2}$$

$$a_n = 2\int_0^1 f(x)\cos n\pi x\,dx = 2\int_0^1 x\cos n\pi x\,dx$$

$$= 2\left\{\left[x\cdot\frac{1}{n\pi}\sin n\pi x\right]_0^1 - \frac{1}{n\pi}\int_0^1 \sin n\pi x\,dx\right\}$$

$$= -\frac{2}{n\pi}\left[-\frac{1}{n\pi}\cos n\pi x\right]_0^1 = -\frac{2}{n^2\pi^2}\bigl(1-(-1)^n\bigr)$$

したがって，$f(x)$ のフーリエ級数は

$$\frac{1}{2} - \sum_{n=1}^{\infty}\frac{2\bigl(1-(-1)^n\bigr)}{n^2\pi^2}\cos n\pi x$$

$$= \frac{1}{2} - \frac{4}{\pi^2}\left(\cos\pi x + \frac{1}{3^2}\cos 3\pi x + \frac{1}{5^2}\cos 5\pi x + \cdots\right) \qquad //$$

● 注…… $N=2$ 及び $N=5$ の有限フーリエ級数をそれぞれ重ねてかくと次のようになる.

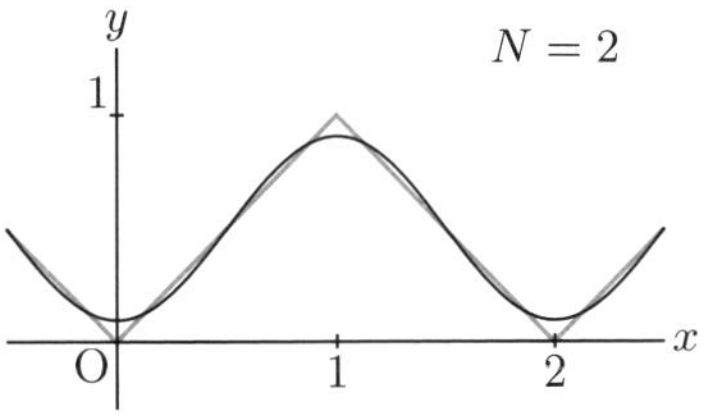

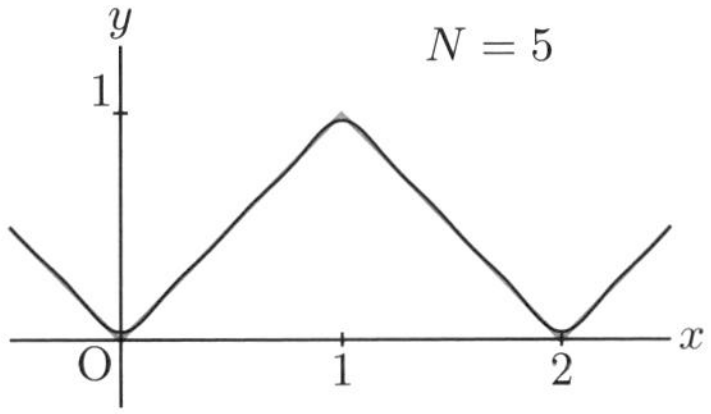

例題 4 次の周期 2 の関数 $f(x)$ のフーリエ級数を求めよ．

$$f(x) = x(1-x) \quad (0 \leqq x \leqq 1), \quad f(-x) = -f(x), \quad f(x+2) = f(x)$$

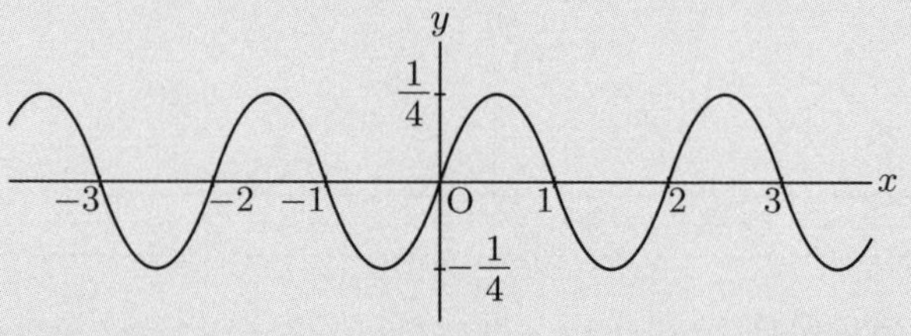

解 $f(x)$ は奇関数だから，$c_0 = 0$，$a_n = 0$ であり，フーリエ正弦級数を求めればよい．

$$\begin{aligned} b_n &= 2\int_0^1 f(x)\sin n\pi x\,dx = 2\int_0^1 x(1-x)\sin n\pi x\,dx \\ &= 2\left\{\left[-x(1-x)\cdot\frac{1}{n\pi}\cos n\pi x\right]_0^1 + \frac{1}{n\pi}\int_0^1 (1-2x)\cos n\pi x\,dx\right\} \\ &= \frac{2}{n\pi}\left\{\left[(1-2x)\cdot\frac{1}{n\pi}\sin n\pi x\right]_0^1 - \frac{1}{n\pi}\int_0^1 (-2)\sin n\pi x\,dx\right\} \\ &= \frac{4}{n^2\pi^2}\left[-\frac{1}{n\pi}\cos n\pi x\right]_0^1 = \frac{4}{n^3\pi^3}\bigl(1-(-1)^n\bigr) \end{aligned}$$

したがって，$f(x)$ のフーリエ級数は

$$\begin{aligned} &\sum_{n=1}^{\infty} \frac{4\bigl(1-(-1)^n\bigr)}{n^3\pi^3}\sin n\pi x \\ &= \frac{8}{\pi^3}\left(\sin \pi x + \frac{1}{3^3}\sin 3\pi x + \frac{1}{5^3}\sin 5\pi x + \cdots\right) \end{aligned}$$

//

問・4 次の関数のフーリエ級数を求めよ．

(1) $f(x) = \begin{cases} -1 & (-1 \leqq x < 0) \\ 1 & (0 \leqq x < 1) \end{cases}, \quad f(x+2) = f(x)$

(2) $g(x) = 1 - |x| \quad (-1 \leqq x < 1), \quad g(x+2) = g(x)$

(3) $h(x) = \cos\dfrac{\pi x}{4} \quad (-2 \leqq x < 2), \quad h(x+4) = h(x)$

関数 $f(x)$ の導関数 $f'(x)$ が区分的に連続のとき，$f(x)$ は**区分的に滑らか**な関数であるという．区分的に滑らかな周期関数のフーリエ級数について，次の**フーリエ級数の収束定理** が成り立つことが知られている．

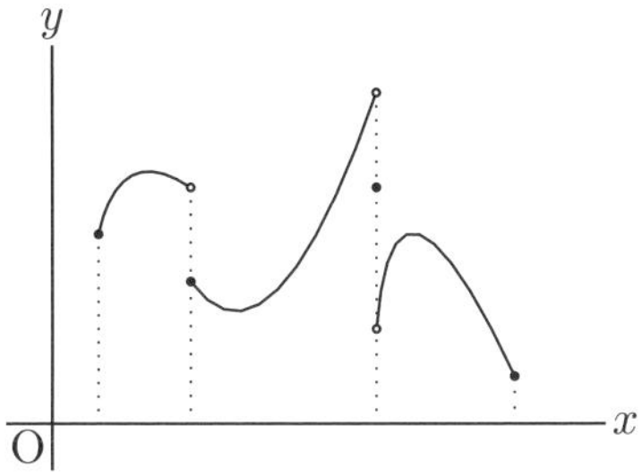

フーリエ級数の収束定理

周期関数 $f(x)$ が区分的に滑らかであれば，$f(x)$ のフーリエ級数は $\dfrac{f(x-0)+f(x+0)}{2}$ に収束する．

周期 $2l$ の関数 $f(x)$ が点 x で連続であれば

$$f(x-0)=f(x+0)=f(x)$$

が成り立つから，$f(x)$ のフーリエ級数は $f(x)$ に等しく，次の等式が成り立つ．

$$f(x)=c_0+\sum_{n=1}^{\infty}\left(a_n\cos\frac{n\pi x}{l}+b_n\sin\frac{n\pi x}{l}\right) \tag{2}$$

●注…関数 $f(x)$ が点 x で連続でない場合でも

$$\frac{f(x+0)+f(x-0)}{2}=f(x) \tag{3}$$

が成り立つときは，(2) の等式が成り立つ．

以後，特に断らない限り，$f(x)$ は区分的に滑らかとし，不連続な点では (3) で $f(x)$ の値を定義し直すこととする．

例 1 周期 2 の周期関数

$$f(x)=\begin{cases}0 & (-1\leqq x<0)\\ 1 & (0\leqq x<1)\end{cases},\quad f(x+2)=f(x)$$

は区分的に滑らかな関数で，$x\neq 0,\ \pm1,\ \pm2,\ \cdots$ のとき連続である．したがって，例題 2 および収束定理より，$x\neq 0,\ \pm1,\ \pm2,\ \cdots$ のとき

$$f(x) = \frac{1}{2} + \sum_{n=1}^{\infty} \frac{1}{n\pi}\left(1-(-1)^n\right)\sin n\pi x$$
$$= \frac{1}{2} + \frac{2}{\pi}\left(\sin \pi x + \frac{1}{3}\sin 3\pi x + \frac{1}{5}\sin 5\pi x + \cdots\right)$$

が成り立つ.

また，$x=0$ は不連続な点であるが

$$\frac{f(0-0)+f(0+0)}{2} = \frac{0+1}{2} = \frac{1}{2}$$

であり，$x=0$ におけるフーリエ級数の値は $\dfrac{1}{2}$ であることから，フーリエ級数の収束定理が成り立つことがわかる．他の不連続な点においても同様のことが成り立つ.

例題 5　次の等式が成り立つことを証明せよ.

$$1 - \frac{1}{3} + \frac{1}{5} - \cdots = \frac{\pi}{4}$$

解　例題 2（例 1）の関数は $x=\dfrac{1}{2}$ で連続だから

$$f\left(\frac{1}{2}\right) = \frac{1}{2} + \frac{2}{\pi}\left(\sin\frac{\pi}{2} + \frac{1}{3}\sin\frac{3\pi}{2} + \frac{1}{5}\sin\frac{5\pi}{2} + \cdots\right)$$
$$1 = \frac{1}{2} + \frac{2}{\pi}\left(1 - \frac{1}{3} + \frac{1}{5} - \cdots\right)$$

したがって

$$1 - \frac{1}{3} + \frac{1}{5} - \cdots = \frac{\pi}{4}$$ //

問・5　次の問いに答えよ.

(1)　例題 3 の関数のフーリエ級数を用いて，次の公式を導け.

$$\frac{1}{1^2} + \frac{1}{3^2} + \frac{1}{5^2} + \cdots = \frac{\pi^2}{8}$$

(2)　例題 4 の関数のフーリエ級数を用いて，次の公式を導け.

$$\frac{1}{1^3} - \frac{1}{3^3} + \frac{1}{5^3} - \cdots = \frac{\pi^3}{32}$$

1 3 複素フーリエ級数

$f(x)$ が周期 $2l$ の周期関数のとき

$$\cos\theta = \frac{e^{i\theta}+e^{-i\theta}}{2}, \quad \sin\theta = \frac{e^{i\theta}-e^{-i\theta}}{2i}$$

を用いて，$f(x)$ のフーリエ級数，フーリエ係数を表す式を変形しよう．

$$\begin{aligned} f(x) &= c_0 + \sum_{n=1}^{\infty}\left(a_n \cos\frac{n\pi x}{l} + b_n \sin\frac{n\pi x}{l}\right) \\ &= c_0 + \sum_{n=1}^{\infty}\left\{a_n \frac{1}{2}\left(e^{i\frac{n\pi x}{l}} + e^{-i\frac{n\pi x}{l}}\right) + b_n \frac{1}{2i}\left(e^{i\frac{n\pi x}{l}} - e^{-i\frac{n\pi x}{l}}\right)\right\} \\ &= c_0 + \sum_{n=1}^{\infty}\left(\frac{a_n - b_n i}{2} e^{i\frac{n\pi x}{l}} + \frac{a_n + b_n i}{2} e^{-i\frac{n\pi x}{l}}\right) \end{aligned}$$

$n \geqq 1$ のとき

$$c_n = \frac{a_n - b_n i}{2}, \quad c_{-n} = \frac{a_n + b_n i}{2}$$

とおくと

$$\begin{aligned} c_n &= \frac{1}{2}\left(\frac{1}{l}\int_{-l}^{l} f(x)\cos\frac{n\pi x}{l}\,dx - \frac{i}{l}\int_{-l}^{l} f(x)\sin\frac{n\pi x}{l}\,dx\right) \\ &= \frac{1}{2l}\int_{-l}^{l} f(x)\left(\cos\frac{n\pi x}{l} - i\sin\frac{n\pi x}{l}\right)dx \\ &= \frac{1}{2l}\int_{-l}^{l} f(x) e^{-i\frac{n\pi x}{l}}\,dx \qquad (1) \end{aligned}$$

ただし，複素数を値にとる関数 $\varphi(x) + i\psi(x)$ の積分を次のように定める．

$$\int_a^b \left(\varphi(x) + i\psi(x)\right) dx = \int_a^b \varphi(x)\,dx + i\int_a^b \psi(x)\,dx$$

c_{-n} については

$$\begin{aligned} c_{-n} &= \frac{1}{2}\left(\frac{1}{l}\int_{-l}^{l} f(x)\cos\frac{n\pi x}{l}\,dx + \frac{i}{l}\int_{-l}^{l} f(x)\sin\frac{n\pi x}{l}\,dx\right) \\ &= \frac{1}{2l}\int_{-l}^{l} f(x)\left(\cos\frac{n\pi x}{l} + i\sin\frac{n\pi x}{l}\right)dx \\ &= \frac{1}{2l}\int_{-l}^{l} f(x) e^{i\frac{n\pi x}{l}}\,dx \qquad (2) \end{aligned}$$

(2) は，(1) の n を $-n$ に置き換えた式になっている．

また，(1) で $n=0$ とおくと

$$c_0=\frac{1}{2l}\int_{-l}^{l}f(x)\,dx$$

となる．よって，$n\leqq 0$ のときも，c_n は (1) で表される．

したがって，$f(x)$ のフーリエ級数は次のようになる．

$$f(x)=c_0+\sum_{n=1}^{\infty}\left(c_ne^{i\frac{n\pi x}{l}}+c_{-n}e^{-i\frac{n\pi x}{l}}\right)$$

$$=\sum_{n=-\infty}^{\infty}\boldsymbol{c_ne^{i\frac{n\pi x}{l}}}\qquad \text{ただし}\quad c_n=\frac{1}{2l}\int_{-l}^{l}f(x)e^{-i\frac{n\pi x}{l}}\,dx$$

これを周期 $2l$ の関数 $f(x)$ の**複素フーリエ級数**という．また，c_n を $f(x)$ の**複素フーリエ係数**という．

●複素フーリエ級数

$$f(x)=\sum_{n=-\infty}^{\infty}c_ne^{i\frac{n\pi x}{l}},\qquad c_n=\frac{1}{2l}\int_{-l}^{l}f(x)e^{-i\frac{n\pi x}{l}}\,dx$$

例題 6　次の周期 4 の関数 $f(x)$ の複素フーリエ級数を求めよ．

$$f(x)=x+1\ \ (-2\leqq x<2),\quad f(x+4)=f(x)$$

解　$c_n=\dfrac{1}{4}\displaystyle\int_{-2}^{2}(x+1)e^{-i\frac{n\pi x}{2}}\,dx$

$n\neq 0$ のとき

$$c_n=\frac{1}{4}\left(\left[(x+1)\frac{2}{-in\pi}e^{-i\frac{n\pi x}{2}}\right]_{-2}^{2}-\int_{-2}^{2}\frac{2}{-in\pi}e^{-i\frac{n\pi x}{2}}\,dx\right)$$

$e^{\pm in\pi}=\cos n\pi\pm i\sin n\pi=(-1)^n$ だから

$$c_n=\frac{1}{4}\left(\frac{-6}{in\pi}(-1)^n-\frac{2}{in\pi}(-1)^n+\frac{2}{in\pi}\left[\frac{2}{-in\pi}e^{-i\frac{n\pi x}{2}}\right]_{-2}^{2}\right)$$

$$=\frac{-2}{in\pi}(-1)^n=\frac{2(-1)^n}{n\pi}i$$

$n=0$ のとき　$c_0=\dfrac{1}{4}\displaystyle\int_{-2}^{2}(x+1)\,dx=\frac{1}{2}\int_{0}^{2}1\,dx=\frac{1}{2}\Big[x\Big]_{0}^{2}=1$

したがって　$f(x)=1+\displaystyle\sum_{\substack{n=-\infty\\ n\neq 0}}^{\infty}\frac{2(-1)^n}{n\pi}ie^{i\frac{n\pi x}{2}}$　//

●注……$n=0$ のときも c_n を求める式は同じだが，0 で割ることができないため，例題 6 のように c_0 の計算だけ別になり，複素フーリエ級数が $f(x)=c_0+\sum_{\substack{n=-\infty \\ n\neq 0}}^{\infty} c_n e^{i\frac{n\pi x}{l}}$ という形になることが多い．

問・6 次の周期 2 の関数 $f(x)$，$g(x)$ の複素フーリエ級数を求めよ．

(1) $f(x)=\begin{cases} 0 & (-1 \leqq x < 0) \\ 1 & (0 \leqq x < 1) \end{cases}$，　$f(x+2)=f(x)$

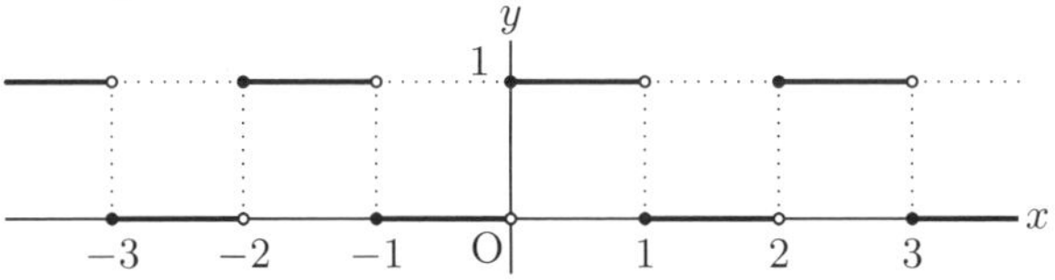

(2) $g(x)=\begin{cases} 0 & (-1 \leqq x < 0) \\ x & (0 \leqq x < 1) \end{cases}$，　$g(x+2)=g(x)$

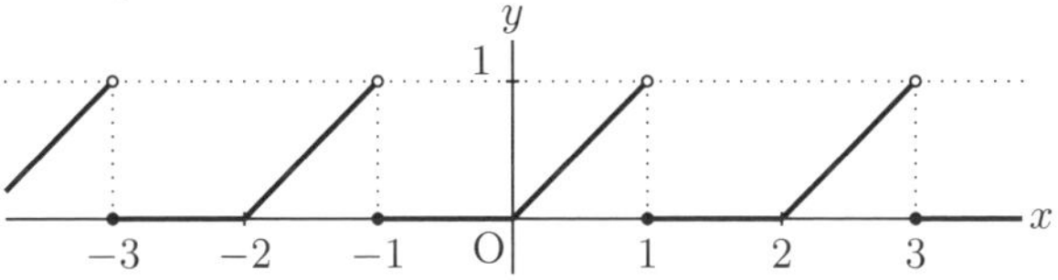

問・7 次の周期 4 の関数 $f(x)$，$g(x)$ の複素フーリエ級数を求めよ．

(1) $f(x)=\begin{cases} 2 & (-2 \leqq x < 0) \\ 0 & (0 \leqq x < 2) \end{cases}$，　$f(x+4)=f(x)$

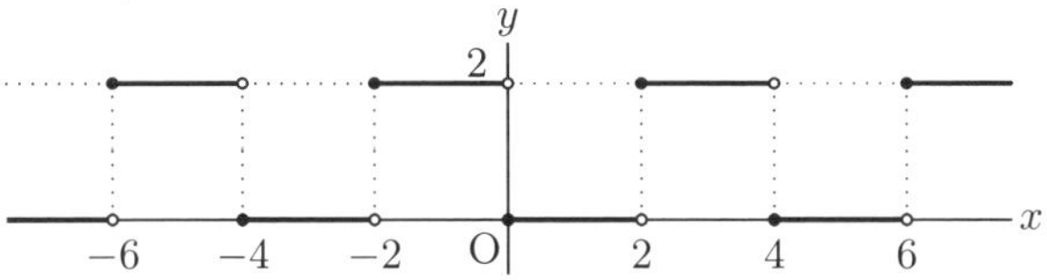

(2) $g(x)=\begin{cases} 0 & (-2 \leqq x < 0) \\ 2-x & (0 \leqq x < 2) \end{cases}$，　$g(x+4)=g(x)$

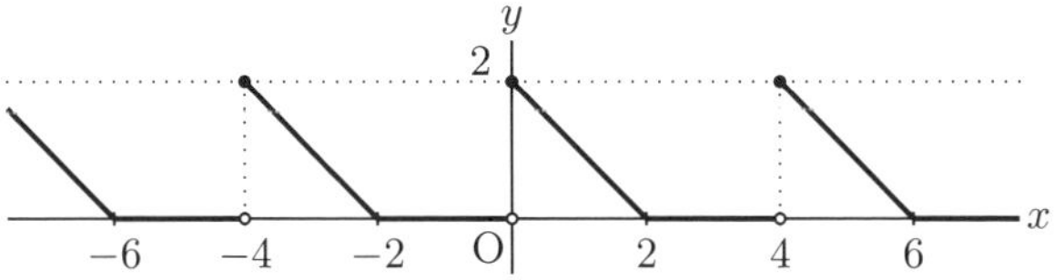

練習問題 1

1. 次の周期 2 の関数 $f(x)$ のフーリエ級数を求めよ.

$$f(x) = \begin{cases} 1 & (-1 \leqq x < 0) \\ 1 - x & (0 \leqq x < 1) \end{cases}, \quad f(x+2) = f(x)$$

2. グラフが次の図で示されている周期 4 の関数のフーリエ級数を求めよ.

(1)

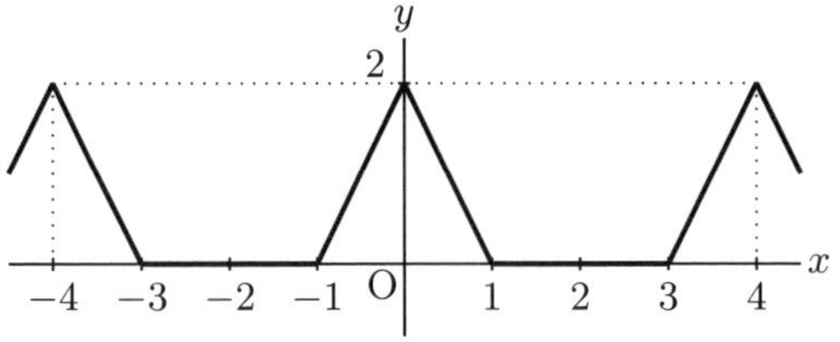

(2)

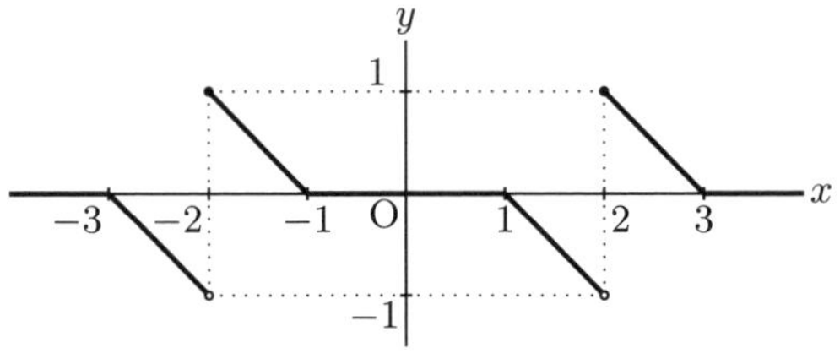

3. 次の関数について，以下の問いに答えよ.

$$f(x) = x^2 \ \ (-1 \leqq x < 1), \quad f(x+2) = f(x)$$

(1) フーリエ級数を求めよ.

(2) $x = 0$ および $x = 1$ とおくことにより，次の公式を導け.

$$1 - \frac{1}{2^2} + \frac{1}{3^2} - \cdots = \frac{\pi^2}{12}$$

$$1 + \frac{1}{2^2} + \frac{1}{3^2} + \cdots = \frac{\pi^2}{6}$$

4. 次の関数 $f(x)$ の複素フーリエ級数を求めよ.

$$f(x) = e^x \ \ \left(-\frac{\pi}{2} \leqq x < \frac{\pi}{2}\right), \quad f(x+\pi) = f(x)$$

2 フーリエ変換

2 1 フーリエ変換と積分定理

一般に，すべての実数で定義された関数 $f(x)$ について，積分

$$F(u) = \int_{-\infty}^{\infty} f(x)e^{-iux}\,dx \qquad (1)$$

が存在するとき，これを $f(x)$ の**フーリエ変換**といい，次のように表す.

$$F(u) = \mathcal{F}[f(x)]$$

●フーリエ変換

$$F(u) = \mathcal{F}[f(x)] = \int_{-\infty}^{\infty} f(x)e^{-iux}\,dx$$

例題 1 関数 $f(x) = e^{-|x|}$ のフーリエ変換を求めよ.

解

$$F(u) = \int_{-\infty}^{\infty} e^{-|x|}e^{-iux}\,dx = \int_{-\infty}^{0} e^{x}e^{-iux}\,dx + \int_{0}^{\infty} e^{-x}e^{-iux}\,dx$$

$$= \left[\frac{1}{1-iu}e^{(1-iu)x}\right]_{-\infty}^{0} + \left[\frac{1}{-1-iu}e^{-(1+iu)x}\right]_{0}^{\infty}$$

$\displaystyle\lim_{x\to\infty} e^{(-1\pm iu)x} = \lim_{x\to\infty} e^{-x}(\cos ux \pm i\sin ux) = 0$ より

$$F(u) = \mathcal{F}[f(x)] = \frac{1}{1-iu} + \frac{1}{1+iu} = \frac{2}{1+u^2}$$

//

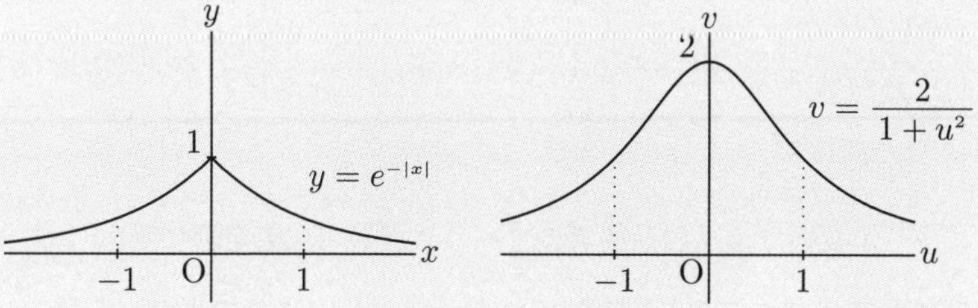

問・1 次の関数のフーリエ変換を求めよ．

(1)　$f(x)=\begin{cases} 0 & (x>0) \\ e^{x} & (x \leqq 0) \end{cases}$　　(2)　$g(x)=\begin{cases} xe^{-x} & (x>0) \\ 0 & (x \leqq 0) \end{cases}$

フーリエ変換を求めるとき，0 で割ることができないため，$u=0$ の場合のみ別に計算することがある．実は，フーリエ変換 $F(u)$ は連続であることが知られていて，$F(0)=\lim\limits_{u\to 0}F(u)$ によって $F(0)$ を求めることができるから，特に断らないで $u \neq 0$ の場合の計算をすることも多い．

例題 2　関数 $f(x)=\begin{cases} 1 & (|x| \leqq 1) \\ 0 & (|x|>1) \end{cases}$ のフーリエ変換を求めよ．

解

$$F(u)=\int_{-1}^{1} e^{-iux}dx=\left[\frac{1}{-iu}e^{-iux}\right]_{-1}^{1}=\frac{e^{-iu}-e^{iu}}{-iu}$$

$$=\frac{2}{u}\left(\frac{e^{iu}-e^{-iu}}{2i}\right)=\frac{2\sin u}{u}$$　//

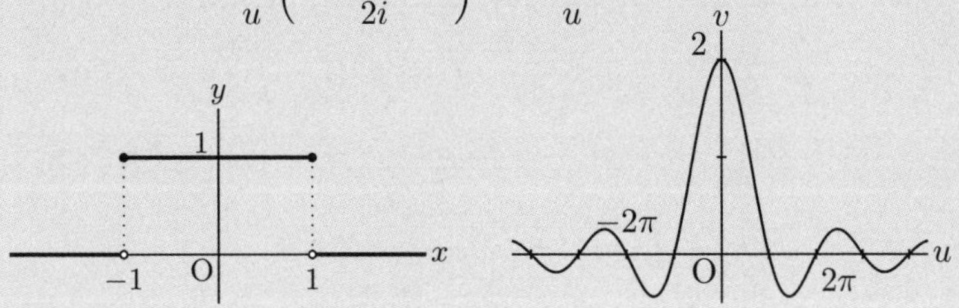

問・2 次の関数のフーリエ変換を求めよ．

(1)　$f(x)=\begin{cases} 1 & (0 \leqq x \leqq 1) \\ 0 & (x<0,\ x>1) \end{cases}$　　(2)　$g(x)=\begin{cases} x & (|x| \leqq 1) \\ 0 & (|x|>1) \end{cases}$

フーリエ変換では，周期関数のフーリエ級数の収束定理に対応して，次の定理が成り立つことが知られている．ただし，$\displaystyle\int_{-\infty}^{\infty}$ で表される積分は，$\displaystyle\lim_{a\to\infty}\int_{-a}^{a}$ の意味とする．

フーリエの積分定理

すべての実数で定義された関数 $f(x)$ が任意の閉区間において区分的に滑らかで，$\int_{-\infty}^{\infty} |f(x)|\,dx$ が存在するとき，$f(x)$ のフーリエ変換を $F(u)$ とすると

$$\frac{f(x+0)+f(x-0)}{2} = \frac{1}{2\pi}\int_{-\infty}^{\infty} F(u)e^{iux}\,du \qquad (2)$$

フーリエ係数とフーリエ変換の関係，85 ページのフーリエ級数の収束定理とフーリエの積分定理の関係については，補章の 160 ページで説明する．

(2) 式の右辺を $F(u)$ の**逆フーリエ変換**といい，$\mathcal{F}^{-1}[F(u)]$ で表す．

特に，$f(x)$ が x で連続ならば，次が成り立つ．これを**反転公式**という．

反転公式

$$f(x) = \mathcal{F}^{-1}[F(u)] = \frac{1}{2\pi}\int_{-\infty}^{\infty} F(u)e^{iux}\,du \qquad (3)$$

注……フーリエ変換を次のように定義することもある．

$$\frac{1}{2\pi}\int_{-\infty}^{\infty} f(x)e^{-iux}\,dx \quad \text{または} \quad \frac{1}{\sqrt{2\pi}}\int_{-\infty}^{\infty} f(x)e^{-iux}\,dx$$

それぞれの場合について，逆フーリエ変換は次のようになる．

$$\int_{-\infty}^{\infty} F(u)e^{iux}\,du \quad \text{または} \quad \frac{1}{\sqrt{2\pi}}\int_{-\infty}^{\infty} F(u)e^{iux}\,du$$

例 1 例題 1 の結果にフーリエの積分定理を適用すると

$$\frac{1}{2\pi}\int_{-\infty}^{\infty} \frac{2e^{iux}}{1+u^2}\,du = e^{-|x|}$$

実部を比較することにより，次の等式が得られる．

$$\int_{0}^{\infty} \frac{\cos ux}{1+u^2}\,du = \frac{\pi}{2}e^{-|x|}$$

問･3 問 2 (1) の関数に積分定理を適用して，次の等式を証明せよ．

(1) $$\frac{1}{2\pi i}\int_{-\infty}^{\infty}\frac{1-e^{-iu}}{u}e^{iux}\,du=\begin{cases}1 & (0<x<1)\\ \dfrac{1}{2} & (x=0,\ 1)\\ 0 & (x<0,\ x>1)\end{cases}$$

(2) $$\int_{-\infty}^{\infty}\frac{\sin u}{u}\,du=\pi$$

オイラーの公式を用いて，フーリエ変換の式 (1) を書き換えると

$$\begin{aligned}F(u)&=\int_{-\infty}^{\infty}f(x)(\cos ux-i\sin ux)\,dx\\&=\int_{-\infty}^{\infty}f(x)\cos ux\,dx-i\int_{-\infty}^{\infty}f(x)\sin ux\,dx\end{aligned}$$

$f(x)$ が偶関数の場合，$f(x)\cos ux$，$f(x)\sin ux$ はそれぞれ x の関数として偶関数，奇関数となるから，$f(x)$ のフーリエ変換は次のように表される．

$$F(u)=2\int_{0}^{\infty}f(x)\cos ux\,dx \tag{4}$$

このとき，$F(u)$ も u の関数として偶関数となるから，同様に考えて，偶関数の場合のフーリエの積分定理は次のように書き換えられる．

$$\frac{f(x+0)+f(x-0)}{2}=\frac{1}{\pi}\int_{0}^{\infty}F(u)\cos ux\,du \tag{5}$$

したがって，偶関数 $f(x)$ が x で連続であるとき，次の等式が成り立つ．

$$\left.\begin{aligned}\boldsymbol{F(u)}&\boldsymbol{=2\int_{0}^{\infty}f(x)\cos ux\,dx}\\\boldsymbol{f(x)}&\boldsymbol{=\frac{1}{\pi}\int_{0}^{\infty}F(u)\cos ux\,du}\end{aligned}\right. \tag{6}$$

(6) の第 1 式を $f(x)$ の**フーリエ余弦変換**，第 2 式を**反転公式**という．

$f(x)$ が奇関数の場合も同様にして

$$\left.\begin{aligned}F(u)&=-2i\int_{0}^{\infty}f(x)\sin ux\,dx\\f(x)&=i\frac{1}{\pi}\int_{0}^{\infty}F(u)\sin ux\,du\end{aligned}\right. \tag{7}$$

$S(u) = \dfrac{1}{-i}F(u) = iF(u)$ とおくと

$$\boldsymbol{S(u) = 2\int_0^{\infty} f(x)\sin ux\,dx} \qquad \boldsymbol{f(x) = \frac{1}{\pi}\int_0^{\infty} S(u)\sin ux\,du} \tag{8}$$

(8) の第 1 式を**フーリエ正弦変換**，第 2 式を**反転公式**という．

例題 3 次の関数のフーリエ変換を求めよ．

$$f(x) = \begin{cases} 1 - |x| & (|x| \leqq 1) \\ 0 & (|x| > 1) \end{cases}$$

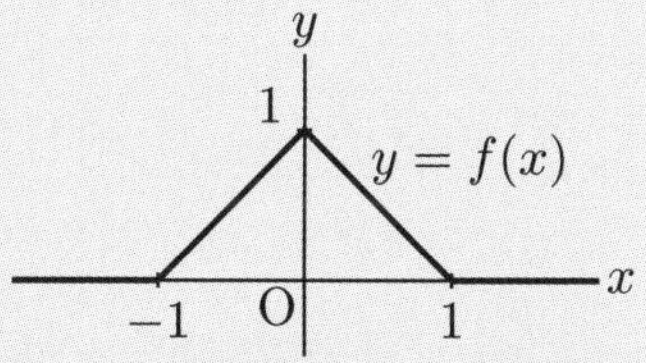

解 $f(x)$ は偶関数だからフーリエ余弦変換を用いる．

$$F(u) = 2\int_0^{\infty} f(x)\cos ux\,dx = 2\int_0^1 (1-x)\cos ux\,dx$$

$$= 2\left(\left[\frac{1-x}{u}\sin ux\right]_0^1 + \frac{1}{u}\int_0^1 \sin ux\,dx\right)$$

$$= 2\left[-\frac{\cos ux}{u^2}\right]_0^1$$

$$= \frac{2(1-\cos u)}{u^2}$$

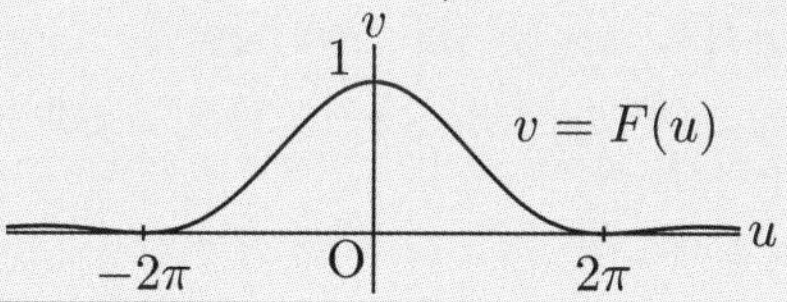

//

例題 3 の関数にフーリエの積分定理を適用すると

$$\frac{2}{\pi}\int_0^{\infty} \frac{1-\cos u}{u^2}\cos ux\,du = f(x) = \begin{cases} 1 - |x| & (|x| \leqq 1) \\ 0 & (|x| > 1) \end{cases}$$

特に，$x = 0$ とすると，次の等式が得られる．

$$\int_0^{\infty} \frac{1-\cos u}{u^2}\,du = \frac{\pi}{2}$$

問・4 次の関数 $f(x)$ のフーリエ正弦変換を求めよ．

$$f(x) = \begin{cases} -1 & (-1 \leqq x < 0) \\ 1 & (0 \leqq x \leqq 1) \\ 0 & (|x| > 1) \end{cases}$$

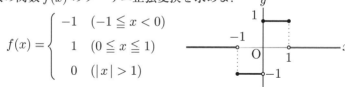

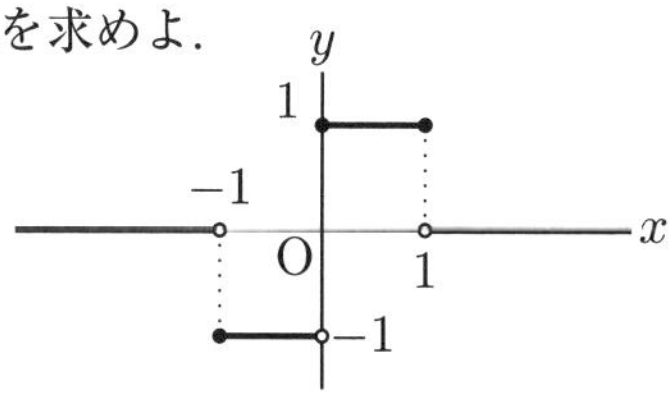

2 2 フーリエ変換の性質と公式

ここでは，特に断らない限り，関数は実数全体で定義され，そのフーリエ変換は存在することとする．

フーリエ変換について，適当な条件の下で次の性質が成り立つ．

●フーリエ変換の性質

$\mathcal{F}[f(x)] = F(u)$，$\mathcal{F}[f_1(x)] = F_1(u)$，$\mathcal{F}[f_2(x)] = F_2(u)$ のとき

（I） $\mathcal{F}[c_1 f_1(x) + c_2 f_2(x)] = c_1 F_1(u) + c_2 F_2(u)$ 　（c_1，c_2は定数）

（II） $\mathcal{F}[f(x-a)] = e^{-iau}F(u)$ 　（a は実数）

（III） $\mathcal{F}[e^{iax}f(x)] = F(u-a)$ 　（a は実数）

（IV） $\mathcal{F}[f(ax)] = \dfrac{1}{|a|}F\left(\dfrac{u}{a}\right)$ 　（a は0でない実数）

（V） $\mathcal{F}[f^{(n)}(x)] = (iu)^n F(u)$ 　（n は自然数）

（VI） $\mathcal{F}[(-ix)^n f(x)] = F^{(n)}(u)$ 　（n は自然数）

証明 （II），（IV），（V）を証明する．

（II）
$$\begin{aligned}
&\int_{-\infty}^{\infty} f(x-a)e^{-iux}\,dx \\
&\qquad = e^{-iua}\int_{-\infty}^{\infty} f(x-a)e^{-iu(x-a)}\,dx \\
&\qquad = e^{-iua}\int_{-\infty}^{\infty} f(\xi)e^{-iu\xi}\,d\xi \qquad (x-a=\xi) \\
&\qquad = e^{-iua}F(u)
\end{aligned}$$

（IV） $a > 0$ のときに証明する．
$$\begin{aligned}
&\int_{-\infty}^{\infty} f(ax)e^{-iux}\,dx \\
&\qquad = \frac{1}{a}\int_{-\infty}^{\infty} f(\xi)e^{-i\frac{u}{a}\xi}\,d\xi \qquad (ax=\xi) \\
&\qquad = \frac{1}{a}F\left(\frac{u}{a}\right)
\end{aligned}$$

(V) $\lim_{x\to\pm\infty} f^{(k)}(x)e^{-iux}=0$ の条件の下で証明する.

$$\int_{-\infty}^{\infty} f^{(n)}(x)e^{-iux}\,dx$$
$$=\left[f^{(n-1)}(x)e^{-iux}\right]_{-\infty}^{\infty}-\int_{-\infty}^{\infty} f^{(n-1)}(x)(-iu)e^{-iux}\,dx$$
$$=iu\int_{-\infty}^{\infty} f^{(n-1)}(x)e^{-iux}\,dx=\cdots$$
$$=(iu)^n\int_{-\infty}^{\infty} f(x)e^{-iux}\,dx=(iu)^nF(u) \qquad //$$

問・5 性質(III), (VI)を証明せよ.

実数全体で定義された2つの関数 $f(x)$, $g(x)$ に対して, 積分

$$\int_{-\infty}^{\infty} f(x-\xi)g(\xi)\,d\xi$$

を f と g の**たたみこみ**または**合成積**といい, $f*g$ で表す.

たたみこみ

$$(f*g)(x)=f(x)*g(x)=\int_{-\infty}^{\infty} f(x-\xi)g(\xi)\,d\xi$$

$x-\xi=\tau$ とおくと

$$\int_{-\infty}^{\infty} f(x-\xi)g(\xi)\,d\xi=\int_{-\infty}^{\infty} f(\tau)g(x-\tau)\,d\tau$$
$$=\int_{-\infty}^{\infty} g(x-\tau)f(\tau)\,d\tau$$

したがって, たたみこみについての交換法則 $f*g=g*f$ が成り立つ.

たたみこみのフーリエ変換は次のようになる.

たたみこみのフーリエ変換

$\mathcal{F}[f(x)]=F(u)$, $\mathcal{F}[g(x)]=G(u)$ のとき

$$\mathcal{F}[f(x)*g(x)]=F(u)G(u)$$

証明 積分順序が変更できる条件の下で証明する.

$$\begin{aligned}
\mathcal{F}[f(x)*g(x)] &= \int_{-\infty}^{\infty}\Big(f(x)*g(x)\Big)e^{-iux}\,dx \\
&= \int_{-\infty}^{\infty}\left(\int_{-\infty}^{\infty} f(x-\xi)g(\xi)\,d\xi\right)e^{-iux}\,dx \\
&= \int_{-\infty}^{\infty}\left(\int_{-\infty}^{\infty} f(x-\xi)e^{-iux}\,dx\right)g(\xi)\,d\xi \\
&= \int_{-\infty}^{\infty}\left(\int_{-\infty}^{\infty} f(t)e^{-iu(t+\xi)}\,dt\right)g(\xi)\,d\xi \qquad (x-\xi=t) \\
&= \left(\int_{-\infty}^{\infty} f(t)e^{-iut}\,dt\right)\left(\int_{-\infty}^{\infty} g(\xi)e^{-iu\xi}\,d\xi\right) \\
&= F(u)G(u)
\end{aligned}$$

//

問・6 $\mathcal{F}[f(x)]=F(u)$, $\mathcal{F}[g(x)]=G(u)$ のとき, 次の等式を証明せよ.

$$\mathcal{F}[f(x)g(x)] = \frac{1}{2\pi}F(u)*G(u)$$

関数 e^{-ax^2} のフーリエ変換は次のようになる.

$$\mathcal{F}[e^{-ax^2}] = \sqrt{\frac{\pi}{a}}\,e^{-\frac{u^2}{4a}} \qquad (a \text{ は正の定数}) \tag{1}$$

☞ 補章の 161 ページで証明する.

(1) において, 特に $a=\dfrac{1}{2}$ とすると

$$\boldsymbol{\mathcal{F}\left[e^{-\frac{x^2}{2}}\right] = \sqrt{2\pi}e^{-\frac{u^2}{2}}}$$

となる.

問・7 96 ページの性質を用いて, 次の関数のフーリエ変換を求めよ.

(1) $xe^{-\frac{x^2}{2}}$ (2) $x^2e^{-\frac{x^2}{2}}$

問・8 次の等式を証明せよ.

$$\mathcal{F}^{-1}[e^{-bu^2}] = \frac{1}{2\sqrt{\pi b}}\,e^{-\frac{x^2}{4b}} \qquad (b \text{ は正の定数})$$

例題 4 次の等式を証明せよ.

(1) $\mathcal{F}\left[e^{-\frac{x^2}{a}} * e^{-\frac{x^2}{b}}\right] = \pi\sqrt{ab}\,e^{-\frac{a+b}{4}u^2}$

(2) $e^{-\frac{x^2}{a}} * e^{-\frac{x^2}{b}} = \sqrt{\dfrac{\pi ab}{a+b}}\,e^{-\frac{x^2}{a+b}}$　　(a, b は正の定数)

解 (1) たたみこみのフーリエ変換と 98 ページ (1) 式より

$$\mathcal{F}\left[e^{-\frac{x^2}{a}} * e^{-\frac{x^2}{b}}\right] = \mathcal{F}\left[e^{-\frac{x^2}{a}}\right]\mathcal{F}\left[e^{-\frac{x^2}{b}}\right]$$
$$= \sqrt{\pi a}\,e^{-\frac{au^2}{4}}\sqrt{\pi b}\,e^{-\frac{bu^2}{4}}$$
$$= \pi\sqrt{ab}\,e^{-\frac{a+b}{4}u^2} \quad ①$$

(2) 98 ページ (1) 式より

$$\mathcal{F}\left[e^{-\frac{x^2}{a+b}}\right] = \sqrt{\pi(a+b)}\,e^{-\frac{a+b}{4}u^2} \quad ②$$

①, ②の係数を比較して

$$e^{-\frac{x^2}{a}} * e^{-\frac{x^2}{b}} = \sqrt{\frac{\pi ab}{a+b}}\,e^{-\frac{x^2}{a+b}} \quad //$$

例題 4 (2) は, 問 8 の等式を用いて, 次のようにも考えられる.

$$e^{-\frac{x^2}{a}} * e^{-\frac{x^2}{b}} = \mathcal{F}^{-1}\left[\mathcal{F}\left[e^{-\frac{x^2}{a}} * e^{-\frac{x^2}{b}}\right]\right] = \mathcal{F}^{-1}\left[\pi\sqrt{ab}\,e^{-\frac{a+b}{4}u^2}\right]$$
$$= \pi\sqrt{ab}\mathcal{F}^{-1}\left[e^{-\frac{a+b}{4}u^2}\right] = \pi\sqrt{ab}\frac{1}{2\sqrt{\pi\frac{a+b}{4}}}e^{-\frac{x^2}{4\frac{a+b}{4}}}$$
$$= \sqrt{\frac{\pi ab}{a+b}}\,e^{-\frac{x^2}{a+b}}$$

問・9 次の等式を証明せよ.

(1) $\mathcal{F}\left[e^{-\frac{x^2}{2}} * xe^{-\frac{x^2}{2}}\right] = -2\pi iu\,e^{-u^2}$

(2) $e^{-\frac{x^2}{2}} * xe^{-\frac{x^2}{2}} = \dfrac{\sqrt{\pi}}{2}xe^{-\frac{x^2}{4}}$

☞ たたみこみとフーリエ変換の関係は, 178 ページで偏微分方程式を解くときに用いられる.

② 3 スペクトル

周期4の関数

$$f(x) = \begin{cases} 1 & (-1 < x < 1) \\ \dfrac{1}{2} & (x = 1,\ 3) \\ 0 & (1 < x < 3) \end{cases}$$

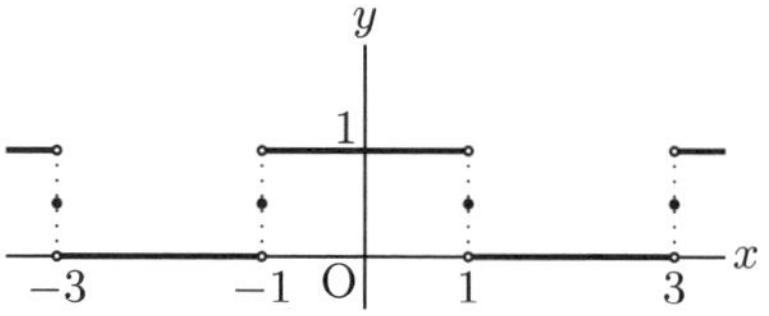

$$f(x+4) = f(x)$$

のフーリエ級数を求めると，次のようになる．

$$f(x) = \frac{1}{2} + \frac{2}{\pi}\left(\cos\frac{\pi x}{2} - \frac{1}{3}\cos\frac{3\pi x}{2} + \frac{1}{5}\cos\frac{5\pi x}{2} - \cdots\right)$$

これは，$f(x)$ を 1，$\cos\dfrac{\pi x}{2}$，$\cos\dfrac{3\pi x}{2}$，$\cos\dfrac{5\pi x}{2}$，$\cdots$ の線形結合として表したときの係数（成分）が

$$\frac{1}{2},\ \frac{2}{\pi},\ -\frac{2}{3\pi},\ \frac{2}{5\pi},\ \cdots$$

であることを示している．

三角関数 $\cos\omega x$ について，ω を**角周波数**という．また，角周波数 ω と $\cos\omega x$ の成分との対応は関数 $f(x)$ の**スペクトル**と呼ばれる．ここでは，$f(x)$ のスペクトルを $S_f(\omega)$ と書く．

例2 上の関数 $f(x)$ のスペクトルは

$$S_f(\omega) = \begin{cases} \dfrac{1}{2} & (\omega = 0) \\ \dfrac{(-1)^{(k-1)}}{\omega} & \left(\omega = \dfrac{(2k-1)\pi}{2},\quad k = 1, 2,\ \cdots\right) \\ 0 & (\text{それ以外のとき}) \end{cases}$$

下の図は，各 ω に対する $S_f(\omega)$ の値を縦線で表したものである．

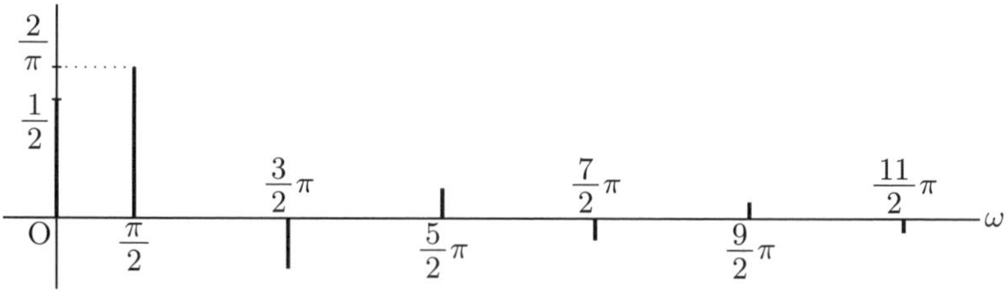

$f(x)$ が周期関数の場合は，$S_f(\omega)$ の値が 0 でない ω はとびとびに現れる．これを**線スペクトル**という．

問・10 次の関数のスペクトルを求めよ．

$$f(x) = 1 - |x| \quad (|x| \leqq 1), \quad f(x+2) = f(x)$$

次に，関数

$$f(x) = \begin{cases} 1 & (|x| < 1) \\ \dfrac{1}{2} & (|x| = 1) \\ 0 & (|x| > 1) \end{cases}$$

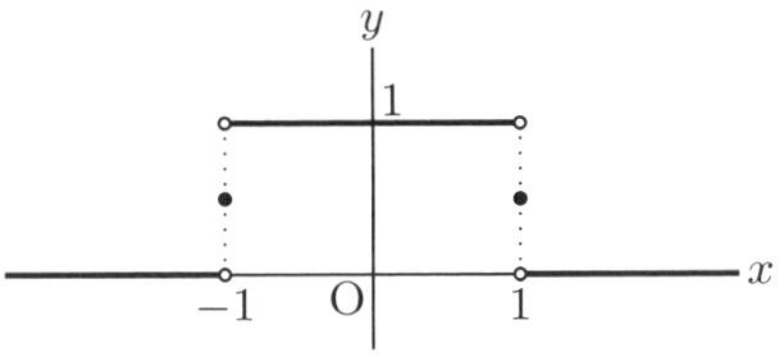

のフーリエ変換を求め，反転公式を適用すると

$$f(x) = \frac{1}{\pi}\int_0^\infty \frac{2\sin\omega}{\omega}\cos\omega x \, d\omega$$

これから，角周波数 ω について，$\cos\omega x$ の成分が $\dfrac{2}{\pi}\dfrac{\sin\omega}{\omega}$ であると考えられるから，この対応もやはりスペクトルと呼ばれる．$\omega = 0$ に対応するスペクトルは，92 ページと同様に考え，$\displaystyle\lim_{\omega\to 0}\frac{2}{\pi}\frac{\sin\omega}{\omega}$ である．

例 3 上の関数 $f(x)$ のスペクトルは

$$S_f(\omega) = \begin{cases} \dfrac{2}{\pi} & (\omega = 0) \\ \dfrac{2\sin\omega}{\pi\omega} & (\omega > 0) \end{cases}$$

下の図は $f(x)$ のスペクトル $S_f(\omega)$ を表したものである．

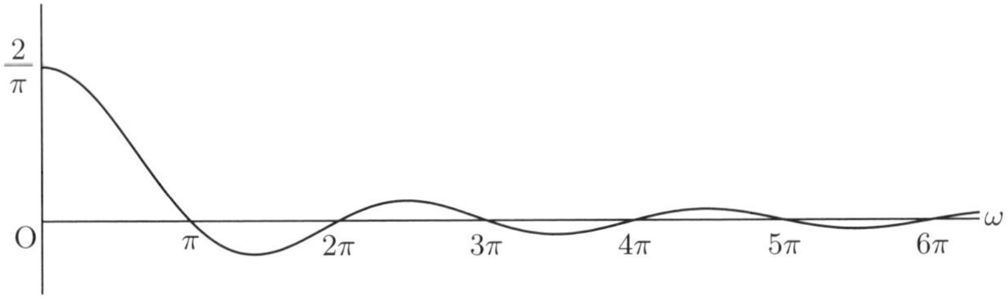

この場合，$S_f(\omega)$ の値は連続的に変化しており，**連続スペクトル**という．

問・11 次の関数のスペクトルを求めよ．

$$f(x) = \begin{cases} 1 - |x| & (|x| \leqq 1) \\ 0 & (|x| > 1) \end{cases}$$

☞ ある関数 $f(x)$ のスペクトルが，正の定数 ω_0 より大きい成分をもたないとする．このとき，$\dfrac{\pi}{\omega_0}$ ごとの関数値を知ることにより，もとの関数 $f(x)$ を求めることができる．これをサンプリング定理といい，補章の 162 ページで説明する．

コラム

離散フーリエ変換と複素フーリエ級数

アナログ信号 $f(t)$ は，一定の時間間隔 T でサンプリングすると，N 個のデジタル信号列 $f(nT)$ $(n = 0,\ 1,\ \cdots,\ N-1)$ になる．$f(nT)$ を $f(n)$ と定義し直すと，$k = 0,\ 1,\ \cdots,\ N-1$ について，デジタル信号列 $f(n)$ を周波数方向 $e^{i\frac{2\pi n}{N}k}$ の成分とした N 個の有限複素数列 $F(k)$ が求められる．これを離散フーリエ変換といい，デジタル信号の周波数解析に用いられる．

$N = 4$ の場合

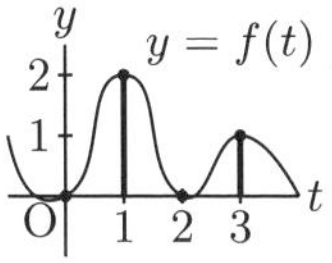

$f(0) = 0,\ f(1) = 2$
$f(2) = 0,\ f(3) = 1$

$\Longrightarrow$

$$F(0) = \frac{0\cdot e^0 + 2\cdot e^0 + 0\cdot e^0 + 1\cdot e^0}{4} = \frac{3}{4}$$

$$F(1) = \frac{0\cdot e^0 + 2\cdot e^{-\frac{\pi}{2}i} + 0\cdot e^{-\pi i} + 1\cdot e^{-\frac{3}{2}\pi i}}{4} = -\frac{i}{4}$$

$$F(2) = \frac{0\cdot e^0 + 2\cdot e^{-\pi i} + 0\cdot e^{-2\pi i} + 1\cdot e^{-3\pi i}}{4} = -\frac{3}{4}$$

$$F(3) = \frac{0\cdot e^0 + 2\cdot e^{-\frac{3}{2}\pi i} + 0\cdot e^{-3\pi i} + 1\cdot e^{-\frac{9}{2}\pi i}}{4} = \frac{i}{4}$$

離散フーリエ変換の変換式を複素フーリエ級数から導出しよう．周期 $2l$ の周期関数 $f(x)$ の複素フーリエ級数は次の式で表される．

$$f(x) = \sum_{n=-\infty}^{\infty} c_n e^{i\frac{n\pi x}{l}},\quad c_n = \frac{1}{2l}\int_{-l}^{l} f(x) e^{-i\frac{n\pi x}{l}}\,dx \qquad (1)$$

(1) の第 2 式の積分範囲を $0 \leqq x \leqq 2l$ とすると　$c_n = \dfrac{1}{2l}\displaystyle\int_0^{2l} f(x) e^{-i\frac{n\pi x}{l}}\,dx$

ここで，c_n を $F(k)$，$2l$ を N，x を n に変更し離散値として合計すると，離散フーリエ変換の変換式が次の式で求められる．

$$F(k) = \frac{1}{N}\sum_{n=0}^{N-1} f(n) e^{-i\frac{2\pi n}{N}k} \quad (k = 0,\ 1,\ \cdots,\ N-1) \qquad (2)$$

また，(1) の第 1 式において，$f(x)$ を $f(n)$，c_n を $F(k)$，$2l$ を N に変更し離散値として合計すると，離散逆フーリエ変換が得られる．

$$f(n) = \sum_{k=0}^{N-1} F(k) e^{i\frac{2\pi k}{N}n} \qquad (n = 0,\ 1,\ \cdots,\ N-1) \qquad (3)$$

高速フーリエ変換は離散フーリエ変換を高速に計算するアルゴリズムであり，これを用いた周波数解析は画像処理などに利用される．

練習問題 2

1. 次の関数のフーリエ変換を求めよ．

(1) $f(x)=\begin{cases} 2 & (0 \leqq x < 2) \\ 1 & (2 \leqq x < 3) \\ 0 & (x<0,\ x \geqq 3) \end{cases}$　　(2) $g(x)=\begin{cases} 1-\dfrac{x}{2} & (0 \leqq x < 2) \\ 0 & (x<0,\ x \geqq 2) \end{cases}$

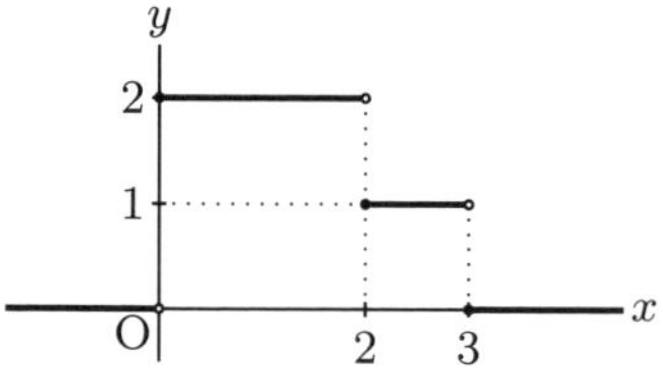

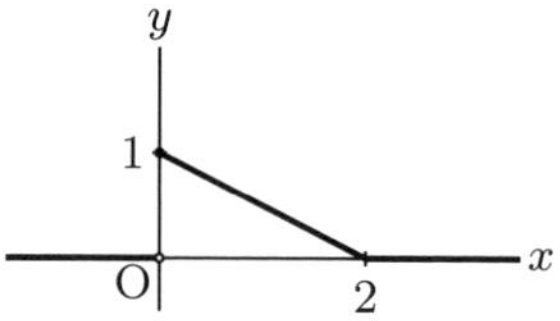

2. 次の関数について，(1) はフーリエ正弦変換，(2) はフーリエ余弦変換をそれぞれ求めよ．

(1) $f(x)=\begin{cases} \sin x & (|x| \leqq \pi) \\ 0 & (|x| > \pi) \end{cases}$　　(2) $g(x)=\begin{cases} \cos x & \left(|x| \leqq \dfrac{\pi}{2}\right) \\ 0 & \left(|x| > \dfrac{\pi}{2}\right) \end{cases}$

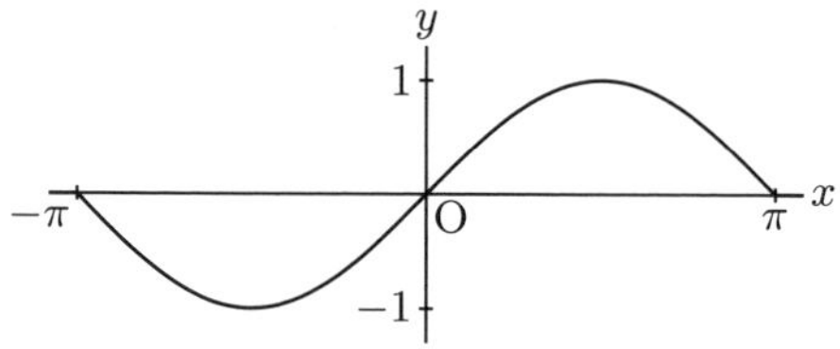

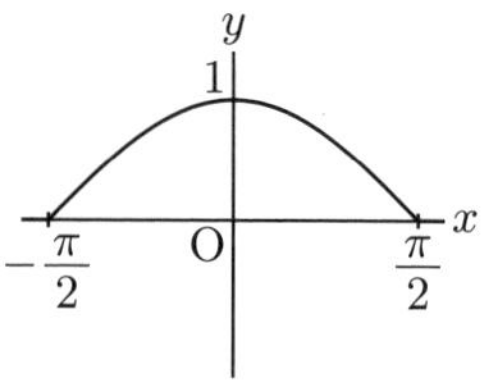

4章 複素関数

$w = \dfrac{z-\alpha}{z-\beta}$ による対応 （α, β は複素定数）

z 平面　　　　　　　　　　　　w 平面

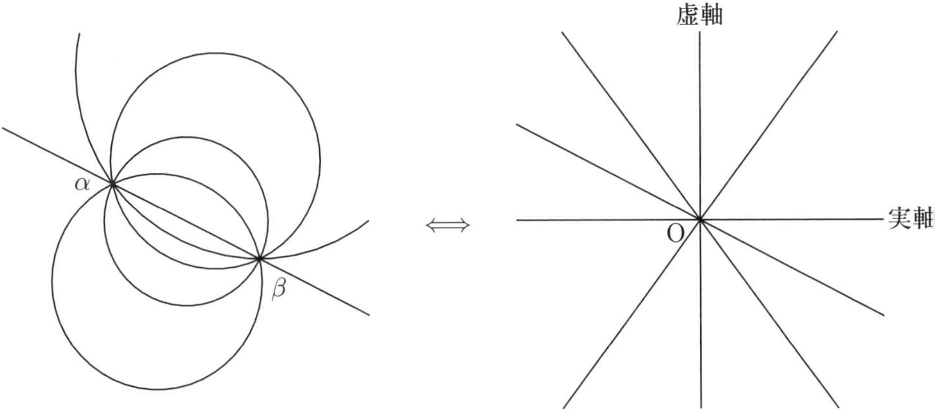

2点 α, β を通る円　　　　　　原点を通る直線

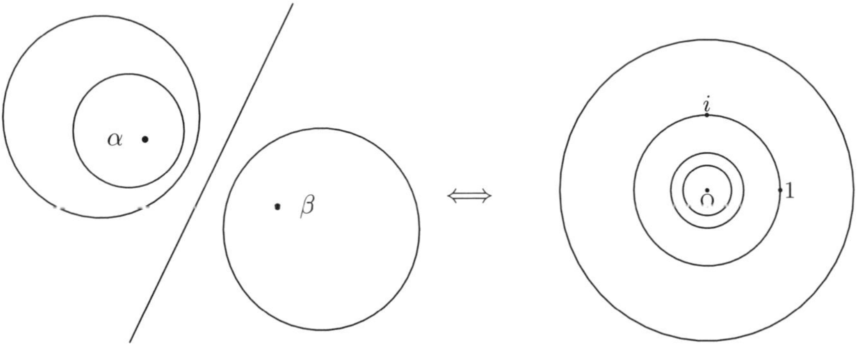

2点 α, β によるアポロニウスの円　　　　　　原点中心の同心円

●この章を学ぶために

ここでは，独立変数が複素数である複素関数について学ぶ．複素関数の理論において，その入門的なものに限っても，1冊の本ができるほど多くの話題があるが，主に微分可能な関数のもついろいろな性質について調べる．この微分可能な複素関数は正則関数と呼ばれ，複素関数の微分だけでなく，積分においても中心的な役割を果たしている．例えば，19世紀初頭にコーシーが証明した定理（コーシーの積分定理）は正則関数の積分として大変有用で多くの応用をもつ．さらに，その応用としての留数定理までを学習する．

1 正則関数

1 1 複素数と極形式

複素数 z を

$$z = x + yi \qquad (x,\ y \text{ は実数},\ i \text{ は虚数単位})$$

と表したとき，x, y をそれぞれ z の**実部**，**虚部**といい，次のように表す．

$$x = \mathrm{Re}(z),\ \ y = \mathrm{Im}(z)$$

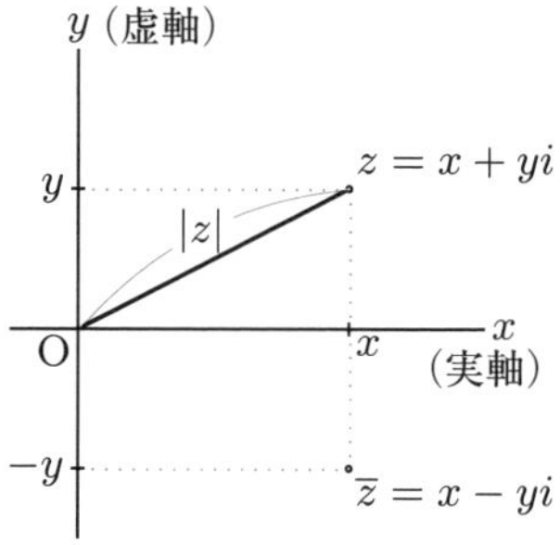

複素数は**複素数平面**上の点で表すことができる．このとき，実数は x 軸，純虚数は y 軸上の点で表されるから，複素数平面の x 軸，y 軸をそれぞれ**実軸**，**虚軸**という．

複素数 z に対して，原点Oと点 z との距離を z の**絶対値**といい，$|z|$ と書く．また，実軸に関して z と対称な点の表す複素数を z の**共役複素数**といい，$\overline{z}$ で表す．すなわち，$z = x + yi$ $(x,\ y$ は実数$)$ のとき

$$|z| = |\overline{z}| = \sqrt{x^2 + y^2}, \quad \overline{z} = x - yi$$

例 1 $z = \dfrac{2+i}{1-i}$ のとき

$$\frac{2+i}{1-i} = \frac{(2+i)(1+i)}{(1-i)(1+i)} = \frac{2+3i+i^2}{1-i^2} = \frac{1+3i}{2} = \frac{1}{2} + \frac{3}{2}i$$

したがって

$$\mathrm{Re}(z) = \frac{1}{2},\ \mathrm{Im}(z) = \frac{3}{2},\ |z| = \sqrt{\left(\frac{1}{2}\right)^2 + \left(\frac{3}{2}\right)^2} = \frac{\sqrt{10}}{2}$$

$$\overline{z} = \frac{1}{2} - \frac{3}{2}i$$

問・1 次の複素数の実部，虚部，絶対値，共役複素数を求めよ．

(1) $(3+2i)^2$　　(2) $(2+i)(1-3i)$

(3) $\dfrac{1}{3+i}$　　(4) $\dfrac{4+3i}{2+i}$

例題 1 次の等式が成り立つことを証明せよ．

(1) $\overline{\overline{z}} = z$

(2) $z\overline{z} = |z|^2$

(3) $\mathrm{Re}(z) = \dfrac{1}{2}(z+\overline{z}),\ \ \mathrm{Im}(z) = \dfrac{1}{2i}(z-\overline{z})$

解 $z = x+yi$ とおくと　$\overline{z} = x - yi$

(1) $\overline{\overline{z}} = \overline{x-yi} = x+yi = z$

(2) $z\overline{z} = (x+yi)(x-yi) = x^2+y^2 = (\sqrt{x^2+y^2})^2 = |z|^2$

(3) $z+\overline{z} = 2x,\ z-\overline{z} = 2yi$

$\therefore\ \ \dfrac{1}{2}(z+\overline{z}) = x = \mathrm{Re}(z),\ \dfrac{1}{2i}(z-\overline{z}) = y = \mathrm{Im}(z)$　//

問・2 次が成り立つことを証明せよ．

(1) $\overline{z_1+z_2} = \overline{z_1} + \overline{z_2}$　　(2) $\overline{z_1-z_2} = \overline{z_1} - \overline{z_2}$

(3) $\overline{z_1 z_2} = \overline{z_1}\ \overline{z_2}$　　(4) $\overline{\left(\dfrac{z_1}{z_2}\right)} = \dfrac{\overline{z_1}}{\overline{z_2}}$　$(z_2 \neq 0)$

(5) z が実数 $\Longleftrightarrow \overline{z} = z$　　(6) z が純虚数 $\Longleftrightarrow \overline{z} = -z$

複素数平面上に実軸の正の部分を始線とする極座標を考え，z $(z \neq 0)$ の表す点の極座標を $(r,\ \theta)$ とすると

$$z = r\cos\theta + ir\sin\theta$$
$$= r(\cos\theta + i\sin\theta) \qquad (1)$$

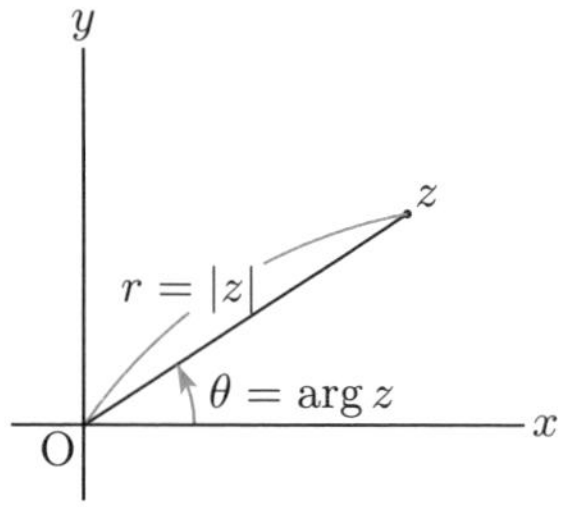

この表し方を z の**極形式**という．

定義から，r は z の絶対値 $|z|$ に等しい．また，θ を z の**偏角**といい，記号 $\arg z$ で表す．

オイラーの公式

$$e^{i\theta} = \cos\theta + i\sin\theta$$

を用いると，(1) は次のように表すことができる．これも z の極形式という．

$$z = re^{i\theta} \qquad (\text{ただし}\quad r = |z| > 0) \qquad (2)$$

例 2 $z = 1 + i$ とし，偏角 θ の範囲を $0 \leqq \theta < 2\pi$ とすると

$$r = |z| = \sqrt{2},\quad \theta = \arg z = \frac{\pi}{4}$$

したがって

$$1 + i = \sqrt{2}\left(\cos\frac{\pi}{4} + i\sin\frac{\pi}{4}\right) = \sqrt{2}\,e^{\frac{\pi}{4}i}$$

問・3 次の複素数を (1) および (2) の形の極形式で表せ．ただし，偏角 θ の範囲を $0 \leqq \theta < 2\pi$ とする．

(1) $\sqrt{3} + i$　　(2) $-1 + i$

(3) $5i$　　(4) -4

問・4 オイラーの公式を用いて，次の等式を証明せよ．

(1) $|e^{i\theta}| = 1$　　(2) $\overline{e^{i\theta}} = e^{-i\theta}$

(3) $\cos\theta = \dfrac{e^{i\theta} + e^{-i\theta}}{2}$　　(4) $\sin\theta = \dfrac{e^{i\theta} - e^{-i\theta}}{2i}$

1 2 絶対値と偏角

複素数 z_1, z_2 をとるとき，和 z_1+z_2，差 z_1-z_2，積 z_1z_2，商 $\dfrac{z_1}{z_2}$ について考えよう．

まず和と差を考える．複素数平面上で，複素数 $z=x+yi$ にベクトル $\overrightarrow{\mathrm{O}z}=(x,\ y)$ を対応させる．このとき，複素数 z_1, z_2 に対して

$$\overrightarrow{\mathrm{O}(z_1+z_2)}=\overrightarrow{\mathrm{O}z_1}+\overrightarrow{\mathrm{O}z_2}$$

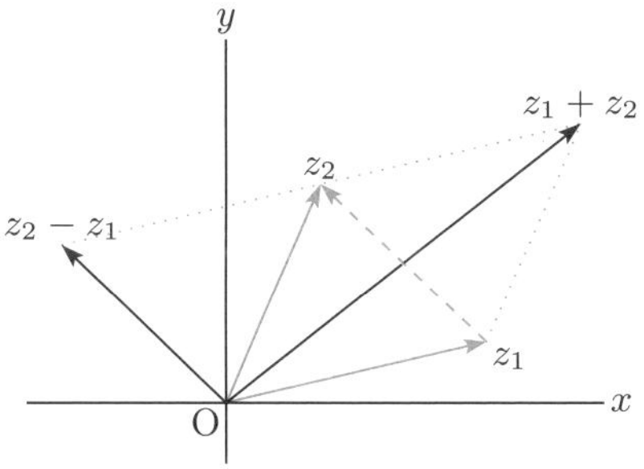

これより，次の不等式が成り立つ．

$$|z_1+z_2| \leqq |z_1|+|z_2| \qquad (1)$$

また $\overrightarrow{\mathrm{O}(z_2-z_1)}=\overrightarrow{\mathrm{O}z_2}-\overrightarrow{\mathrm{O}z_1}$

これより，**2 点 z_1 と z_2 の距離は $|z_2-z_1|$ に等しい**．

例 3　2 点 $3-2i$ と $-1+i$ の距離は

$$|(3-2i)-(-1+i)|=|4-3i|=\sqrt{4^2+(-3)^2}=5$$

問・5　次の 2 点の距離を求めよ．

(1)　$2+3i$，$5+2i$　　　　(2)　$3i$，5

問・6　次の不等式が成り立つことを証明せよ．

$$|z_1-z_2| \leqq |z_1-z_3|+|z_3-z_2|$$

積と商については，極形式で考える．

2 つの複素数 z_1, z_2 を極形式で表して

$$z_1=r_1e^{i\theta_1},\ z_2=r_2e^{i\theta_2}$$

とする．指数法則 $e^{w_1}e^{w_2}=e^{w_1+w_2}$ より

$$z_1z_2=r_1r_2e^{i\theta_1}e^{i\theta_2}=r_1r_2e^{i(\theta_1+\theta_2)}$$

$$\frac{z_1}{z_2}=\frac{r_1}{r_2}\frac{e^{i\theta_1}}{e^{i\theta_2}}=\frac{r_1}{r_2}e^{i(\theta_1-\theta_2)}$$

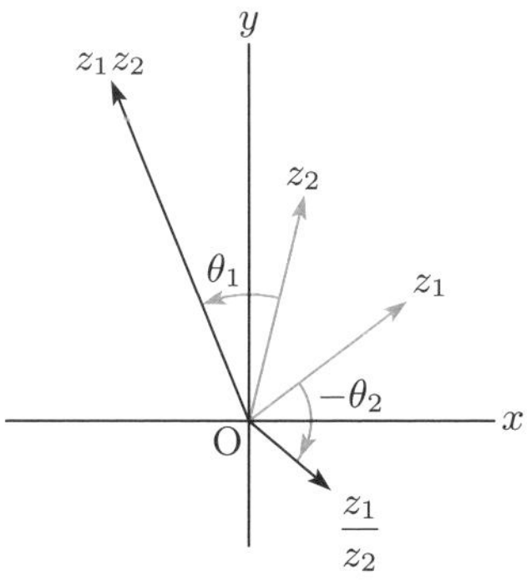

これから，次の公式が成り立つ．

絶対値と偏角の性質

$$|z_1z_2| = |z_1||z_2| \qquad \arg z_1z_2 = \arg z_1 + \arg z_2$$

$$\left|\frac{z_1}{z_2}\right| = \frac{|z_1|}{|z_2|} \qquad \arg\frac{z_1}{z_2} = \arg z_1 - \arg z_2$$

●**注**…偏角については 2π の整数倍の差を無視する.

例題 2　0 でない複素数 z について, 次の複素数はどんな点を表すか.

(1)　$(1+\sqrt{3}i)z$　　　(2)　$\dfrac{z}{1+\sqrt{3}i}$

解　$|1+\sqrt{3}i| = 2$, $\arg(1+\sqrt{3}i) = \dfrac{\pi}{3}$ だから

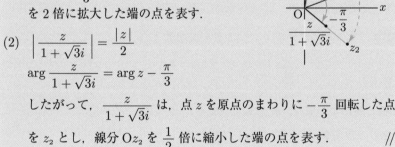

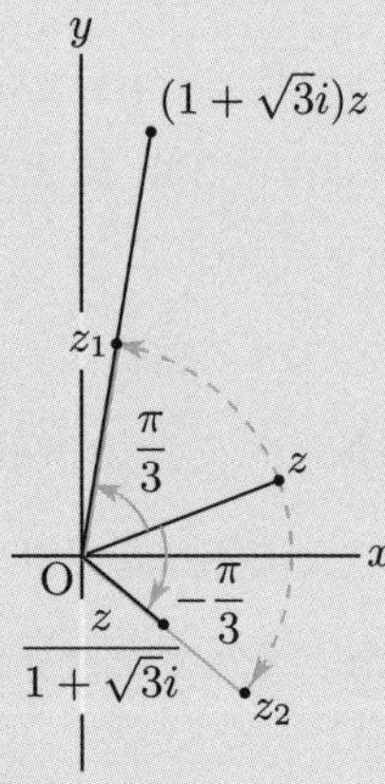

(1)　$|(1+\sqrt{3}i)z| = |(1+\sqrt{3}i)||z| = 2|z|$

$$\arg(1+\sqrt{3}i)z = \arg(1+\sqrt{3}i) + \arg z$$
$$= \arg z + \frac{\pi}{3}$$

したがって, $(1+\sqrt{3}i)z$ は, 点 z を原点のまわりに $\dfrac{\pi}{3}$ 回転した点を z_1 とし, 線分 $\mathrm{O}z_1$ を 2 倍に拡大した端の点を表す.

(2)　$\left|\dfrac{z}{1+\sqrt{3}i}\right| = \dfrac{|z|}{2}$

$$\arg\frac{z}{1+\sqrt{3}i} = \arg z - \frac{\pi}{3}$$

したがって, $\dfrac{z}{1+\sqrt{3}i}$ は, 点 z を原点のまわりに $-\dfrac{\pi}{3}$ 回転した点を z_2 とし, 線分 $\mathrm{O}z_2$ を $\dfrac{1}{2}$ 倍に縮小した端の点を表す.　//

問・7　0 でない複素数 z について, 次の複素数はどんな点を表すか.

(1)　$(\sqrt{3}+i)z$　　　(2)　iz　　　(3)　$\dfrac{z}{1+i}$

次に累乗について考える. 指数法則 $e^{w_1}e^{w_2} = e^{w_1+w_2}$ を繰り返し用いると, n が正の整数のとき, $(e^{i\theta})^n = e^{in\theta}$ が成り立つ.

したがって，次の**ド・モアブルの公式**が得られる．

$$(\cos\theta + i\sin\theta)^n = \cos n\theta + i\sin n\theta \qquad (n\text{ は正の整数})$$

例 4 $(\sqrt{3}+i)^6 = (2e^{\frac{\pi}{6}i})^6 = 2^6 e^{\frac{\pi}{6}i\cdot 6}$

$$= 64e^{\pi i} = 64(\cos\pi + i\sin\pi) = -64$$

問・8 次の等式を証明せよ．

$$\frac{1}{(\cos\theta + i\sin\theta)^n} = \cos n\theta - i\sin n\theta \qquad (n\text{ は正の整数})$$

●**注**…ド・モアブルの公式は任意の整数 n に対して成り立つ．

問・9 次の計算をせよ．

(1) $(1+\sqrt{3}i)^6$ (2) $\dfrac{1}{(1+\sqrt{3}i)^5}$

例題 3 $z^3 = 8$ を満たす複素数 z を求めよ．

解 $z = re^{i\theta}$ $(0 \leqq \theta < 2\pi)$ とおくと $z^3 = r^3e^{3i\theta}$

$8 = 8e^{0i}$ だから $r^3e^{3i\theta} = 8e^{0i}$

絶対値を比較すると $r^3 = 8$ $\therefore$ $r = 2$

偏角を比較すると

$0 \leqq 3\theta < 6\pi$ より $3\theta = 0,\ 2\pi,\ 4\pi$

$\therefore$ $\theta = 0,\ \dfrac{2}{3}\pi,\ \dfrac{4}{3}\pi$

よって $z = 2e^0,\ 2e^{\frac{2}{3}\pi i},\ 2e^{\frac{4}{3}\pi i}$

$\therefore$ $z = 2,\ -1 \pm \sqrt{3}i$ //

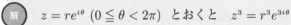

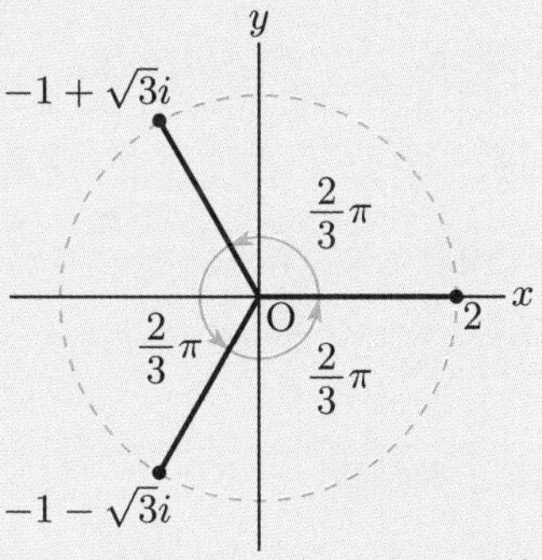

問・10 次の方程式を解け．

(1) $z^6 = 1$ (2) $z^4 = -1$ (3) $z^3 = 8i$

●**注**… n が正の整数のとき，$z^n = \alpha$ を満たす z を α の $\boldsymbol{n}$ **乗根**という．

$\left(e^{\frac{2k\pi}{n}i}\right)^n = e^{2k\pi i} = 1$ より，1 の n 乗根 ω_k は次のようになる．

$$\omega_k = e^{\frac{2k\pi}{n}i} = \cos\frac{2k\pi}{n} + i\sin\frac{2k\pi}{n} \quad (k = 0,\ 1,\ \cdots,\ n-1)$$

1 3 複素関数

複素数平面上の点集合 D の各点 $z=x+yi$ (x, y は実数) に対して，複素数平面上の点 $w=u+vi$ を対応させるとき，w を z の**複素関数**といい，$w=f(z)$ などで表す．D を f の**定義域**という．

例 5　$w=z^2$, $w=\dfrac{1}{z-i}$ は z の関数であり，定義域をそれぞれ複素数平面全体および複素数平面から点 i を除いた集合にとることができる．

▷ 指数関数

複素数 $z=x+yi$ の指数関数 $w=e^z$ は，次のように定義される．

$$\boldsymbol{e^z = e^{x+yi} = e^x e^{yi} = e^x(\cos y + i\sin y)}$$

定義域は複素数平面全体である．また，定義から

$$e^{z+2\pi i} = e^x\big(\cos(y+2\pi)+i\sin(y+2\pi)\big) = e^x(\cos y + i\sin y) = e^z$$

したがって，指数関数 e^z は周期 $2\pi i$ をもつ周期関数である．

問・11 ▷ 次の値を求めよ．

(1)　$e^{\pi i}$　　(2)　$e^{2+\frac{2}{3}\pi i}$　　(3)　$e^{-1+\frac{\pi}{2}i}$

問・12 ▷ 指数関数 e^z について，次のことを証明せよ．

(1)　$|e^z| = e^{\mathrm{Re}(z)}$　　(2)　$e^z \neq 0$

▷ 三角関数

オイラーの公式の θ に $-\theta$ を代入すると

$$e^{-i\theta} = \cos(-\theta) + i\sin(-\theta) = \cos\theta - i\sin\theta$$

$e^{i\theta} = \cos\theta + i\sin\theta$ と連立して，次の式が得られる．

$$\cos\theta = \frac{e^{i\theta}+e^{-i\theta}}{2}, \qquad \sin\theta = \frac{e^{i\theta}-e^{-i\theta}}{2i}$$

この関係が複素数 z に対しても成り立つように，三角関数を次のように定める．

$$\boldsymbol{\cos z = \frac{e^{iz}+e^{-iz}}{2}, \qquad \sin z = \frac{e^{iz}-e^{-iz}}{2i}}$$

例題 4 等式 $\sin^2 z + \cos^2 z = 1$ が成り立つことを証明せよ.

解

$$\sin^2 z + \cos^2 z = \left(\frac{e^{iz} - e^{-iz}}{2i}\right)^2 + \left(\frac{e^{iz} + e^{-iz}}{2}\right)^2$$

$$= \frac{e^{2iz} - 2 + e^{-2iz}}{-4} + \frac{e^{2iz} + 2 + e^{-2iz}}{4} = \frac{4}{4} = 1 \quad //$$

問・13 次の等式が成り立つことを証明せよ.

(1) $\cos(-z) = \cos z,\ \sin(-z) = -\sin z$

(2) $\sin(z_1 + z_2) = \sin z_1 \cos z_2 + \cos z_1 \sin z_2$

(3) $\cos(z_1 + z_2) = \cos z_1 \cos z_2 - \sin z_1 \sin z_2$

問・14 $\cos z,\ \sin z$ は周期 2π の周期関数であることを証明せよ.

変数 z の値を表示する複素数平面を **z 平面**という. また, 関数 $w = f(z)$ の値 w を表示するために別の複素数平面を考え, これを **w 平面**という.

例題 5 関数 $w = \dfrac{1}{z}\ (z \neq 0)$ について, $z = re^{i\theta}$ に対応する w 平面上の点を求めよ.

解

$$w = \frac{1}{z} = \frac{1}{re^{i\theta}} = \frac{1}{r}e^{-i\theta}$$

したがって, w は絶対値 $\dfrac{1}{r}$, 偏角 $-\theta$ の点である.

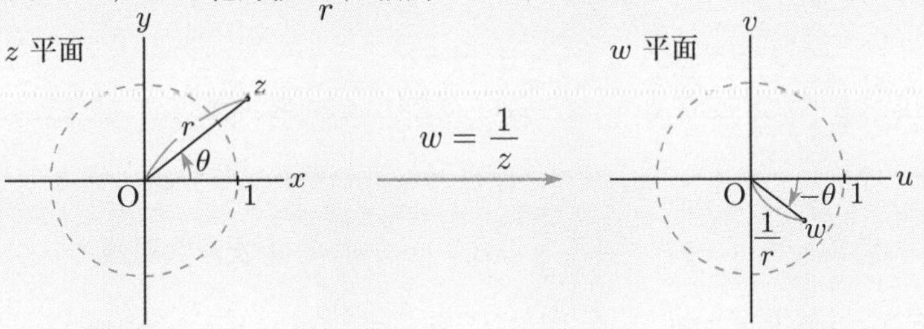

//

問・15 関数 $w = \alpha z$ (αは定数) について, $z = re^{i\theta}$ に対応する w 平面上の点を求めよ.

例題 6 関数 $w=\dfrac{1}{z}$ によって，z 平面上の次の図形は w 平面上のどんな図形に移るか．

(1) 円 $|z-1|=\sqrt{2}$　　(2) 円 $|z-1|=1 \quad (z \neq 0)$

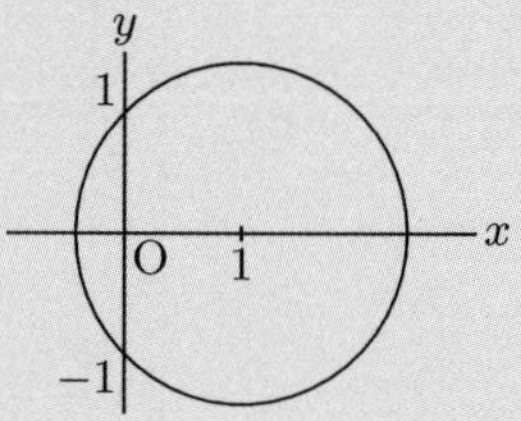

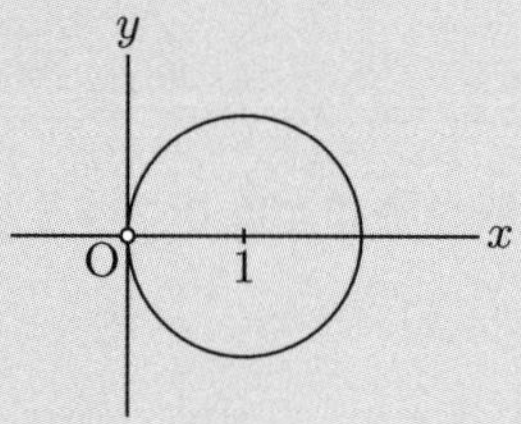

解 $w=u+vi$ (u, v は実数) とおく．

(1) $|z-1|=\sqrt{2}$, $z=\dfrac{1}{w}$ より　$\left|\dfrac{1}{w}-1\right|=\dfrac{|1-w|}{|w|}=\sqrt{2}$

これを整理し，両辺を2乗すると　$|1-w|^2=2|w|^2$

$(1-u)^2+v^2=2(u^2+v^2)$　すなわち　$u^2+2u+v^2=1$

$\therefore \quad (u+1)^2+v^2=2$

よって，中心が点 -1，半径 $\sqrt{2}$ の円に移る．

(2) $|z-1|=1$, $z=\dfrac{1}{w}$ より　$\left|\dfrac{1}{w}-1\right|=\dfrac{|1-w|}{|w|}=1$

これを整理し，両辺を2乗すると　$|1-w|^2=|w|^2$

$(1-u)^2+v^2=u^2+v^2$　すなわち　$u=\dfrac{1}{2}$

よって，直線 $\mathrm{Re}(w)=\dfrac{1}{2}$ に移る．　//

別解 (2) $|1-w|=|w|$ より，原点と点1の垂直二等分線に移る．

●**注**…… 関数 $w=f(z)=\dfrac{az+b}{cz+d}$ $(ad-bc \neq 0)$ を **1次分数関数**という．

問・16 1次分数関数 $w=\dfrac{1}{z-i}$ によって，z 平面上の次の図形は w 平面上のどんな図形に移るか．

(1) 円 $|z|=\sqrt{3}$　　(2) 円 $|z|=1 \quad (z \neq i)$

1 4 正則関数

z 平面上で点 z が点 α に限りなく近づくとき，その近づき方に関係なく w 平面上で関数 $f(z)$ の値が1つの複素数 β に限りなく近づくとする．

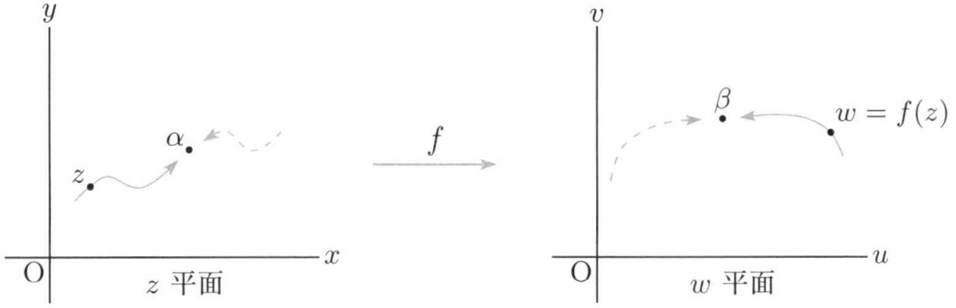

すなわち

$$|z-\alpha| \to 0 \text{ のとき } \quad |f(z)-\beta| \to 0 \qquad (\text{ただし } z \neq \alpha)$$

とする．このとき，β を z が α に近づくときの $f(z)$ の**極限値**といい

$$\lim_{z \to \alpha} f(z) = \beta \quad \text{または} \quad f(z) \to \beta \quad (z \to \alpha)$$

と書き表す．

問・17 次の極限値を求めよ．(3) では，$(z+i)(z-i) = z^2+1$ を用いよ．

(1) $\displaystyle \lim_{z \to 3+i} \frac{z^2}{z-3}$ (2) $\displaystyle \lim_{z \to 2+3i} (z-\overline{z})^2$

(3) $\displaystyle \lim_{z \to i} \frac{z^2+1}{(z-i)(2z+i)}$

$|z-\alpha| \to 0$ のとき，$|f(z)|$ の値が限りなく大きくなるならば，次のように書く．

$$\lim_{z \to \alpha} f(z) = \infty \quad \text{または} \quad f(z) \to \infty \quad (z \to \alpha)$$

複素数平面上の点集合 D が次の性質 (i)，(ii) を満たすとき**領域**という．

(i) 点 α が D に属するとき，α を中心として半径が十分小さい円を描けば，その円の内部の点はすべて D に属する．

(ii) D 内の任意の2点は，D 内の曲線で結ぶことができる．

例 6 $D_1 = \{z \mid |z-2| < 1\}$ は領域であるが，$D_2 = \{z \mid |z-2| \leqq 1\}$ や $D_3 = \{z \mid |z| < 1$ または $|z-2| < 1\}$ は領域ではない．

複素数平面上の点全体の集合は領域である．

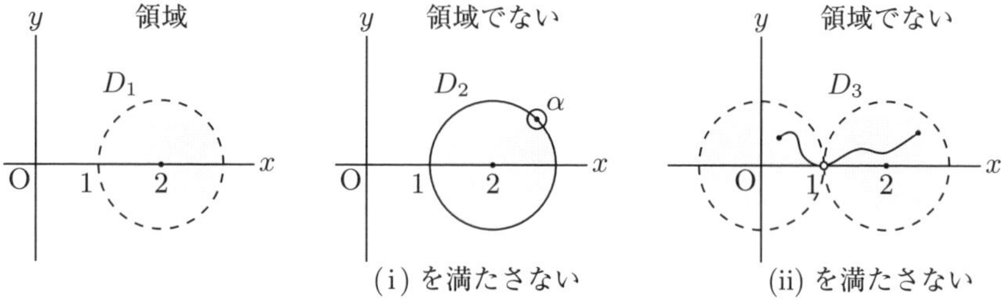

関数 $f(z)$ が領域 D 内の 1 点 α について

$$\lim_{z \to \alpha} f(z) = f(\alpha)$$

を満たすとき，$f(z)$ は点 α で**連続**であるという．$f(z)$ が D 内のすべての点で連続であるとき，$f(z)$ は D で連続であるという．

領域 D 内の 1 点 α について

$$\lim_{\Delta z \to 0} \frac{f(\alpha + \Delta z) - f(\alpha)}{\Delta z}$$

が存在するとき，$f(z)$ は点 α で**微分可能**であるという．この極限値を点 α における**微分係数**といい，$f'(\alpha)$ と書く．領域 D 内の任意の点 z で微分可能であるとき，$f'(z)$ は z の関数と考えられる．この関数 $f'(z)$ を関数 $f(z)$ の**導関数**といい，導関数を求めることを**微分する**という．導関数を表す w'，$\dfrac{dw}{dz}$ などの記号は実数の場合と同様に用いる．

関数 $f(z)$ が領域 D 内のすべての点で微分可能であるとき，$f(z)$ は D で**正則**であるという．また，$f(z)$ を**正則関数**という．

点 α を中心とするある円の内部で $f(z)$ が正則であるとき，関数 $f(z)$ は**点 α で正則**であるという．

複素関数の微分法についても，実数の関数と同様に，積や商の導関数の公式，合成関数の導関数の公式などが成り立つ．

例 7 n が自然数のとき，$f(z) = z^n$ は z 平面全体で正則で，導関数は $f'(z) = nz^{n-1}$ である．また，$g(z) = \dfrac{1}{z-1}$ は $z = 1$ を除く z 平面全体で正則で，導関数は $g'(z) = -\dfrac{1}{(z-1)^2}$ である．

例題 7 次の関数を微分せよ．

(1) $w = (z^2 + iz + 1)^5$　　(2) $w = \dfrac{z-i}{z+i}$

解 (1) は合成関数の微分法，(2) は商の微分法を用いる．

(1) $w' = 5(z^2 + iz + 1)^4(z^2 + iz + 1)' = 5(z^2 + iz + 1)^4(2z + i)$

(2) $w' = \dfrac{(z-i)'(z+i) - (z-i)(z+i)'}{(z+i)^2} = \dfrac{2i}{(z+i)^2}$ //

問・18 次の関数を微分せよ．

(1) $w = (z^2 + i)(z^2 - 2iz + 3)$

(2) $w = \dfrac{z}{z+1}$

(3) $w = (z^2 + i)^4$

$w = u + vi$ が $z = x + yi$ の関数であるとき，u，v はいずれも実数 x，y の 2 変数関数となる．これを $u = u(x, y)$，$v = v(x, y)$ と書く．

例 8 $w = z^2$ のとき，$u + vi = (x + yi)^2 = x^2 - y^2 + 2xyi$

したがって

$$u = x^2 - y^2,\ v = 2xy$$

問・19 次の関数について，$w = u + vi$，$z = x + yi$ とおくとき，u，v は x，y のどんな関数か．

(1) $w = \dfrac{1}{z}$　　(2) $w = (z+1)^2$　　(3) $w = (2z + \overline{z})^2$

1 5 コーシー・リーマンの関係式

関数 $w = f(z)$ の実部 $u(x,\ y)$，虚部 $v(x,\ y)$ の偏導関数は連続とする．このとき $f(z)$ の正則条件について，次の定理が成り立つ．

コーシー・リーマンの関係式

領域 D で定義された関数 $f(z) = u(x,\ y) + iv(x,\ y)$ が正則であるための必要十分条件は，関係式

$$u_x = v_y,\quad u_y = -v_x \tag{1}$$

が D で成り立つことである．このとき

$$f'(z) = u_x + iv_x = v_y - iu_y \tag{2}$$

☞ (1) を**コーシー・リーマンの関係式**という．この定理の証明は補章の 165 ページで記述する．

問・20 次の関数は正則か．もし正則ならば，導関数を求めよ．

(1) $f(z) = (x - y) + (x + y)i$ (2) $f(z) = (x^2 - y^2) + (2xy)i$

問・21 関数 $f(z)$ が，ある領域 D において正則で，$f'(z) = 0$ であれば，$f(z)$ は定数であることを証明せよ．

指数関数 $w = e^z$ の導関数を求めよう．

112 ページの指数関数の定義より，$z = x + yi$, $w = u + vi$ とおくとき

$$u = e^x \cos y,\quad v = e^x \sin y$$

したがって

$$u_x = e^x \cos y = v_y,\quad u_y = -e^x \sin y = -v_x$$

これらの偏導関数は連続であり，コーシー・リーマンの関係式が成り立つから，e^z は z 平面全体で正則である．また，(2) より

$$(e^z)' = u_x + iv_x = e^x \cos y + ie^x \sin y = e^z$$

これから次の公式が得られる．

$$\boldsymbol{(e^z)' = e^z}$$

三角関数 $\cos z$, $\sin z$ については，定義より z 平面全体で正則となり

$$(\cos z)' = \left(\frac{e^{iz}+e^{-iz}}{2}\right)' = \frac{ie^{iz}-ie^{-iz}}{2} = -\frac{e^{iz}-e^{-iz}}{2i} = -\sin z$$

$$(\sin z)' = \left(\frac{e^{iz}-e^{-iz}}{2i}\right)' = \frac{ie^{iz}+ie^{-iz}}{2i} = \frac{e^{iz}+e^{-iz}}{2} = \cos z$$

したがって，次の公式が成り立つ．

$$\boldsymbol{(\cos z)' = -\sin z, \quad (\sin z)' = \cos z}$$

問・22 $\tan z = \dfrac{\sin z}{\cos z}$ と定義するとき，$\tan z$ の導関数を求めよ．

例題 8 関数 $f(z) = u(x, y) + iv(x, y)$ が領域 D で正則ならば，2 変数関数 $u(x, y)$, $v(x, y)$ は D で

$$u_{xx} + u_{yy} = 0, \quad v_{xx} + v_{yy} = 0$$

を満たすことを証明せよ．ただし，u, v は D で連続な第 2 次偏導関数をもつとする．

解 コーシー・リーマンの関係式および $u_{xy} = u_{yx}$, $v_{xy} = v_{yx}$ から

$$u_{xx} + u_{yy} = (u_x)_x + (u_y)_y = (v_y)_x + (-v_x)_y = v_{yx} - v_{xy} = 0$$

$$v_{xx} + v_{yy} = (v_x)_x + (v_y)_y = (-u_y)_x + (u_x)_y = -u_{yx} + u_{xy} = 0 \quad //$$

実数値の関数 $\varphi(x, y)$ が領域 D で連続な第 2 次偏導関数をもち

$$\varphi_{xx} + \varphi_{yy} = 0 \tag{3}$$

を満たすとき，$\varphi(x, y)$ を**調和関数**といい，(3) を**ラプラスの微分方程式**という．例題 8 より，関数 $f(z) = u + vi$ が正則であれば，実部 u，虚部 v はいずれも調和関数である．逆に，D 内の点 $z = x + yi$ の近くで，関数 $u = u(x, y)$ が調和関数であれば u を実部にもつ正則関数が存在することが知られている．

問・23 $u = x^3 - 3xy^2$ は調和関数であることを証明せよ．また，正則関数 $f(z) = z^3$ の実部であることを証明せよ．

① 6 逆関数

関数 $w=f(z)$ が与えられたとき，z と w を交換して得られる $z=f(w)$ が w について解くことができるとし，その解を $w=g(z)$ とする．このとき，関数 $g(z)$ を $f(z)$ の**逆関数**という．

ここでは，関数 $w=z^2$ と $w=e^z$ の逆関数を求めよう．

まず，$w=z^2$ の z と w を交換すると　$z=w^2$

$z \neq 0$ のとき，極形式を用いて $z=re^{i\theta}$ $(r>0)$ とおくと

$$w^2=re^{i\theta}=\left(\sqrt{r}e^{i\frac{\theta}{2}}\right)^2$$

$$\left(\frac{w}{\sqrt{r}e^{i\frac{\theta}{2}}}\right)^2=1 \quad \text{すなわち} \quad \frac{w}{\sqrt{r}e^{i\frac{\theta}{2}}}=\pm 1$$

よって　$w=\pm\sqrt{r}e^{i\frac{\theta}{2}}$

したがって，$w=z^2$ の逆関数を $\boldsymbol{w=\sqrt{z}}$ で表すと

$|z|=r \geqq 0$, $\arg z=\theta$ とおくとき

$$\sqrt{z}=\pm\sqrt{r}e^{i\frac{\theta}{2}}=\pm\sqrt{r}\left(\cos\frac{\theta}{2}+i\sin\frac{\theta}{2}\right) \tag{1}$$

$w=\sqrt{z}$ は，$z \neq 0$ のとき上に示す2個の値をとる．このような関数を**2価関数**といい，1つの z について複数の値をとる関数を一般に**多価関数**という．これに対して，1個の値しかとらない関数を**1価関数**という．

●注…(1) の右辺の $\sqrt{r}$ は実数の場合に定めたように，r の平方根のうち正または0であるものを表す．

問・24 次の値を求めよ．

(1) $\sqrt{i}$　　(2) $\sqrt{1+i}$　　(3) $\sqrt{-4}$

次に，指数関数 $w=e^z$ の逆関数を求めよう．

z と w を交換して　$z=e^w$

$w=u+vi$ とおくと

$$z=e^{u+vi}=e^u e^{iv}$$

$z \neq 0$ のとき　$|z| = e^u,\ \arg z = v$

これから　$u = \log|z|,\ v = \arg z$

したがって

$$w = \log|z| + i\arg z$$

これが $w = e^z$ の逆関数で，この関数を z の**対数関数**といい，$\boldsymbol{\log z}$ で表す．すなわち

$$\log z = \log|z| + i\arg z \qquad (z \neq 0)$$

$\arg z$ の値は 2π の整数倍の差だけの任意性があるから，$\log z$ は $z \neq 0$ のとき無限個の値をとる．このような関数を**無限多価関数**という．

例 9　$z = \sqrt{3} + i$ のとき，$|z| = 2,\ \arg z = \dfrac{\pi}{6} + 2n\pi$

したがって

$$\log(\sqrt{3} + i) = \log 2 + \left(\frac{\pi}{6} + 2n\pi\right)i \quad (n \text{ は整数})$$

問・25　次の値を $x + yi$ の形で表せ．

(1) $\log(1+i)$　(2) $\log 2i$　(3) $\log(-1)$　(4) $\log(1-i)$

多価関数の値の範囲を適当に制限して1価関数とすることがある．例えば，$-\pi < \arg z \leqq \pi$ とすると，$\log z$ の値は一意的に定まる．このとき，逆関数の導関数について，実数の場合と同様に次の公式が成り立つ．

●逆関数の導関数

1価関数 $w = g(z)$ が正則関数 $w = f(z)$ の逆関数であるとき

$g(z)$ は $f'(g(z)) \neq 0$ である点で正則で

$$g'(z) = \frac{1}{f'(g(z))}$$

●注……上の公式を $\dfrac{dw}{dz} = \dfrac{1}{\dfrac{dz}{dw}}$ と書くこともできる．

問・26　次の公式を証明せよ．

$$(\log z)' = \frac{1}{z}$$

練習問題 1

1. 複素変数 z の**双曲線関数**を

$$\cosh z = \frac{e^z + e^{-z}}{2}, \quad \sinh z = \frac{e^z - e^{-z}}{2}$$

で定義する．このとき，次の等式が成り立つことを証明せよ．

(1) $\cosh iz = \cos z$, $\sinh iz = i \sin z$

(2) $\cosh(z_1 + z_2) = \cosh z_1 \cosh z_2 + \sinh z_1 \sinh z_2$

(3) $\sinh(z_1 + z_2) = \sinh z_1 \cosh z_2 + \cosh z_1 \sinh z_2$

(4) $(\cosh z)' = \sinh z$, $(\sinh z)' = \cosh z$

2. $f(z) = u(x,\ y) + iv(x,\ y)$ $(z = x + yi)$ が正則関数のとき，次の等式が成り立つことを証明せよ．

(1) $\begin{vmatrix} u_x & v_x \\ u_y & v_y \end{vmatrix} = |f'(z)|^2$

(2) $\dfrac{\partial^2}{\partial x^2}|f(z)|^2 + \dfrac{\partial^2}{\partial y^2}|f(z)|^2 = 4|f'(z)|^2$

3. $f(z)$, $g(z)$ が点 α で正則で，$f(\alpha) = g(\alpha) = 0$, $g'(\alpha) \neq 0$ ならば

$$\lim_{z \to \alpha} \frac{f(z)}{g(z)} = \frac{f'(\alpha)}{g'(\alpha)} \qquad \text{(ロピタルの定理)}$$

であることを証明せよ．また，これを用いて次の極限値を求めよ．

(1) $\displaystyle\lim_{z \to i} \frac{z - i}{z^3 + i}$　　(2) $\displaystyle\lim_{z \to 0} \frac{\sin z}{e^{-iz} - 1}$

4. 関数 $w = \cos z$ で，$z = x + yi$, $w = u + vi$ とおくとき，u, v を x, y の式で表せ．また，$w = \cos z$ によって，z 平面上の次の図形は w 平面上のどのような図形に移るか．

(1) 線分 $y = 0$ $(0 \leqq x \leqq 2\pi)$

(2) 直線 $x = \dfrac{\pi}{4}$ $(-\infty < y < \infty)$

2 積分

2 1 複素積分

区間 $[a, b]$ で定義され，複素数を値にもつ次の関数を考える．

$$z = z(t) = x(t) + iy(t) \qquad (a \leqq t \leqq b) \tag{1}$$

t が a から b まで変わるとき，点 z は複素数平面上で点 $z(a)$ から点 $z(b)$ に至る曲線を描く．この曲線を C とするとき，(1) を曲線 C の方程式という．また，点 z が曲線 C 上を逆向きに $z(b)$ から $z(a)$ まで動いてできる曲線を $-C$ で表す．

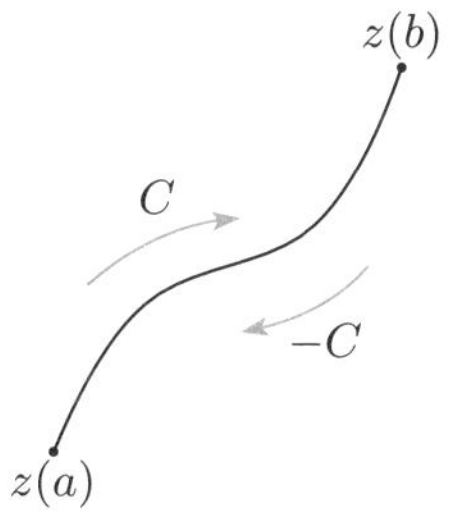

(1) で表される曲線 C において，$z'(t)$ が連続で 0 でないとき，曲線 C は**滑らか**であるという．

例 1 原点を中心とする半径 r の円 C_0 の方程式は

$$z = re^{it} \quad (0 \leqq t \leqq 2\pi)$$

また，点 α を中心とする半径 r の円 C_α は，方程式

$$z = \alpha + re^{it} \quad (0 \leqq t \leqq 2\pi)$$

で表される．ただし，C_0，C_α の向きは図の矢印の通りとする．

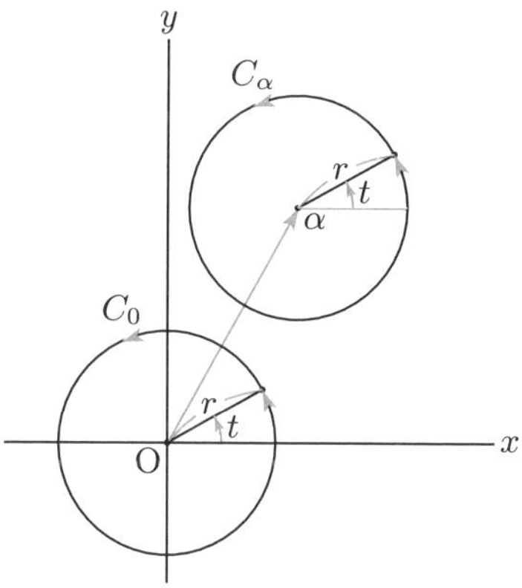

例 2 点 z_1 から点 z_2 に至る線分 C の方程式は

$$z = z_1 + t(z_2 - z_1)$$
$$= (1-t)z_1 + tz_2 \quad (0 \leqq t \leqq 1)$$

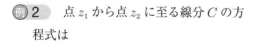

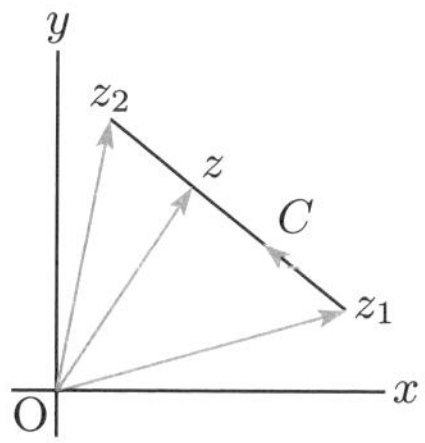

問・1 次の曲線の方程式を求めよ．

(1) 点 1 を中心とする半径 3 の円　(2) 点 2 から点 i に至る線分

いくつかの曲線 $C_1,\ C_2,\ \cdots,\ C_n$ をつないでできる曲線 C を

$$C = C_1 + C_2 + \cdots + C_n$$

で表す．この場合，各 C_k が滑らかな曲線ならば，C は**区分的に滑らか**であるという．

例 3 3点 $z_1 = 0,\ z_2 = 1,\ z_3 = i$ について，線分 $z_1z_2,\ z_2z_3,\ z_3z_1$ をそれぞれ $C_1,\ C_2,\ C_3$ とおくと，それらの方程式は次のようになる．

$$C_1 : z = t \qquad (0 \leqq t \leqq 1)$$

$$C_2 : z = (1-t) + it \qquad (0 \leqq t \leqq 1)$$

$$C_3 : z = i(1-t) \qquad (0 \leqq t \leqq 1)$$

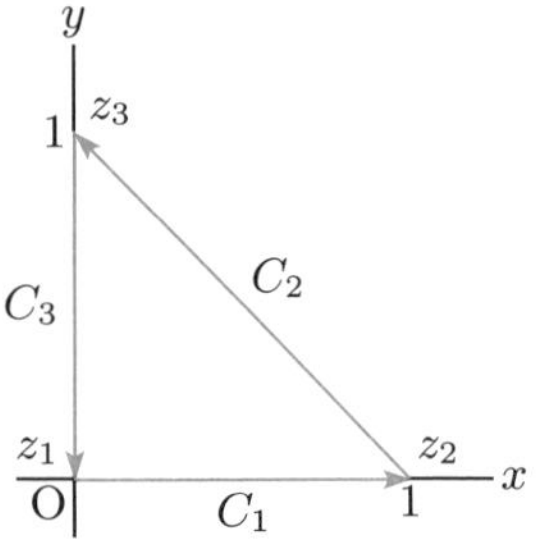

したがって，$z_1,\ z_2,\ z_3$ を頂点とする三角形の周に図のように向きをつけた曲線 C は $C = C_1 + C_2 + C_3$ で表され，区分的に滑らかである．

以後，区分的に滑らかな曲線 C を考えることとし，関数 $f(z)$ は C 上で連続であるとする．C の方程式 (1) において，t の区間 $[a,\ b]$ を

$$a = t_0 < t_1 < t_2 < \cdots < t_n = b$$

に分割する．対応する曲線上の点を

$$z(a) = z_0,\ z_1,\ z_2,\ \cdots,\ z_n = z(b)$$

とおき，次の和 S_n をつくる．

$$S_n = \sum_{k=1}^{n} f(z_k)\Delta z_k$$

$$(ただし，\Delta z_k = z_k - z_{k-1})$$

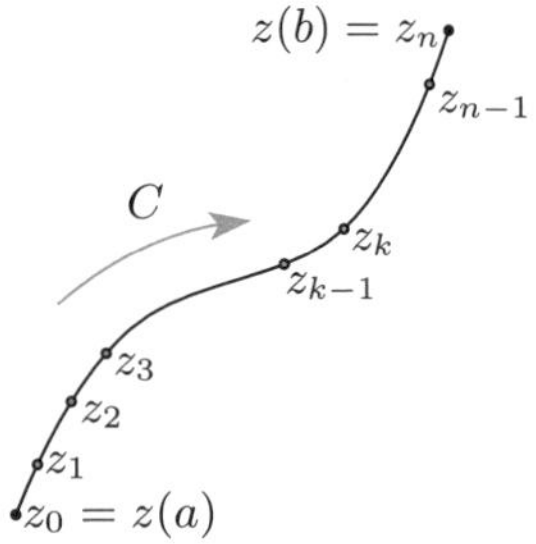

このとき，すべての k について $\Delta z_k \to 0$ としたときの S_n の極限値が存

在することが知られている．これを関数 $f(z)$ の曲線 C に沿う**複素積分**または単に積分といい，$\int_C f(z)\,dz$ で表す．また，C を**積分路**という．

$$\int_C f(z)\,dz = \lim_{\Delta z_k \to 0} \sum_{k=1}^{n} f(z_k)\Delta z_k \tag{2}$$

曲線 C が滑らかであるとき，次の等式が成り立つ．

$$\boldsymbol{\int_C f(z)\,dz = \int_a^b f\big(z(t)\big)\frac{dz}{dt}\,dt} \tag{3}$$

ただし，$w(t) = u(t) + iv(t)$ について次のように定める．

$$\int_a^b w(t)\,dt = \int_a^b u(t)\,dt + i\int_a^b v(t)\,dt$$

●**注**…… C が実軸上の線分 $z = t \quad (a \leqq t \leqq b)$ のとき，$\dfrac{dz}{dt} = 1$ より

$$\int_C f(z)\,dz = \int_a^b f(t)\,dt$$

複素積分に対して，実数を積分変数とする積分を**実積分**という．上記の注は左辺の複素積分が右辺の実積分と等しいことを示している．

例題 1 次の複素積分の値を求めよ．

(1) $\displaystyle\int_C z^2\,dz \qquad C : z = t + it \quad (0 \leqq t \leqq 1)$

(2) $\displaystyle\int_C \frac{1}{z}\,dz \qquad C : z = e^{it} \quad (0 \leqq t \leqq 2\pi)$

解 (1)

$$\int_C z^2\,dz = \int_0^1 (t+it)^2 \cdot \frac{dz}{dt}\,dt = \int_0^1 (t+it)^2 \cdot (1+i)\,dt$$
$$= \int_0^1 (-2+2i)t^2\,dt = (-2+2i)\left[\frac{1}{3}t^3\right]_0^1$$
$$= -\frac{2}{3} + \frac{2}{3}i$$

(2)

$$\int_C \frac{1}{z}\,dz = \int_0^{2\pi} \frac{1}{e^{it}} \cdot \frac{dz}{dt}\,dt = \int_0^{2\pi} \frac{1}{e^{it}} \cdot ie^{it}\,dt$$
$$= i\int_0^{2\pi} dt = 2\pi i$$

//

問・2 次の複素積分の値を求めよ．

(1) $\displaystyle\int_C z^2\,dz \qquad C: z=2t+it \quad (0 \leqq t \leqq 1)$

(2) $\displaystyle\int_C z\,dz \qquad C: z=t^2+it \quad (0 \leqq t \leqq 1)$

(3) $\displaystyle\int_C \frac{1}{z^2}\,dz \qquad C: z=e^{it} \quad (0 \leqq t \leqq 2\pi)$

例題 2 円 $C_\alpha : z=\alpha+re^{it} \quad (0 \leqq t \leqq 2\pi)$ について，次の公式を証明せよ．

$$\int_{C_\alpha} \frac{1}{(z-\alpha)^n}\,dz = \begin{cases} 2\pi i & (n=1 \text{ のとき}) \\ 0 & (n \text{ が } 2 \text{ 以上の整数のとき}) \end{cases}$$

解 $\dfrac{dz}{dt}=ire^{it}$ だから，与式の左辺を I とおくと

$$I=\int_{C_\alpha}\frac{1}{(z-\alpha)^n}\,dz=\int_0^{2\pi}\frac{ire^{it}}{r^n e^{int}}\,dt=\frac{i}{r^{n-1}}\int_0^{2\pi}e^{i(1-n)t}\,dt$$

したがって

(i) $n=1$ のとき

$$I=i\int_0^{2\pi}dt=2\pi i$$

(ii) n が 2 以上の整数のとき

$e^{2(1-n)\pi i}=\cos 2(1-n)\pi+i\sin 2(1-n)\pi=1$ だから

$$\begin{aligned} I&=\frac{i}{r^{n-1}}\left[\frac{1}{i(1-n)}e^{i(1-n)t}\right]_0^{2\pi} \\ &=\frac{1}{(1-n)r^{n-1}}\left(e^{2(1-n)\pi i}-1\right)=0 \end{aligned}$$

//

問・3 $C: z=1+3e^{it} \quad (0 \leqq t \leqq 2\pi)$ のとき，次の積分の値を求めよ．

(1) $\displaystyle\int_C \frac{2}{z-1}\,dz$ (2) $\displaystyle\int_C \frac{dz}{(z-1)^2}$

複素積分について，次の性質が成り立つ．

複素積分の性質

（Ⅰ） $\displaystyle\int_{-C} f(z)\,dz = -\int_C f(z)\,dz$

（Ⅱ） $C = C_1 + C_2 + \cdots + C_n$ のとき

$$\int_C f(z)\,dz = \int_{C_1} f(z)\,dz + \int_{C_2} f(z)\,dz + \cdots + \int_{C_n} f(z)\,dz$$

（Ⅲ） $\displaystyle\int_C kf(z)\,dz = k\int_C f(z)\,dz$ （k は定数）

（Ⅳ） $\displaystyle\int_C \bigl(f(z)+g(z)\bigr)\,dz = \int_C f(z)\,dz + \int_C g(z)\,dz$

例題 3 C を 124 ページの例 3 で示した積分路とするとき，$\displaystyle\int_C \mathrm{Im}(z)\,dz$ を求めよ．

解 C_1，C_2，C_3 上で，$\mathrm{Im}(z)$ はそれぞれ 0，t，$1-t$ である．

また，$\dfrac{dz}{dt}$ はそれぞれ 1，$-1+i$，$-i$ だから

$$\begin{aligned}\int_C \mathrm{Im}(z)\,dz &= \int_{C_1} \mathrm{Im}(z)\,dz + \int_{C_2} \mathrm{Im}(z)\,dz + \int_{C_3} \mathrm{Im}(z)\,dz\\ &= \int_0^1 0\cdot 1\,dt + \int_0^1 t\cdot(-1+i)\,dt + \int_0^1 (1-t)\cdot(-i)\,dt\\ &= (-1+i)\left[\frac{1}{2}t^2\right]_0^1 - i\left[t-\frac{1}{2}t^2\right]_0^1 = -\frac{1}{2}\end{aligned}$$

//

問・4 次の複素積分の値を求めよ．

(1) $\displaystyle\int_C z\,dz$ 　　C : 0 から $1+i$ に至る線分

(2) $\displaystyle\int_C (z-3)^4\,dz$ 　　C : 3 を中心とする半径 2 の円の 5 から 1 に至る上半円

(3) $\displaystyle\int_C \mathrm{Re}(z)\,dz$ 　　C : 0 から 1，1 から $1+i$，$1+i$ から 0 に至る三角形の周

曲線 C は滑らかであるとする．125 ページの積分の定義式 (2) において，和 S_n の絶対値をとると，109 ページの (1) により

$$\left|\sum_{k=1}^{n} f(z_k)\Delta z_k\right| \leqq \sum_{k=1}^{n} |f(z_k)||\Delta z_k| = \sum_{k=1}^{n} |f(z_k)|\left|\frac{\Delta z_k}{\Delta t_k}\right|\Delta t_k$$

(ただし $\Delta t_k = t_k - t_{k-1}$)

これから

$$\left|\int_C f(z)\,dz\right| \leqq \lim_{\Delta z_k \to 0} \sum_{k=1}^{n} |f(z_k)|\left|\frac{\Delta z_k}{\Delta t_k}\right|\Delta t_k$$

したがって，積分の絶対値について，次の不等式が得られる．

●積分の絶対値の評価

$f(z)$ が滑らかな曲線 $C : z = z(t)$ $(a \leqq t \leqq b)$ 上で連続であるとき

$$\left|\int_C f(z)\,dz\right| \leqq \int_a^b \left|f\big(z(t)\big)\right|\left|\frac{dz}{dt}\right|dt \tag{4}$$

例 4　点 a を中心とする半径 r の円を C とおく．

$$z = a + re^{it} \quad (0 \leqq t \leqq 2\pi)$$

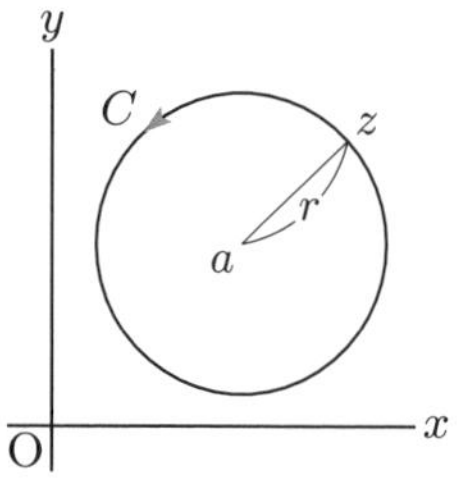

関数 $f(z)$ は C 上で連続で，$|f(z)| \leqq M$（定数）を満たすとする．このとき

$$\left|\int_C f(z)\,dz\right| \leqq \int_a^b M\left|\frac{dz}{dt}\right|dt$$

$$= M\int_0^{2\pi} |rie^{it}|\,dt = 2\pi r M$$

同様に，$|z - a| = r$ を用いて次の不等式が示される．

$$\left|\int_C \frac{f(z)}{(z-a)^2}\,dz\right| \leqq \frac{2\pi M}{r} \tag{5}$$

関数 $f(z)$ は領域 D で連続であり，D で $F'(z) = f(z)$ を満たす正則な 1 価関数 $F(z)$ が存在するとする．このとき $F(z)$ を $f(z)$ の**不定積分**という．D 内に 2 点 α, β をとり，D 内の点を通り，α から β に至る曲線を C

とするとき，次の等式が成り立つことを証明しよう．

$$\int_C f(z)\,dz = \Big[F(z)\Big]_\alpha^\beta = F(\beta) - F(\alpha) \tag{6}$$

C が滑らかな曲線の場合，その方程式を $z = z(t)$ $(a \leqq t \leqq b)$ とすると

$$\frac{d}{dt}F\big(z(t)\big) = F'\big(z(t)\big)z'(t) = f\big(z(t)\big)z'(t)$$

したがって

$$\int_C f(z)\,dz = \int_a^b f\big(z(t)\big)z'(t)\,dt = \int_a^b \frac{d}{dt}F\big(z(t)\big)\,dt$$

$$= \Big[F\big(z(t)\big)\Big]_a^b = F\big(z(b)\big) - F\big(z(a)\big)$$

$z(a) = \alpha$，$z(b) = \beta$ だから，(6) が成り立つ．

C が区分的に滑らかな曲線の場合，$C = C_1 + C_2 + \cdots + C_n$ とすると，各 C_k で (6) が成り立つことを用いて証明することができる．

例 5 z 平面全体で $(e^z)' = e^z$ だから，点 0 から点 πi に至る任意の曲線を C とすると

$$\int_C e^z\,dz = \Big[e^z\Big]_0^{\pi i} = e^{\pi i} - e^0 = -2$$

● **注**…上の積分を $\displaystyle\int_0^{\pi i} e^z\,dz$ と書くことがある．

問・5 0 から $1+i$ に至る任意の曲線 C について，$\displaystyle\int_C z^2\,dz$ の値を求めよ．

曲線 $C : z = z(t)$ $(a \leqq t \leqq b)$ において，$z(b) = z(a)$ が成り立つとき，C を**閉曲線**といい，自分自身と再び交わらない閉曲線を**単純閉曲線**という．また，単純閉曲線の内部を左側に見ながら一周する向きを単純閉曲線の**正の向き**という．以後，特に断らない限り，単純閉曲線といえば，正の向きをもつものとする．

閉曲線

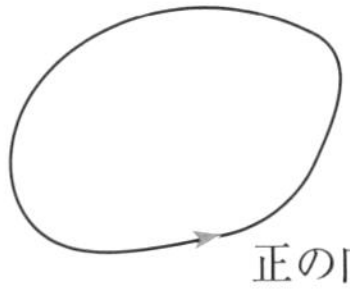

単純閉曲線

2　コーシーの積分定理

関数 $f(z)$ が領域 D で不定積分をもつ場合，D 内の任意の閉曲線を C とすると，129 ページの (6) 式より次の等式が成り立つ．

$$\int_C f(z)\,dz = 0 \tag{1}$$

例 6　α を定数，n は 1 以外の整数とするとき

$$\left(-\frac{1}{n-1}\frac{1}{(z-\alpha)^{n-1}}\right)' = \frac{1}{(z-\alpha)^n} \qquad (z \neq \alpha)$$

したがって，点 α を通らない任意の閉曲線 C について

$$\int_C \frac{1}{(z-\alpha)^n}\,dz = 0$$

これは，例題 2 の後半の等式と一致する．

一般には，関数 $f(z)$ が連続であっても，その不定積分が存在するとはいえず，したがって (1) が成り立つとは限らない．例えば，例題 3 の閉曲線 C に沿う関数 $\mathrm{Im}(z)$ の積分の値は 0 でなく，このことから $\mathrm{Im}(z)$ の不定積分は存在しないことがわかる．

次の定理は複素関数論において重要な**コーシーの積分定理**である．

コーシーの積分定理

関数 $f(z)$ は領域 D で正則で，D 内の単純閉曲線 C で囲まれた部分が D に含まれるとする．このとき，次の等式が成り立つ．

$$\int_C f(z)\,dz = 0$$

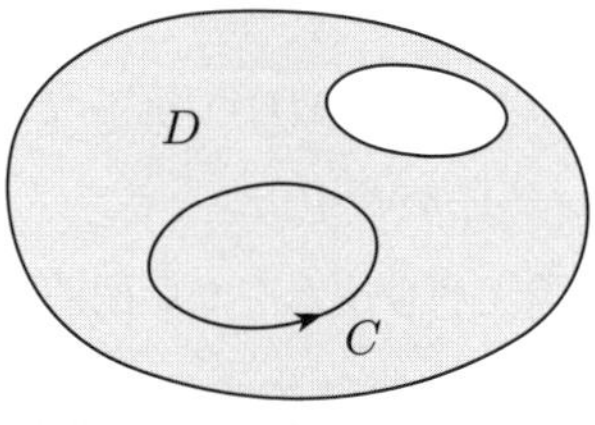

☞ この定理は，35 ページで示したグリーンの定理とコーシー・リーマンの関係式を用いて導くことができる．証明の詳細については，補章の 166 ページで説明する．

コーシーの積分定理から次の公式が導かれる.

コーシーの積分定理の応用 (1)

$f(z)$ は領域 D で正則とする. D 内に単純閉曲線 C_1, C_2 があって, C_2 は C_1 の内部にあり, かつ, C_1 と C_2 との間にはさまれた部分が D に含まれるとする. このとき, 次の等式が成り立つ.

$$\int_{C_1} f(z)\,dz = \int_{C_2} f(z)\,dz \tag{2}$$

証明 図のように, C_1, C_2 を 2 つの交わらない曲線 $\mathrm{P_1P_2}$, $\mathrm{Q_1Q_2}$ で結ぶと, C_1 と C_2 にはさまれた部分は, 2 つの区域 K_1, K_2 に分かれる. コーシーの積分定理から, K_1, K_2 の周を正の向きに沿う $f(z)$ の積分は, いずれも 0 に等しい. すなわち

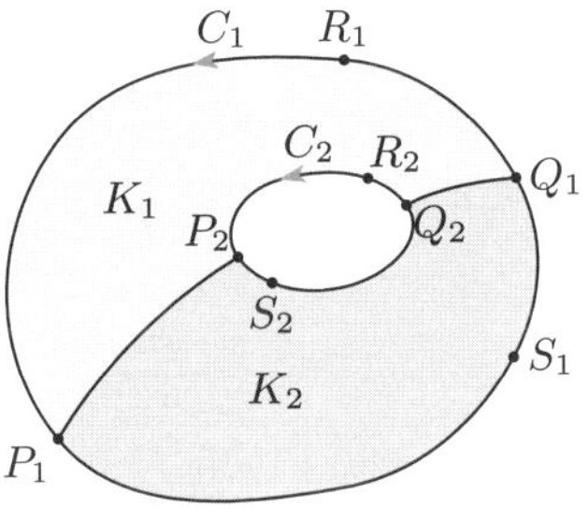

$$\int_{\mathrm{Q_1R_1P_1}} + \int_{\mathrm{P_1P_2}} + \int_{\mathrm{P_2R_2Q_2}} + \int_{\mathrm{Q_2Q_1}} = 0 \tag{3}$$

$$\int_{\mathrm{Q_1Q_2}} + \int_{\mathrm{Q_2S_2P_2}} + \int_{\mathrm{P_2P_1}} + \int_{\mathrm{P_1S_1Q_1}} = 0 \tag{4}$$

ここで, $\displaystyle\int_{\mathrm{Q_1R_1P_1}}$ は, $\mathrm{Q_1}$, $\mathrm{R_1}$, $\mathrm{P_1}$ をそれぞれ始点, 通過点, 終点とする C_1 の部分曲線に沿う $f(z)$ の積分を表し, 他も同様である.

(3), (4) を加えて $\displaystyle\int_{\mathrm{P_1P_2}} + \int_{\mathrm{P_2P_1}} = 0$, $\displaystyle\int_{\mathrm{Q_1Q_2}} + \int_{\mathrm{Q_2Q_1}} = 0$ に注意すると

$$\left(\int_{\mathrm{Q_1R_1P_1}} + \int_{\mathrm{P_1S_1Q_1}}\right) + \left(\int_{\mathrm{Q_2S_2P_2}} + \int_{\mathrm{P_2R_2Q_2}}\right) = 0$$

これから

$$\int_{C_1} f(z)\,dz + \int_{-C_2} f(z)\,dz = 0$$

よって, $\displaystyle\int_{C_1} f(z)\,dz = \int_{C_2} f(z)\,dz$ が成り立つ. //

コーシーの積分定理の応用 (1) から次の公式が得られる．

●コーシーの積分定理の応用 (2)

点 α を通らない任意の単純閉曲線を C とするとき，次の等式が成り立つ．

$$\int_C \frac{1}{z-\alpha}\,dz = \begin{cases} 0 & (点\ \alpha\ が\ C\ の外部にあるとき) \\ 2\pi i & (点\ \alpha\ が\ C\ の内部にあるとき) \end{cases} \tag{5}$$

証明　点 α が C の外部にあるとき

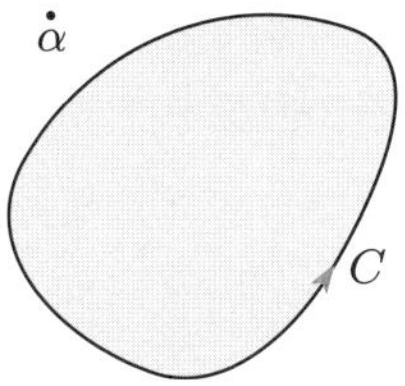

$\dfrac{1}{z-\alpha}$ は C の周および内部で正則だから，コーシーの積分定理によって

$$\int_C \frac{1}{z-\alpha}\,dz = 0$$

点 α が C の内部にあるとき，α を中心とする円 C_1 を C の内部に含まれるように描く．$\dfrac{1}{z-\alpha}$ は α を除いた全平面で正則だから，131 ページの定理の (2) より

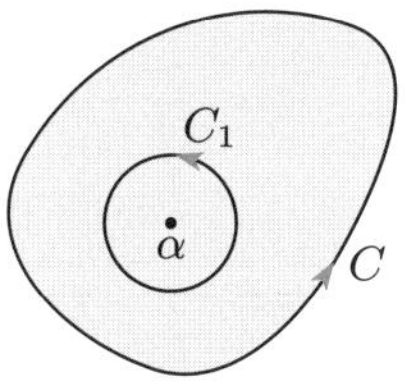

$$\int_C \frac{1}{z-\alpha}\,dz = \int_{C_1} \frac{1}{z-\alpha}\,dz$$

126 ページの例題2 より，右辺は $2\pi i$ に等しい．

したがって，(5) が成り立つ．　//

例 7　曲線 C を右の図の単純閉曲線とする．

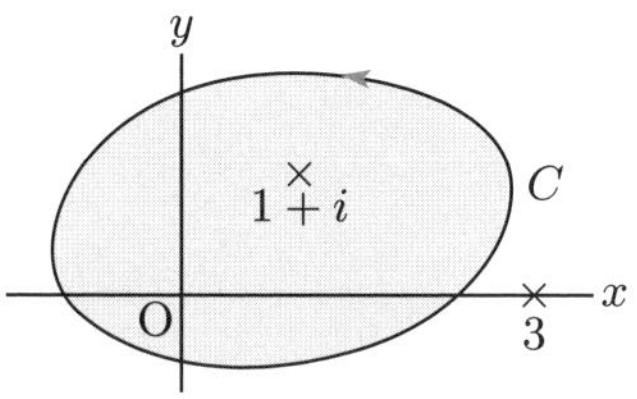

点 3 は C の外部にあるから

$$\int_C \frac{1}{z-3}\,dz = 0$$

点 $1+i$ は C の内部にあるから

$$\int_C \frac{1}{z-(1+i)}\,dz = 2\pi i$$

問・6 関数 $\dfrac{1}{z-2}$ の次の曲線に沿う積分の値を求めよ．

(1) 原点を中心とする単位円

(2) 3 点 3, i, $-i$ でつくられる三角形の周

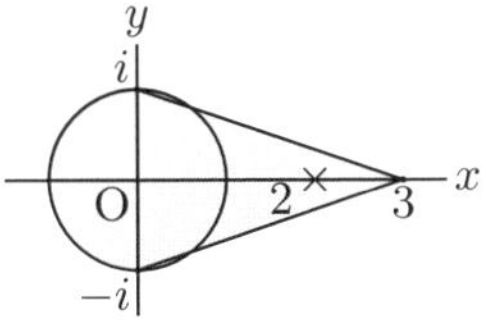

問・7 次の問いに答えよ．

(1) $\dfrac{2z+1}{z^2+1}=\dfrac{a}{z-i}+\dfrac{b}{z+i}$ を満たす定数 a, b を求めよ．

(2) 原点を中心とする半径 2 の円を C とするとき
$\displaystyle\int_C \frac{2z+1}{z^2+1}\,dz$ の値を求めよ．

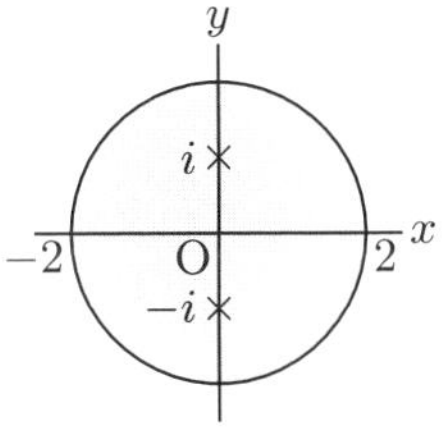

131 ページの公式 (2) は単純閉曲線 C の内部に 2 個以上の単純閉曲線がある場合に拡張することができる．例えば，図のように C_1, C_2 が C の内部にあって，C, C_1, C_2 ではさまれた部分が D に含まれるとすると，次の等式が成り立つ．

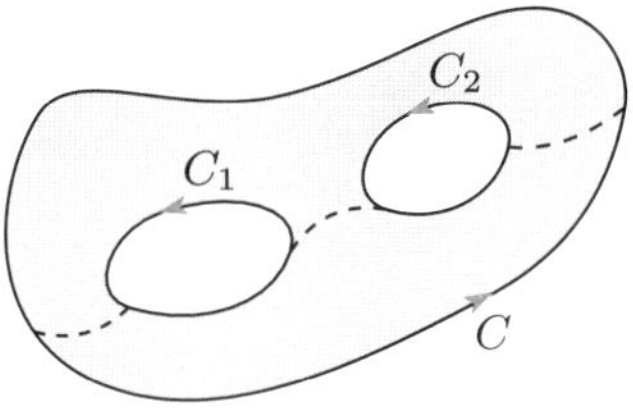

$$\int_C f(z)\,dz=\int_{C_1} f(z)\,dz+\int_{C_2} f(z)\,dz \qquad (6)$$

問・8 図の場合，C と C_1，C_1 と C_2，C_2 と C を互いに交わらない曲線で結ぶことによって，上の等式を証明せよ．

領域 D 内にある任意の単純閉曲線の内部の点がすべて D の点であるとき，領域 D は**単連結**であるという．

全平面，単純閉曲線の内部 (図 (i)) は単連結であるが，有限個の点を除いた領域 (図 (ii))，内部の一部分を除いた領域 (図 (iii)) は単連結でない．

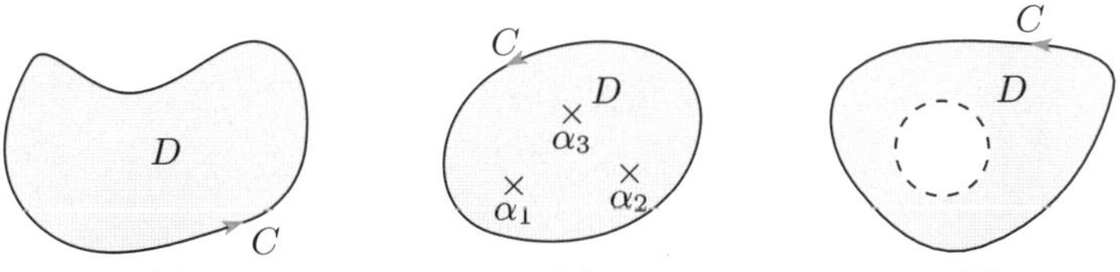

(i)　　(ii)　　(iii)

関数 $f(z)$ は単連結な領域 D で正則とし，D 内の1点を α とする．

D 内の任意の点 z をとり，α から z に至る2つの曲線を C_1，C_2 とするとき，C_1 と C_2 が交わらないならば，

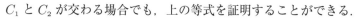

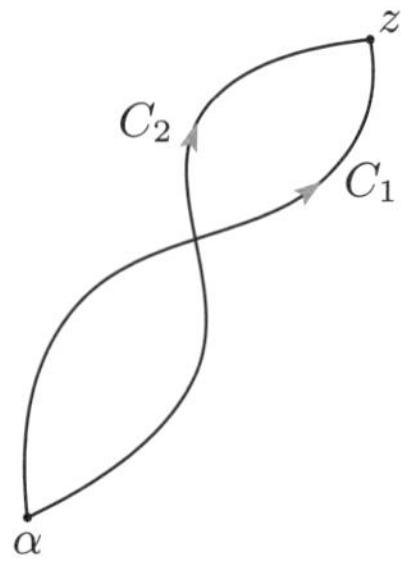

コーシーの積分定理より

$$\int_{C_1} f(z)\,dz + \int_{-C_2} f(z)\,dz = 0$$

すなわち，次の等式が成り立つ．

$$\int_{C_1} f(z)\,dz = \int_{C_2} f(z)\,dz$$

C_1 と C_2 が交わる場合でも，上の等式を証明することができる．

したがって，α から z に至る任意の曲線 C をとり

$$F(z) = \int_C f(z)\,dz$$

とおくと，$F(z)$ は C の選び方によらない値をもち，z の関数となる．このとき，$F(z)$ が $f(z)$ の不定積分であることが証明される．

以上より，次のことがわかる．

単連結な領域 D で正則な関数 $f(z)$ は D で不定積分をもつ．

② 3　コーシーの積分表示

次の定理は正則関数の値を積分の形で表すことができることを示すもので，この関係式を**コーシーの積分表示**という．

●コーシーの積分表示

$f(z)$ は領域 D で正則な関数とする．D 内に単純閉曲線 C があって，C の内部は D に含まれるとする．このとき，C の内部の点 α に対して，次の等式が成り立つ．

$$f(\alpha) = \frac{1}{2\pi i}\int_C \frac{f(z)}{z-\alpha}\,dz \qquad (1)$$

証明 C の内部に，α を中心とする次の円を描く．

$$C_r : z = \alpha + re^{it} \quad (0 \leqq t \leqq 2\pi)$$

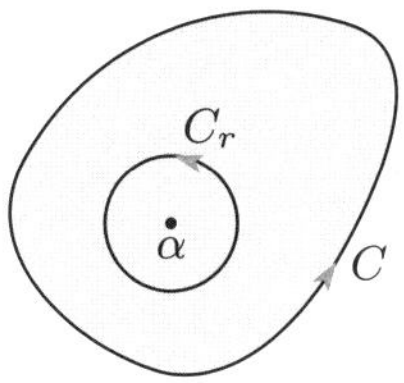

131 ページの定理の (2) を $\dfrac{f(z)}{z-\alpha}$ に適用すると

$$I = \int_C \frac{f(z)}{z-\alpha}\,dz = \int_{C_r} \frac{f(z)}{z-\alpha}\,dz$$

$$= \int_0^{2\pi} \frac{f(\alpha+re^{it})}{re^{it}} ire^{it}\,dt = i\int_0^{2\pi} f(\alpha+re^{it})\,dt$$

I は r に無関係だから，$r \to 0$ とすると

$$I = \lim_{r\to 0} i\int_0^{2\pi} f(\alpha+re^{it})\,dt = i\int_0^{2\pi} f(\alpha)\,dt = 2\pi i f(\alpha)$$

$\displaystyle\int_C \frac{f(z)}{z-\alpha}\,dz = 2\pi i f(\alpha)$ より $\quad \displaystyle f(\alpha) = \frac{1}{2\pi i}\int_C \frac{f(z)}{z-\alpha}\,dz$ //

例題 4 点 1 を中心とする半径 3 の円を C とするとき，次の積分の値を求めよ．

(1) $\displaystyle\int_C \frac{z^2}{z-2}\,dz$ (2) $\displaystyle\int_C \frac{e^z}{z+1}\,dz$

解 (1) $f(z) = z^2$ とおくと，$f(z)$ は全平面で正則である．また，点 2 は C の内部にあるから，コーシーの積分表示より

$$f(2) = \frac{1}{2\pi i}\int_C \frac{f(z)}{z-2}\,dz$$

$$\therefore \int_C \frac{z^2}{z-2}\,dz = 2\pi i\, f(2) = 8\pi i$$

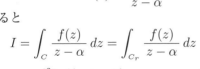

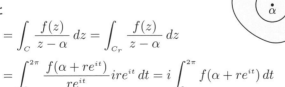

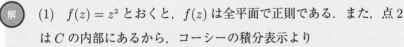

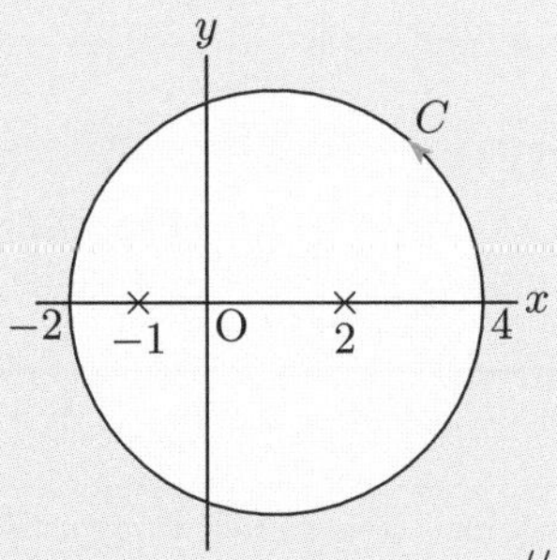

(2) $g(z) = e^z$ とおくと，(1) と同様に

$$g(-1) = \frac{1}{2\pi i}\int_C \frac{g(z)}{z+1}\,dz$$

$$\therefore \int_C \frac{e^z}{z+1}\,dz = 2\pi i\, g(-1) = \frac{2\pi i}{e}$$ //

問・9　原点を中心とする半径4の円を C とするとき，次の積分の値を求めよ．

(1) $\displaystyle\int_C \frac{\cos z}{z-\pi}\,dz$　　(2) $\displaystyle\int_C \frac{z^3}{z+i}\,dz$

コーシーの積分表示における点 α について $|h|$ を十分小さくとり，$\alpha+h$ が曲線 C の内部に含まれるようにすると

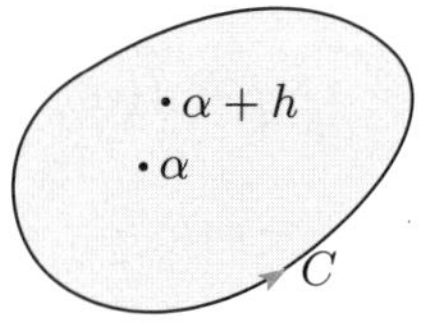

$$f(\alpha+h) = \frac{1}{2\pi i}\int_C \frac{f(z)}{z-(\alpha+h)}\,dz$$

したがって

$$\frac{f(\alpha+h)-f(\alpha)}{h} = \frac{1}{2\pi hi}\int_C \left\{\frac{1}{z-(\alpha+h)} - \frac{1}{z-\alpha}\right\} f(z)\,dz$$
$$= \frac{1}{2\pi i}\int_C \frac{f(z)}{(z-\alpha-h)(z-\alpha)}\,dz$$

$h \to 0$ とすると

$$f'(\alpha) = \frac{1}{2\pi i}\int_C \frac{f(z)}{(z-\alpha)^2}\,dz$$

同様な方法で，次の等式も導かれる．

$$f''(\alpha) = \frac{2!}{2\pi i}\int_C \frac{f(z)}{(z-\alpha)^3}\,dz$$

α, z をそれぞれ z, ζ でおきかえて，次の導関数の積分表示についての公式が得られる．

導関数の積分表示

領域 D で正則な関数 $f(z)$ は何回でも微分可能である．また，n 次導関数 $f^{(n)}(z)$（n は自然数）も D で正則で，次の等式が成り立つ．

$$f^{(n)}(z) = \frac{n!}{2\pi i}\int_C \frac{f(\zeta)}{(\zeta-z)^{n+1}}\,d\zeta \qquad (2)$$

ただし，C は，z をその内部に含む D 内の単純閉曲線で，その内部は D に含まれるものとする．

② 4 関数の展開

複素数についても，数列，級数，収束や発散などが実数と同様に定義される．

定数 α と数列 $\{a_n\}$ および変数 z から作られる級数

$$a_0 + a_1(z-\alpha) + a_2(z-\alpha)^2 + \cdots + a_n(z-\alpha)^n + \cdots \qquad (1)$$

を z の α を中心とする**べき級数**という．べき級数 (1) の初めの n 項の和を**第 n 部分和**といい，S_n で表す．数列 $S_1,\ S_2,\ \cdots,\ S_n,\ \cdots$ が収束するとき，べき級数 (1) は**収束する**といい，$\lim_{n\to\infty} S_n = S$ をべき級数の**和**という．

例 8 $1 + (z-\alpha) + (z-\alpha)^2 + (z-\alpha)^3 + \cdots \qquad (2)$

等比数列の和の公式より，$z-\alpha \neq 1$ のとき

$$1 + (z-\alpha) + (z-\alpha)^2 + \cdots + (z-\alpha)^{n-1} = \frac{1-(z-\alpha)^n}{1-(z-\alpha)}$$

べき級数 (2) は，$|z-\alpha| < 1$ のとき収束して，和は $\dfrac{1}{1-(z-\alpha)}$

(2) のように，等比数列からできる級数を**等比級数**という．

べき級数 (1) は，$z=\alpha$ では明らかに a_0 に収束するが，$z \neq \alpha$ のとき，収束することも発散することもある．

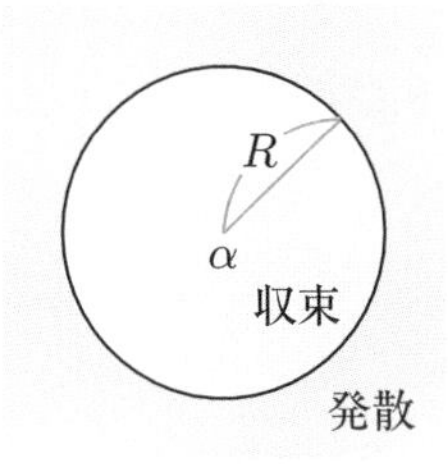

べき級数 (1) には，次の性質を満たす正の定数 R が存在することが知られている．

$|z-\alpha| < R$ のとき，(1) は収束する．

$|z-\alpha| > R$ のとき，(1) は発散する．

この R をべき級数 (1) の**収束半径**という．

ただし，任意の z について収束する場合の収束半径は ∞，また，$z \neq \alpha$ のときつねに発散する場合の収束半径は 0 と定める．

例 9 べき級数 (2) の収束半径は 1 である．

べき級数 (1) の収束半径を R とすると，$|z-\alpha| < R$ のとき，(1) は収束して z の関数となり，次の定理が成り立つことが知られている．

●べき級数の導関数

収束半径が R のべき級数

$$a_0 + a_1(z-\alpha) + a_2(z-\alpha)^2 + \cdots + a_n(z-\alpha)^n + \cdots$$

は $|z-\alpha| < R$ のとき正則で，その導関数は

$$a_1 + 2a_2(z-\alpha) + \cdots + na_n(z-\alpha)^{n-1} + \cdots$$

導関数の収束半径も R である．

関数 $f(z)$ は領域 D で正則であるとし，D 内の1点を α とする．このとき，$f(z)$ を α を中心とするべき級数で表すことを考えよう．

α を中心とする半径 R の円 C をその周および内部が D に含まれるように描くと，C の内部の点 z について，コーシーの積分表示により

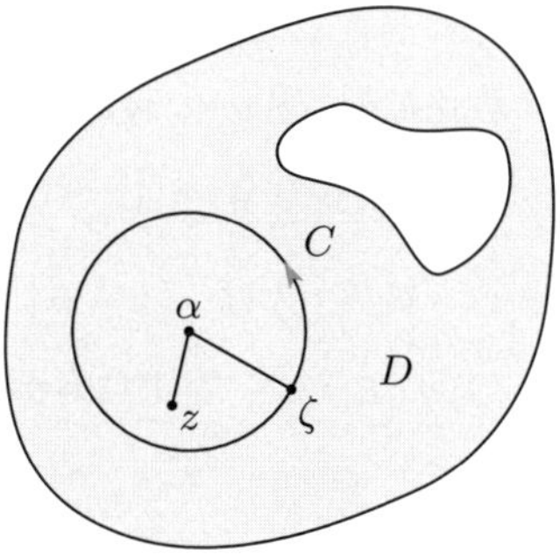

$$f(z) = \frac{1}{2\pi i}\int_C \frac{f(\zeta)}{\zeta - z}\,d\zeta \qquad (3)$$

$|z-\alpha| < |\zeta-\alpha|$ より $\quad \left|\dfrac{z-\alpha}{\zeta-\alpha}\right| < 1$

したがって，次の左辺の等比級数は収束して，和は右辺のようになる．

$$1 + \frac{z-\alpha}{\zeta-\alpha} + \left(\frac{z-\alpha}{\zeta-\alpha}\right)^2 + \cdots + \left(\frac{z-\alpha}{\zeta-\alpha}\right)^n + \cdots = \frac{1}{1 - \dfrac{z-\alpha}{\zeta-\alpha}} \qquad (4)$$

右辺の式を変形すると

$$\frac{1}{1-\dfrac{z-\alpha}{\zeta-\alpha}} = \frac{\zeta-\alpha}{(\zeta-\alpha)-(z-\alpha)} = \frac{\zeta-\alpha}{\zeta-z}$$

となるから，(4) の両辺に $\dfrac{f(\zeta)}{\zeta-\alpha}$ を掛けて左辺と右辺を入れ換えることにより，次の式が得られる．

$$\frac{f(\zeta)}{\zeta-z} = \frac{f(\zeta)}{\zeta-\alpha} + \frac{(z-\alpha)f(\zeta)}{(\zeta-\alpha)^2} + \cdots + \frac{(z-\alpha)^n f(\zeta)}{(\zeta-\alpha)^{n+1}} + \cdots$$

この両辺の C に沿った積分を求めるとき，右辺は各項ごとに積分してもよいことが知られている．したがって，(3) より

$$f(z)=\frac{1}{2\pi i}\int_C\frac{f(\zeta)}{\zeta-\alpha}\,d\zeta+\frac{z-\alpha}{2\pi i}\int_C\frac{f(\zeta)}{(\zeta-\alpha)^2}\,d\zeta+\cdots$$
$$\cdots+\frac{(z-\alpha)^n}{2\pi i}\int_C\frac{f(\zeta)}{(\zeta-\alpha)^{n+1}}\,d\zeta+\cdots$$

よって

$$a_n=\frac{1}{2\pi i}\int_C\frac{f(\zeta)}{(\zeta-\alpha)^{n+1}}\,d\zeta\qquad(n=0,\ 1,\ 2,\ \cdots)\qquad(5)$$

とおくと，$|z-\alpha|<R$ のとき次の等式が成り立つ．

$$f(z)=a_0+a_1(z-\alpha)+a_2(z-\alpha)^2+\cdots+a_n(z-\alpha)^n+\cdots$$

右辺のべき級数を $f(z)$ の α を中心とする**テイラー級数**といい，関数 $f(z)$ をテイラー級数で表すことを**テイラー展開**という．

導関数の積分表示を用いると，(5) は

$$a_n=\frac{f^{(n)}(\alpha)}{n!}$$

と表されるから，次の定理が得られる．

●テイラー展開

関数 $f(z)$ は領域 D で正則とし，D 内の 1 点を α とする．α を中心とする半径 R の円が D に含まれるとすると，$|z-\alpha|<R$ のとき，$f(z)$ は α を中心とするテイラー級数

$$a_0+a_1(z-\alpha)+a_2(z-\alpha)^2+\cdots+a_n(z-\alpha)^n+\cdots$$
$$\text{ただし}\quad a_n=\frac{f^{(n)}(\alpha)}{n!}\ (n=0,\ 1,\ 2,\ \cdots)$$

で表される．

例 10 $f(z)=e^z$ は全平面で正則で $f^{(n)}(z)=e^z\ (n=0,\ 1,\ 2,\ \cdots)$

$$f^{(n)}(0)=1,\ a_n=\frac{f^{(n)}(0)}{n!}=\frac{1}{n!}$$

したがって，0 を中心とするテイラー展開は

$$e^z=1+z+\frac{1}{2!}z^2+\cdots+\frac{1}{n!}z^n+\cdots$$

問・10 関数 $f(z)=\dfrac{1}{2-z}$ の 0 を中心とするテイラー展開を求めよ．

4章 複素関数

次に，$f(z)$ は $z=\alpha$ で正則ではないが，点 α を中心とする十分小さな円の周および内部で，$f(z)$ が α を除き正則である場合を考えよう．このとき，α を $f(z)$ の**孤立特異点**という．

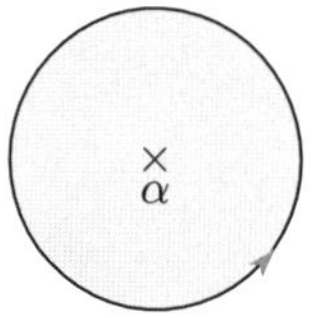

例 11　$f(z)=\dfrac{e^z}{z}$ のとき，$z=0$ は $f(z)$ の孤立特異点である．

関数 $f(z)$ が

$$f(z)=\cdots+\frac{a_{-n}}{(z-\alpha)^n}+\cdots+\frac{a_{-1}}{z-\alpha}+a_0+a_1(z-\alpha)+\cdots+a_n(z-\alpha)^n+\cdots=\sum_{n=-\infty}^{\infty}a_n(z-\alpha)^n$$

と表されるとき，右辺の級数を $f(z)$ の α を中心とする**ローラン級数**といい，関数 $f(z)$ をローラン級数で表すことを**ローラン展開**という．

例 12　例11の関数 $\dfrac{e^z}{z}$ の0を中心とするローラン展開は，例10より

$$\frac{e^z}{z}=\frac{1}{z}+1+\frac{1}{2!}z+\cdots+\frac{1}{n!}z^{n-1}+\cdots \tag{6}$$

ローラン級数の係数を求めるには，等比級数の和の公式や関数のテイラー展開を利用する方法もよく用いられる．

例題 5　$f(z)=\dfrac{1}{(z-1)(z-2)}$ の $z=1$ を中心とするローラン展開を求めよ．

解　1は $f(z)$ の孤立特異点である．

$$\frac{1}{z-2}=-\frac{1}{1-(z-1)}=-1-(z-1)-(z-1)^2-(z-1)^3-\cdots$$

よって　$$\frac{1}{(z-1)(z-2)}=-\frac{1}{z-1}-1-(z-1)-(z-1)^2-\cdots \quad //$$

問・11　$f(z)=\dfrac{1}{(z-1)(z-2)}$ の2を中心とするローラン展開を求めよ．

②5 留数と留数定理

α は $f(z)$ の孤立特異点とする．このとき，$f(z)$ は，α を中心とするローラン級数で表される．

$$f(z)=\sum_{n=-\infty}^{\infty}a_n(z-\alpha)^n \qquad 0<|z-\alpha|<R \tag{1}$$

ここで，$F(z)=\sum_{n=0}^{\infty}a_n(z-\alpha)^n$ とおくと，(1) は次のように書くことができる．

$$\begin{aligned}f(z)&=\sum_{n=1}^{\infty}\frac{a_{-n}}{(z-\alpha)^n}+F(z)\\&=\cdots+\frac{a_{-n}}{(z-\alpha)^n}+\cdots+\frac{a_{-1}}{z-\alpha}+F(z)\end{aligned} \tag{2}$$

(2) で $F(z)$ を除いた級数の部分をローラン展開の**主要部**という．主要部がない場合は，$f(z)=F(z)$ となるから，$f(\alpha)=a_0$ と定めれば $f(z)$ は α で正則になる．このとき，α を $f(z)$ の**除去可能**な特異点という．

主要部が有限個の 0 でない項よりなる場合，すなわち

$$f(z)=\frac{a_{-k}}{(z-\alpha)^k}+\cdots+\frac{a_{-1}}{z-\alpha}+F(z) \qquad (a_{-k}\neq 0)$$

のとき，α を $f(z)$ の $\boldsymbol{k}$ **位の極**という．

主要部が無限個の項よりなる場合，α を $f(z)$ の**真性特異点**という．

例 13

$$\frac{\sin z}{z}=1-\frac{1}{3!}z^2+\cdots+(-1)^{n-1}\frac{z^{2n-2}}{(2n-1)!}+\cdots$$

$$\frac{1}{z^2(1-z)}=\frac{1}{z^2}+\frac{1}{z}+1+z+\cdots+z^{n-2}+\cdots \qquad (|z|<1)$$

$$e^{\frac{1}{z}}=\cdots+\frac{1}{n!}\frac{1}{z^n}+\cdots+\frac{1}{z}+1$$

したがって，0 は $\dfrac{\sin z}{z}$，$\dfrac{1}{z^2(1-z)}$，$e^{\frac{1}{z}}$ のそれぞれ除去可能な特異点，2 位の極，真性特異点である．

点 α を内部に含む単純閉曲線 C をとり，$f(z)$ は C および C の内部において，点 α を除いて正則とする．

このとき，(2) の両辺の C に沿う積分を求めると，126 ページの例題 2 とコーシーの積分定理より

$$\int_C f(z)\,dz = \cdots + a_{-n}\int_C \frac{dz}{(z-\alpha)^n} + \cdots + a_{-1}\int_C \frac{dz}{z-\alpha} + \int_C F(z)\,dz$$
$$= 2\pi i\, a_{-1}$$

これから，次の等式が得られる．

$$\frac{1}{2\pi i}\int_C f(z)\,dz = a_{-1} \qquad (3)$$

(3) の左辺の積分の値は C の選び方に無関係である．この値を点 α における $f(z)$ の**留数**といい，$\mathrm{Res}[f,\ \alpha]$ と書く．

$$\mathrm{Res}[f,\ \alpha] = \frac{1}{2\pi i}\int_C f(z)\,dz$$

すなわち，**留数は $f(z)$ のローラン展開における $\dfrac{1}{z-\alpha}$ の係数に等しい．**

また，定義から次の等式が成り立つ．

$$\boldsymbol{\int_C f(z)\,dz = 2\pi i\ \mathrm{Res}[f,\ \alpha]} \qquad (4)$$

例 14　140 ページの (6) より，関数 $f(z) = \dfrac{e^z}{z}$ の 0 を中心とするローラン展開における $\dfrac{1}{z}$ の係数は 1 だから

$$\mathrm{Res}[f,\ 0] = 1$$

したがって，原点を内部に含む任意の単純閉曲線 C について，等式

$$\int_C \frac{e^z}{z}\,dz = 2\pi i\ \mathrm{Res}[f,\ 0] = 2\pi i$$

が成り立つ．

点 α が $f(z)$ の 1 位の極であるとき

$$f(z) = \frac{a_{-1}}{z-\alpha} + F(z) \qquad (F(z)\text{ は }\alpha\text{ で正則})$$

$$(z-\alpha)f(z) = a_{-1} + (z-\alpha)F(z)$$

したがって　$\displaystyle\lim_{z\to\alpha}(z-\alpha)f(z) = a_{-1}$

逆に，上の極限値が存在して 0 でなければ，α は 1 位の極である．

また，点 α が $f(z)$ の k 位の極（k は 2 以上の整数）とすると

$$(z-\alpha)^k f(z) = a_{-k} + a_{-k+1}(z-\alpha) + \cdots$$
$$\cdots + a_{-1}(z-\alpha)^{k-1} + (z-\alpha)^k F(z)$$
$$\lim_{z \to \alpha} \frac{d^{k-1}}{dz^{k-1}}\{(z-\alpha)^k f(z)\} = (k-1)!\, a_{-1}$$

また，$\lim_{z \to \alpha}(z-\alpha)^k f(z)$ が存在して 0 でなければ，α は k 位の極である．以上から次の定理が得られる．

留数の計算

k を 1 以上の整数とする．このとき，$\lim_{z \to \alpha}(z-\alpha)^k f(z)$ が存在して 0 でなければ，α は k 位の極である．

点 α が $f(z)$ の 1 位の極であるとき

$$\mathrm{Res}[f,\ \alpha] = \lim_{z \to \alpha}(z-\alpha)f(z)$$

点 α が $f(z)$ の k 位の極 $(k \geqq 2)$ であるとき

$$\mathrm{Res}[f,\ \alpha] = \frac{1}{(k-1)!}\lim_{z \to \alpha} \frac{d^{k-1}}{dz^{k-1}}\{(z-\alpha)^k f(z)\}$$

例題 6 $f(z) = \dfrac{e^z}{(z-1)(z+3)^2}$ の孤立特異点における留数を求めよ．

解 孤立特異点は 1，-3 である．

$$\lim_{z \to 1}(z-1)f(z) = \lim_{z \to 1}\frac{e^z}{(z+3)^2} = \frac{e}{16} \neq 0$$

よって，1 は 1 位の極で　$\mathrm{Res}[f,\ 1] = \dfrac{e}{16}$

$$\lim_{z \to -3}(z+3)^2 f(z) = \lim_{z \to -3}\frac{e^z}{z-1} = \frac{e^{-3}}{4} \neq 0$$

$$\frac{1}{1!}\lim_{z \to -3}\frac{d}{dz}\{(z+3)^2 f(z)\} = \lim_{z \to -3}\frac{d}{dz}\left(\frac{e^z}{z-1}\right)$$
$$= \lim_{z \to -3}\frac{e^z(z-2)}{(z-1)^2} = -\frac{5}{16}e^{-3}$$

よって，-3 は 2 位の極で　$\mathrm{Res}[f,\ -3] = -\dfrac{5}{16}e^{-3}$　//

問・12 次の関数の孤立特異点における留数を求めよ．

(1) $\dfrac{z+3}{(z-1)(z+1)}$　　(2) $\dfrac{\sin z}{z^2}$

(3) $\dfrac{e^{iz}}{(z-2)^3}$　　(4) $\dfrac{z-4}{(z-1)^2(z+2)}$

単純閉曲線 C の内部にある特異点 α_1，α_2 を除き，C の周および内部で $f(z)$ が正則であるとする．C_1，C_2 を図のようにとると，133 ページ (6) と 142 ページ (4) より

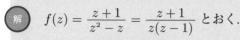

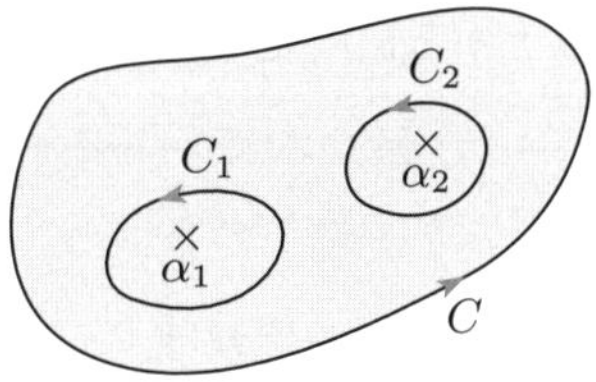

$$
\begin{aligned}
\int_C f(z)\,dz &= \int_{C_1} f(z)\,dz + \int_{C_2} f(z)\,dz \\
&= 2\pi i(\mathrm{Res}[f,\ \alpha_1] + \mathrm{Res}[f,\ \alpha_2])
\end{aligned}
$$

となる．

一般に，次の**留数定理**が成り立つ．

●留数定理

単純閉曲線 C の内部にある特異点 α_1，α_2，$\cdots$，α_n を除き，C の周および内部で $f(z)$ が正則ならば

$$\int_C f(z)\,dz = 2\pi i\big(\mathrm{Res}[f,\ \alpha_1]+\mathrm{Res}[f,\ \alpha_2]+\cdots+\mathrm{Res}[f,\ \alpha_n]\big)$$

例題 7 原点を中心とする半径 2 の円を C とするとき，次の積分の値を求めよ．

$$\int_C \frac{z+1}{z^2-z}\,dz$$

解 $f(z) = \dfrac{z+1}{z^2-z} = \dfrac{z+1}{z(z-1)}$ とおく．

$f(z)$ の C の内部にある孤立特異点は 0，1 で，これらはともに 1 位の極だから

$$\mathrm{Res}[f,\ 0] = \lim_{z\to 0}\frac{z+1}{z-1} = -1,\quad \mathrm{Res}[f,\ 1] = \lim_{z\to 1}\frac{z+1}{z} = 2$$

よって，留数定理より

$$\int_C f(z)\,dz = 2\pi i\bigl(\mathrm{Res}[f,\ 0] + \mathrm{Res}[f,\ 1]\bigr) = 2\pi i(-1+2) = 2\pi i \quad //$$

問・13 次の積分の値を求めよ．ただし，C はその右に示す円とする．

(1) $\displaystyle\int_C \frac{3z+1}{z^2-2z}\,dz$ 　　 $C : |z| = 3$

(2) $\displaystyle\int_C \frac{z+2}{z^3-1}\,dz$ 　　 $C : |z-1| = 1$

(3) $\displaystyle\int_C \frac{e^z}{z^3+4z^2}\,dz$ 　　 $C : |z+1| = 2$

留数定理を利用して，実数を積分変数とするある種の定積分の値を求めることができる．

例題 8 原点を中心とする半径 1 の円を C とするとき，次の積分の値を求めよ．

(1) $\displaystyle\int_C \frac{dz}{(z-2)(1-2z)}$ 　　 (2) $\displaystyle\int_0^{2\pi} \frac{dt}{5-4\cos t}$

解 (1) $f(z) = \dfrac{1}{(z-2)(1-2z)}$ とおくと

$f(z)$ の C の内にある孤立特異点は $\dfrac{1}{2}$ だけである．

これは 1 位の極だから

$$\begin{aligned}\mathrm{Res}\left[f,\ \frac{1}{2}\right] &= \lim_{z\to\frac{1}{2}}\left(z-\frac{1}{2}\right)f(z)\\ &= \lim_{z\to\frac{1}{2}}\left(z-\frac{1}{2}\right)\frac{1}{(z-2)\cdot\left\{-2\left(z-\frac{1}{2}\right)\right\}}\\ &= \lim_{z\to\frac{1}{2}}\frac{1}{-2(z-2)} = \frac{1}{3}\end{aligned}$$

$$\therefore\ \int_C f(z)\,dz = 2\pi i\ \mathrm{Res}\left[f,\ \frac{1}{2}\right] = \frac{2}{3}\pi i$$

(2)　C の方程式を $z = e^{it}$　$(0 \leqq t \leqq 2\pi)$ とおくと

$$dz = ie^{it}dt = izdt \text{ より } \quad dt = \frac{dz}{iz}$$

$$\cos t = \frac{e^{it} + e^{-it}}{2} = \frac{z + z^{-1}}{2}$$

よって

$$\int_0^{2\pi} \frac{dt}{5 - 4\cos t} = \int_C \frac{1}{5 - 2(z + z^{-1})} \frac{dz}{iz}$$

$$= \frac{1}{i} \int_C \frac{dz}{-2z^2 + 5z - 2}$$

$$= \frac{1}{i} \int_C \frac{dz}{(z-2)(1-2z)}$$

(1) の結果より

$$\int_0^{2\pi} \frac{dt}{5 - 4\cos t} = \frac{1}{i} \times \frac{2}{3}\pi i = \frac{2}{3}\pi$$ //

問・14　原点を中心とする半径1の円を C とするとき，次の積分の値を求めよ．

(1)　$\displaystyle\int_C \frac{dz}{(z-3)(1-3z)}$　　　(2)　$\displaystyle\int_0^{2\pi} \frac{dt}{5 - 3\cos t}$

☞ コーシーの積分定理や留数を応用していろいろな実積分を計算することができる．これらについては，補章の168ページで説明する．

コラム

複素関数と代数学の基本定理

コーシー (1789–1857) は，複素平面における積分の理論，留数計算など，複素解析の基本概念の多くの研究を行った．

コーシーの積分定理からいろいろな定理が導かれる．留数定理を使うと実数の積分の値を求めることができるなど，複素解析は数学や工学の様々な分野で応用されている．ここでは，z についての n 次方程式

$$z^n + a_1 z^{n-1} + \cdots + a_{n-1}z + a_n = 0$$

は，複素数の範囲で必ず解をもつこと（代数学の基本定理）を証明しよう．

まず，$f(z)$ が全平面で正則で，すべての z に対して $|f(z)| \leqq M$ となる定数 M があれば，$f(z)$ は定数関数であるというリュービルの定理を示す．

136 ページの積分表示で n を 1，C を z を中心とする半径 r の円とした公式と 128 ページの例で z，a をそれぞれ ζ, z で置き換えた不等式より

$$|f'(z)| = \frac{1}{2\pi}\left|\int_C \frac{f(\zeta)}{(\zeta - z)^2}\,d\zeta\right| \leqq \frac{M}{r}$$

$r \to \infty$ とすると，$f'(z) = 0$ が示されるから，$f(z)$ は定数である．

次に，$f(z) = z^n + a_1 z^{n-1} + \cdots + a_{n-1}z + a_n$ が 0 にならないと仮定する．

ここで，$g(z) = \dfrac{1}{f(z)}$ とおく．$g(z)$ は分母が 0 とならないから，全平面で正則である．

$$|f(z)| = |z^n|\left|1 + \frac{a_1}{z} + \cdots + \frac{a_{n-1}}{z^{n-1}} + \frac{a_n}{z^n}\right| \to \infty \quad (|z| \to \infty)$$

したがって，$\displaystyle\lim_{|z|\to\infty} |g(z)| = 0$ より，R を十分大きくとれば，$|z| > R$ のとき，$|g(z)| < 1$ が成り立つ．

$|g(z)|$ は連続関数だから，$|z| \leqq R$ で最大値が存在する．この最大値と 1 の大きい方を M とおくと，全平面で $|g(z)| \leqq M$ が成り立つ．

リュービルの定理から，$g(z) = \dfrac{1}{f(z)}$ は定数となり矛盾する．

ゆえに，$f(z) = 0$ は複素数の範囲で必ず解をもつことが示された．

練習問題 2

1. 次の積分の値を求めよ.

(1) $\displaystyle\int_C \frac{1}{z+i}\,dz$ C : 点 i から点 $3i$ に至る線分

(2) $\displaystyle\int_C \frac{1}{z-2}\,dz$ C : 原点を中心とする単位円の上半分に沿って -1 から 1 に至る曲線

2. 曲線 C が $1+i$ を中心とする半径 r の円であるとき, 次の r の各値に対して $\displaystyle\int_C \frac{1}{z^2+1}\,dz$ の値を求めよ.

(1) $r=\dfrac{1}{2}$ (2) $r=2$ (3) $r=3$

3. 曲線 C が次の方程式で表される円であるとき, 積分 $\displaystyle\int_C \frac{e^z}{z^4-1}\,dz$ の値を求めよ.

(1) $|z-1|=1$ (2) $|z+1|=1$ (3) $|z-i|=1$

4. $f(z)=\dfrac{z}{(z-a)^2(1-az)^2}$ $(0<a<1)$ とするとき, 次の問いに答えよ.

(1) 原点を中心とする単位円を C とおくとき, $\displaystyle\int_C f(z)\,dz$ を求めよ.

(2) $\displaystyle\int_0^{2\pi} \frac{dt}{(1-2a\cos t+a^2)^2}$ の値を求めよ.

5章 補章

1章 ベクトル解析
- 2ページ → 空間のベクトル 150ページ
- 5ページ → 外積 152ページ
- 21ページ → 発散と回転の意味 153ページ
- 37ページ → 発散定理 157ページ

2章 ラプラス変換
- 70ページ → デルタ関数のモデル関数 159ページ

3章 フーリエ解析
- 93ページ → フーリエ級数とフーリエ変換 160ページ
- 98ページ → e^{-ax^2} のフーリエ変換 161ページ
- 99ページ → フーリエ変換と偏微分方程式 178ページ
- 102ページ → サンプリング定理 162ページ

4章 複素関数
- 118ページ → コーシー・リーマンの関係式の証明 165ページ
- 130ページ → コーシーの積分定理の証明 166ページ
- 146ページ → 実積分の計算 168ページ

偏微分方程式
- → 偏微分方程式と解 172ページ
- → フーリエ級数と偏微分方程式 175ページ
- → フーリエ変換と偏微分方程式 178ページ

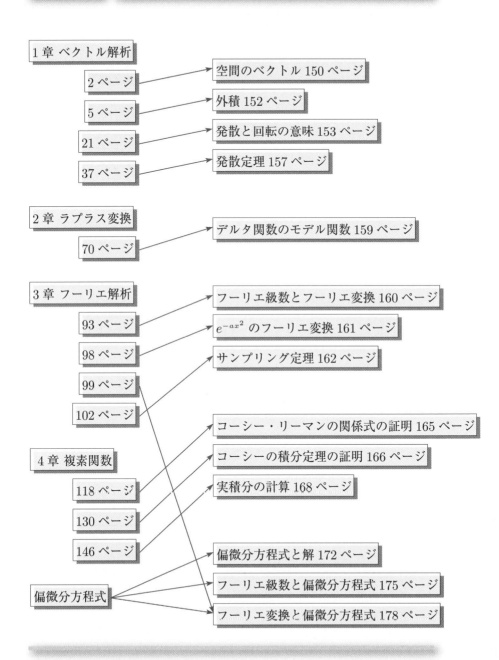

1 1章の補足

1 1 空間のベクトル

空間の**基本ベクトル**を $\boldsymbol{i}$, $\boldsymbol{j}$, $\boldsymbol{k}$ で表す．ベクトル $\boldsymbol{a}$ を原点Oを始点として表したときの終点の座標を $(a_x,\ a_y,\ a_z)$ とすると，$\boldsymbol{a}$ は次のように基本ベクトルの線形結合で表すことができる．

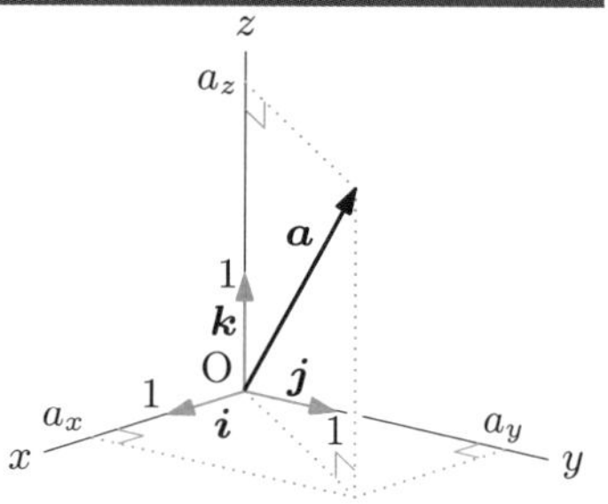

$$\boldsymbol{a} = a_x\boldsymbol{i} + a_y\boldsymbol{j} + a_z\boldsymbol{k}$$

a_x, a_y, a_z をそれぞれ $\boldsymbol{a}$ の $\boldsymbol{x}$ **成分**，$\boldsymbol{y}$ **成分**，$\boldsymbol{z}$ **成分**といい，$\boldsymbol{a}$ を次のように表す．これをベクトルの**成分表示**という．

$$\boldsymbol{a} = (a_x,\ a_y,\ a_z)$$

$\boldsymbol{a} = (a_x,\ a_y,\ a_z)$, $\boldsymbol{b} = (b_x,\ b_y,\ b_z)$ のとき，次の等式が成り立つ．

$$|\boldsymbol{a}| = \sqrt{{a_x}^2 + {a_y}^2 + {a_z}^2}$$

$$\boldsymbol{a} \pm \boldsymbol{b} = (a_x \pm b_x,\ a_y \pm b_y,\ a_z \pm b_z) \quad \text{（複号同順）}$$

$$m\boldsymbol{a} = (ma_x,\ ma_y,\ ma_z) \quad (m\ \text{は実数})$$

空間内の点Pに対して，ベクトル $\overrightarrow{\mathrm{OP}}$ を点Pの**位置ベクトル**という．本書では，点 $\mathrm{P}(x,\ y,\ z)$ の位置ベクトルを $\boldsymbol{r}$ と書くことにする．すなわち

$$\boldsymbol{r} = \overrightarrow{\mathrm{OP}} = (x,\ y,\ z)$$

大きさが1のベクトルを**単位ベクトル**という．$\boldsymbol{a} \neq \boldsymbol{0}$ のとき

$$\boldsymbol{e} = \pm\frac{1}{|\boldsymbol{a}|}\boldsymbol{a} = \pm\frac{\boldsymbol{a}}{|\boldsymbol{a}|} \qquad (1)$$

とおくと，$\boldsymbol{e}$ は $\boldsymbol{a}$ に平行な単位ベクトルである．

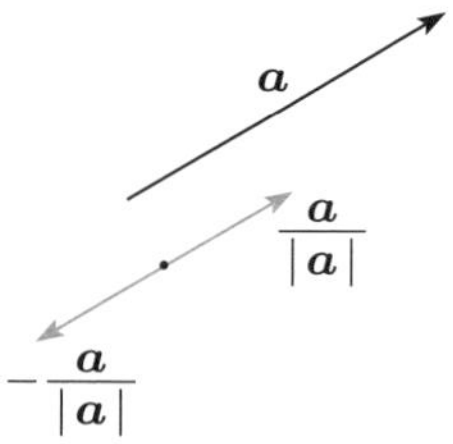

例 1 $\boldsymbol{a}=(1,\ 0,\ 2)$, $\boldsymbol{b}=(2,\ 2,\ -1)$ のとき

$$|\boldsymbol{a}|=\sqrt{1^2+0^2+2^2}=\sqrt{5},\ |\boldsymbol{b}|=\sqrt{2^2+2^2+(-1)^2}=3$$

$$2\boldsymbol{a}+\boldsymbol{b}=(4,\ 2,\ 3)$$

また，(1) より $\boldsymbol{a}$ に平行な単位ベクトルは　$\pm\dfrac{1}{\sqrt{5}}(1,\ 0,\ 2)$

$\mathbf{0}$ でない 2 つのベクトル $\boldsymbol{a}$, $\boldsymbol{b}$ のなす角を θ とするとき，次の式で定義されるスカラーを $\boldsymbol{a}$ と $\boldsymbol{b}$ の**内積**または**スカラー積**といい，$\boldsymbol{a}\cdot\boldsymbol{b}$ で表す．

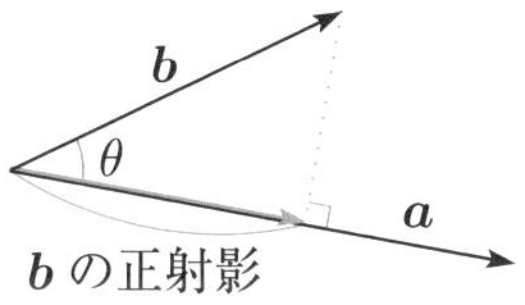

$$\boldsymbol{a}\cdot\boldsymbol{b}=|\boldsymbol{a}||\boldsymbol{b}|\cos\theta \qquad (2)$$

$\boldsymbol{a}=\mathbf{0}$ または $\boldsymbol{b}=\mathbf{0}$ のときには，$\boldsymbol{a}\cdot\boldsymbol{b}=0$ と定義する．

図より，$\boldsymbol{b}$ の $\boldsymbol{a}$ への正射影の大きさは次のようになる．

$$\big||\boldsymbol{b}|\cos\theta\big|=\left|\frac{\boldsymbol{a}\cdot\boldsymbol{b}}{|\boldsymbol{a}|}\right|=\frac{|\boldsymbol{a}\cdot\boldsymbol{b}|}{|\boldsymbol{a}|}$$

$\boldsymbol{a}\neq\mathbf{0}$, $\boldsymbol{b}\neq\mathbf{0}$ で，$\boldsymbol{a}$, $\boldsymbol{b}$ のなす角が $\dfrac{\pi}{2}$ のとき，$\boldsymbol{a}$ と $\boldsymbol{b}$ は**垂直である**，または**直交する**といい，$\boldsymbol{a}\perp\boldsymbol{b}$ と書く．このとき，$\boldsymbol{a}\cdot\boldsymbol{b}=0$ が成り立つ．

$\boldsymbol{a}=(a_x,\ a_y,\ a_z)$, $\boldsymbol{b}=(b_x,\ b_y,\ b_z)$ のとき，内積は

$$\boldsymbol{a}\cdot\boldsymbol{b}=a_xb_x+a_yb_y+a_zb_z \qquad (3)$$

で求められる．定義および (3) から，内積について，次の性質が成り立つ．

内積の性質

(I)　$\boldsymbol{a}\cdot\boldsymbol{b}=\boldsymbol{b}\cdot\boldsymbol{a}$

(II)　$\boldsymbol{a}\cdot(\boldsymbol{b}+\boldsymbol{c})=\boldsymbol{a}\cdot\boldsymbol{b}+\boldsymbol{a}\cdot\boldsymbol{c}$

(III)　$(m\boldsymbol{a})\cdot\boldsymbol{b}=\boldsymbol{a}\cdot(m\boldsymbol{b})=m(\boldsymbol{a}\cdot\boldsymbol{b})$　（m は実数）

(IV)　$\boldsymbol{a}\cdot\boldsymbol{a}=|\boldsymbol{a}|^2$

(V)　$|\boldsymbol{a}\cdot\boldsymbol{b}|\leqq|\boldsymbol{a}||\boldsymbol{b}|$

(VI)　$\boldsymbol{a}\neq\mathbf{0}$, $\boldsymbol{b}\neq\mathbf{0}$ のとき　$\boldsymbol{a}\perp\boldsymbol{b}\iff\boldsymbol{a}\cdot\boldsymbol{b}=0$

例2 $\boldsymbol{a}=(1,\ 0,\ 2)$, $\boldsymbol{b}=(2,\ 2,\ -1)$ のとき

$$\boldsymbol{a}\cdot\boldsymbol{b}=1\times2+0\times2+2\times(-1)=0$$

したがって　$\boldsymbol{a}\perp\boldsymbol{b}$

また，$\boldsymbol{c}=(-1,\ -1,\ 1)$ のとき

$$\boldsymbol{a}\cdot\boldsymbol{c}=1,\quad |\boldsymbol{a}|=\sqrt{5}$$

よって，$\boldsymbol{c}$ の $\boldsymbol{a}$ への正射影の大きさは　$\dfrac{|\boldsymbol{a}\cdot\boldsymbol{c}|}{|\boldsymbol{a}|}=\dfrac{1}{\sqrt{5}}$

問・1 $\boldsymbol{a}=(2,\ 6,\ -3)$, $\boldsymbol{b}=(4,\ -2,\ 1)$, $\boldsymbol{c}=(1,\ k,\ 3)$ のとき，次の問いに答えよ．

(1) $\boldsymbol{b}$ の $\boldsymbol{a}$ への正射影の大きさを求めよ．

(2) $\boldsymbol{b}$ と $\boldsymbol{c}$ が垂直となるように実数 k の値を定めよ．

1 2 外積

4ページに記されているように，外積についての性質は次のようになる．

外積の性質

(I) $\boldsymbol{b}\times\boldsymbol{a}=-(\boldsymbol{a}\times\boldsymbol{b})$

(II) $\boldsymbol{a}\times(\boldsymbol{b}+\boldsymbol{c})=\boldsymbol{a}\times\boldsymbol{b}+\boldsymbol{a}\times\boldsymbol{c}$

(III) $(m\boldsymbol{a})\times\boldsymbol{b}=\boldsymbol{a}\times(m\boldsymbol{b})=m(\boldsymbol{a}\times\boldsymbol{b})$　(m は実数)

(IV) $\boldsymbol{a}\neq\boldsymbol{0}$, $\boldsymbol{b}\neq\boldsymbol{0}$ のとき　$\boldsymbol{a}\,/\!/\,\boldsymbol{b}\iff\boldsymbol{a}\times\boldsymbol{b}=\boldsymbol{0}$

証明 (II)を証明しよう．

$\boldsymbol{a}=(a_x,\ a_y,\ a_z)$, $\boldsymbol{b}=(b_x,\ b_y,\ b_z)$, $\boldsymbol{c}=(c_x,\ c_y,\ c_z)$ とするとき

$$\boldsymbol{a}\times(\boldsymbol{b}+\boldsymbol{c})$$

$$=\begin{vmatrix}\boldsymbol{i}&\boldsymbol{j}&\boldsymbol{k}\\a_x&a_y&a_z\\b_x+c_x&b_y+c_y&b_z+c_z\end{vmatrix}=\begin{vmatrix}\boldsymbol{i}&\boldsymbol{j}&\boldsymbol{k}\\a_x&a_y&a_z\\b_x&b_y&b_z\end{vmatrix}+\begin{vmatrix}\boldsymbol{i}&\boldsymbol{j}&\boldsymbol{k}\\a_x&a_y&a_z\\c_x&c_y&c_z\end{vmatrix}$$

$$=\boldsymbol{a}\times\boldsymbol{b}+\boldsymbol{a}\times\boldsymbol{c}$$

//

1 3 発散と回転の意味

発散の物理的意味を考えよう.

ベクトル場 $\boldsymbol{v}=(v_x,\ v_y,\ v_z)$ を空間内のある範囲における流体の速度分布とする. 流体内の点 $\mathrm{P}(x,\ y,\ z)$ を 1 つの頂点とし, 各辺が座標軸に平行で, それらの長さが $\Delta x,\ \Delta y,\ \Delta z$ である直方体を考え, この表面から時間 Δt の間に流出する流体の量を求める. ただし, 流体の密度は 1 とする.

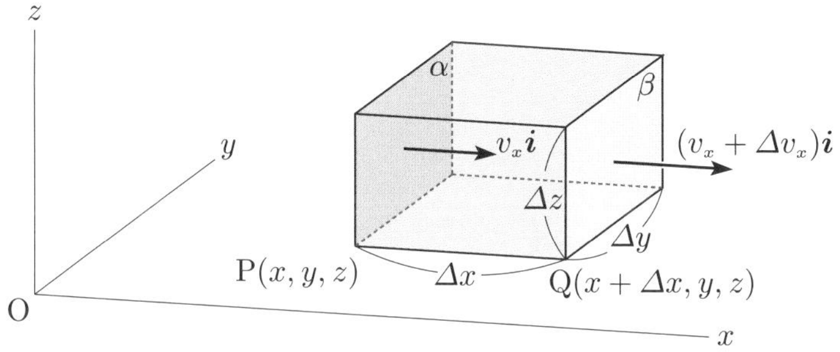

いま, 座標が $(x+\Delta x,\ y,\ z)$ である点を Q, 2 点 P, Q における $\boldsymbol{v}$ の x 成分をそれぞれ $v_x,\ v_x+\Delta v_x$ とし, $v_x>0,\ \Delta v_x>0$ と仮定する.

P, Q を通る x 軸に垂直な直方体の面をそれぞれ $\alpha,\ \beta$ とするとき, $\Delta x,\ \Delta y,\ \Delta z$ が微小ならば, 面 $\alpha,\ \beta$ 上の各点における速度の x 成分は一定で, それぞれ $v_x,\ v_x+\Delta v_x$ とみてよい.

したがって, 面 α から流入する流体の量および面 β から流出する流体の量は, それぞれ次のようになる.

$$v_x\Delta y\Delta z\Delta t,\quad (v_x+\Delta v_x)\Delta y\Delta z\Delta t$$

差をとると, x 軸方向への流出量は

$$(v_x+\Delta v_x)\Delta y\Delta z\Delta t-v_x\Delta y\Delta z\Delta t=\Delta v_x\Delta y\Delta z\Delta t \qquad (1)$$

P における v_x の偏微分係数を $\left(\dfrac{\partial v_x}{\partial x}\right)_{\mathrm{P}}$ で表すと

$$\Delta v_x \fallingdotseq \left(\frac{\partial v_x}{\partial x}\right)_{\mathrm{P}}\Delta x$$

したがって，(1) の流出量は近似的に次の式に等しい．

$$\left(\frac{\partial v_x}{\partial x}\right)_{\mathrm{P}} \Delta x \Delta y \Delta z \Delta t \tag{2}$$

同様に，y 軸方向，z 軸方向への流出量も，それぞれ近似的に

$$\left(\frac{\partial v_y}{\partial y}\right)_{\mathrm{P}} \Delta x \Delta y \Delta z \Delta t, \quad \left(\frac{\partial v_z}{\partial z}\right)_{\mathrm{P}} \Delta x \Delta y \Delta z \Delta t \tag{3}$$

で表されるから，Δt の間にこの微小直方体から流出する総量は

$$\left\{\left(\frac{\partial v_x}{\partial x}\right)_{\mathrm{P}} + \left(\frac{\partial v_y}{\partial y}\right)_{\mathrm{P}} + \left(\frac{\partial v_z}{\partial z}\right)_{\mathrm{P}}\right\} \Delta x \Delta y \Delta z \Delta t$$

したがって，P における単位時間，単位体積当たりの流出総量は

$$\left(\frac{\partial v_x}{\partial x}\right)_{\mathrm{P}} + \left(\frac{\partial v_y}{\partial y}\right)_{\mathrm{P}} + \left(\frac{\partial v_z}{\partial z}\right)_{\mathrm{P}} = (\nabla \cdot \boldsymbol{v})_{\mathrm{P}}$$

に等しい．これが $\nabla \cdot \boldsymbol{v}$ の物理的意味である．

次に，回転の意味を例で考えよう．

xy 平面上の点に対応するベクトル場

$$\boldsymbol{a} = (-\omega y,\ \omega x,\ 0) \qquad (\omega \text{ は正の定数})$$

の回転を求めると，次のようになる．

$$\nabla \times \boldsymbol{a} = \begin{vmatrix} \boldsymbol{i} & \boldsymbol{j} & \boldsymbol{k} \\ \dfrac{\partial}{\partial x} & \dfrac{\partial}{\partial y} & \dfrac{\partial}{\partial z} \\ -\omega y & \omega x & 0 \end{vmatrix} = (0,\ 0,\ 2\omega)$$

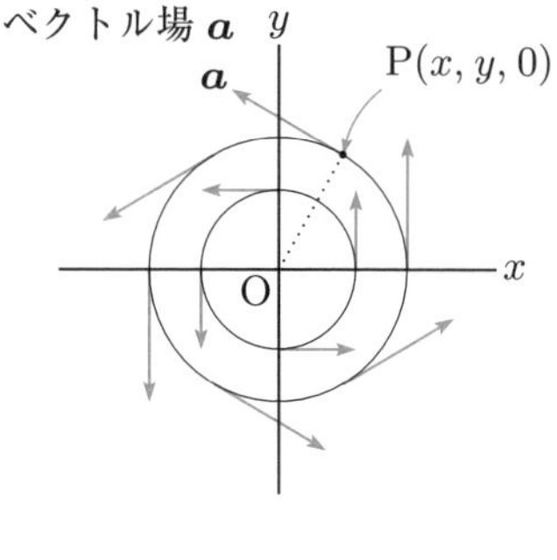

P を始点として $\boldsymbol{a}$ を描くと，その向きは $\overrightarrow{\mathrm{OP}}$ に垂直で O を左側に見る向きであり，また，$|\boldsymbol{a}| = \omega\sqrt{x^2 + y^2}$ である．

図から，$\boldsymbol{a}$ は，z 軸を軸として角速度 ω で回転する剛体の速度ベクトルの分布である．ただし，$\nabla \times \boldsymbol{a} = (0,\ 0,\ 2\omega)$ より，任意の点においても一様に回転成分があるといえる．回転は偏微分で計算されるから，ベクトル場全体に関わることではなく，ある点の近くのことに

ついて述べたものである．ベクトル場全体が渦を巻いているから回転成分があり，全体が渦を巻いていないから回転成分がないということではない．流体の速度分布を表すベクトル場 $\boldsymbol{v}$ を用いた 2 つの例で回転と発散の意味について考えてみよう．

例 3 (1) $\boldsymbol{v}=(-2\omega y,\ 0,\ 0)$ のとき

$$\mathrm{rot}\,\boldsymbol{v}=\nabla\times\boldsymbol{v}=(0,\ 0,\ 2\omega)$$

$$\mathrm{div}\,\boldsymbol{v}=\nabla\cdot\boldsymbol{v}=0$$

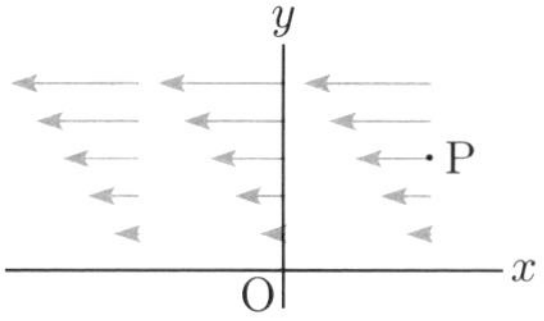

(2) $\boldsymbol{v}=\left(-\dfrac{\omega y}{x^2+y^2},\ \dfrac{\omega x}{x^2+y^2},\ 0\right)$ のとき

$$\mathrm{rot}\,\boldsymbol{v}=\nabla\times\boldsymbol{v}=(0,\ 0,\ 0)$$

$$\mathrm{div}\,\boldsymbol{v}=\nabla\cdot\boldsymbol{v}=0$$

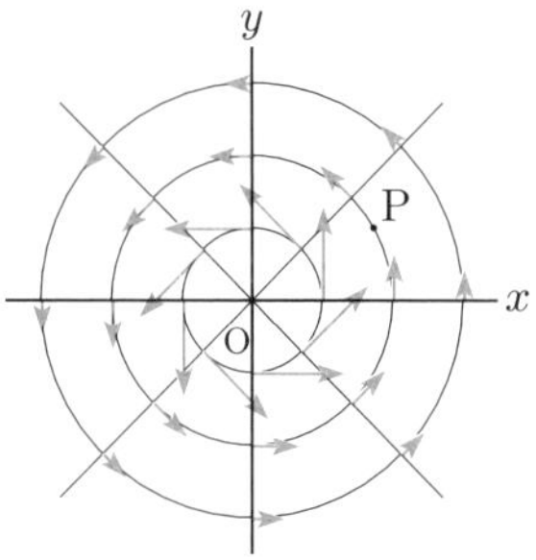

(1) には回転成分があり，(2) には回転成分がない．このことを相対速度を用いて説明しよう．点 P の座標を $(x_0,\ y_0,\ z_0)$ とし，点 P の十分近くの点 Q の座標を $(x_0+\Delta x,\ y_0+\Delta y,\ z_0+\Delta z)$ とし，点 P の速度を $\boldsymbol{v}_{\mathrm{P}}$，点 Q の速度を $\boldsymbol{v}_{\mathrm{Q}}$ とすると，点 P に対する点 Q の相対速度は $\boldsymbol{v}_{\mathrm{Q}}-\boldsymbol{v}_{\mathrm{P}}$ である．

(1) では，$\boldsymbol{v}_{\mathrm{P}}=(-2\omega y_0,\ 0,\ 0)$,

$$\boldsymbol{v}_{\mathrm{Q}}=(-2\omega(y_0+\Delta y),\ 0,\ 0) \text{ より}$$

$$\boldsymbol{v}_{\mathrm{Q}}-\boldsymbol{v}_{\mathrm{P}}=(-2\omega\Delta y,\ 0,\ 0)$$

ここで，$\boldsymbol{v}_d=(-\omega\Delta y,\ -\omega\Delta x,\ 0)$

$\boldsymbol{v}_r=(-\omega\Delta y,\ \omega\Delta x,\ 0)$ とおくと

(154 ページのベクトル場 $\boldsymbol{a}$ を参照)

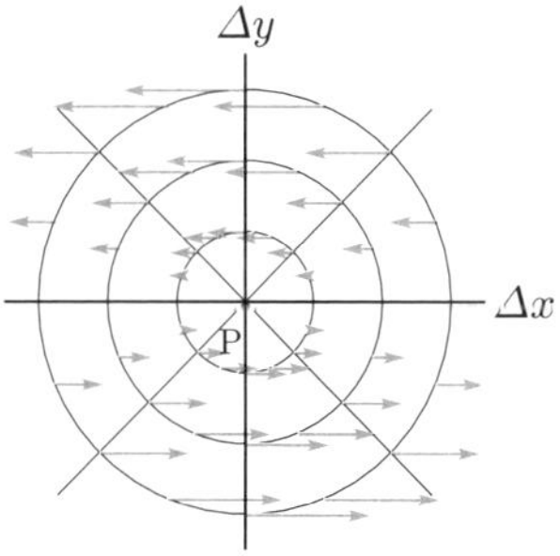

$\boldsymbol{v}_{\mathrm{Q}}-\boldsymbol{v}_{\mathrm{P}}$

相対速度は $\boldsymbol{v}_{\mathrm{Q}}-\boldsymbol{v}_{\mathrm{P}}=\boldsymbol{v}_d+\boldsymbol{v}_r$ と表すことができる．

$\boldsymbol{v}_d$ と $\boldsymbol{v}_r$ の流れを図示すると，次のようになる．

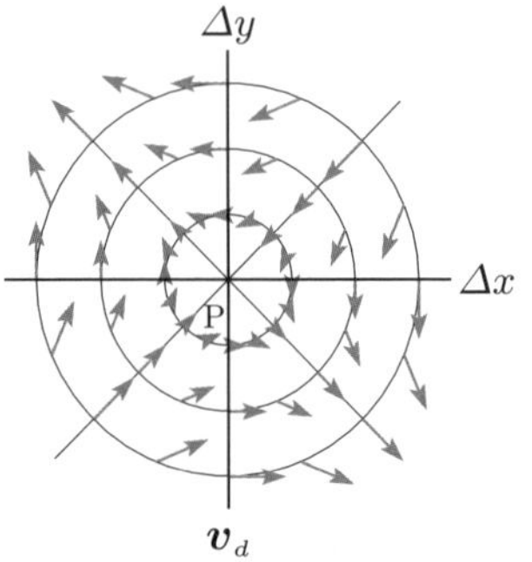

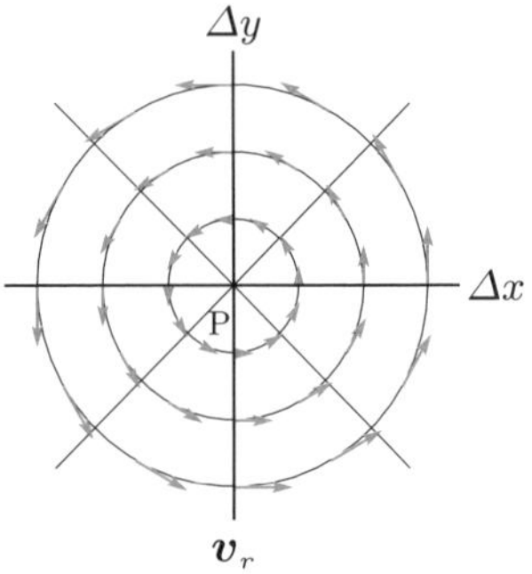

$\boldsymbol{v}_d$ が発散に関係した流れで，流出と流入の流れを表し，この例では，流出量と流入量が相殺され，発散が 0 であることを意味している．

$\boldsymbol{v}_r$ は回転に関係した流れであり，次のように表すことができる．

$$\boldsymbol{v}_r = (-\omega\Delta y,\ \omega\Delta x,\ 0) = \omega(0,\ 0,\ 1) \times (\Delta x,\ \Delta y,\ \Delta z)$$

外積から回転軸が z 軸の正の向きで，角速度 ω の回転を表している．

(1) の速度ベクトル場は，相対速度で見ると発散に関係した $\boldsymbol{v}_d$ と回転に関係した $\boldsymbol{v}_r$ の 2 つの流れを合成した流れであるといえる．

(2) の相対速度を図示すると次のようになる．発散の流れだけであり，流出量と流入量が相殺され，発散は 0 である．また，回転の流れはない．

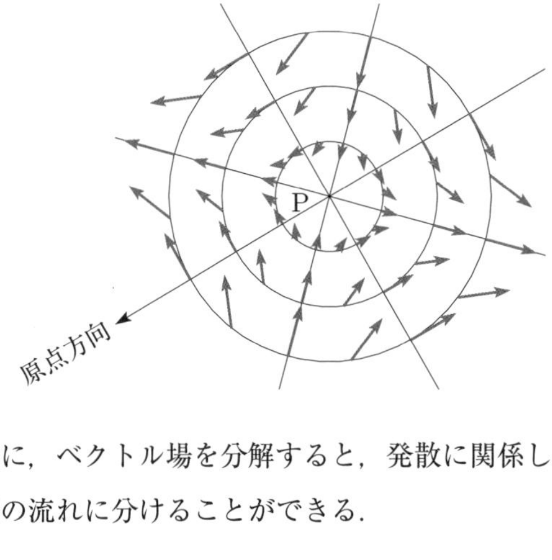

一般に，ベクトル場を分解すると，発散に関係している流出流入の流れと回転の流れに分けることができる．

①4 発散定理

ここでは，37 ページで述べた発散定理を証明しよう.

> **●発散定理**
>
> 閉曲面 S で囲まれた立体 V があり，S の単位法線ベクトル $\boldsymbol{n}$ は S の外側を向くものとする. V を含むある範囲でベクトル場 $\boldsymbol{a}$ とその偏導関数が連続であるとき，次の等式が成り立つ.
>
> $$\int_V \nabla \cdot \boldsymbol{a}\, dV = \int_S \boldsymbol{a} \cdot \boldsymbol{n}\, dS$$

証明 図のように，座標軸に平行な直線が S と高々 2 点で交わる場合に証明する.

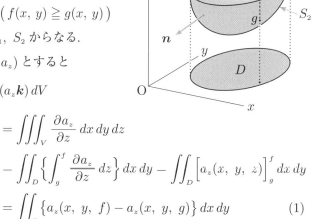

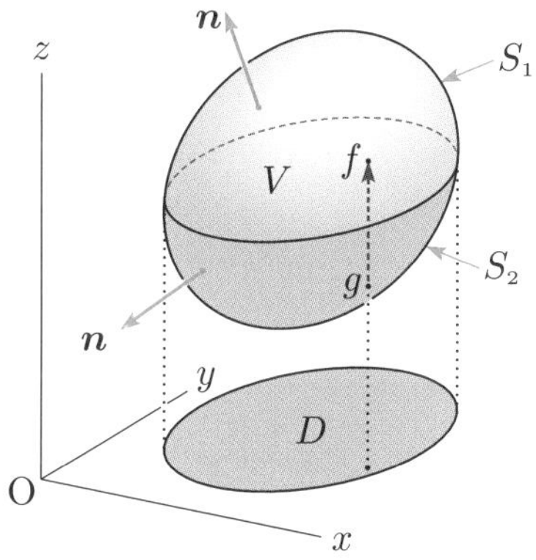

このとき S は xy 平面上のある範囲 D を定義域とする関数

$$z = f(x,\ y),\quad z = g(x,\ y)$$
$$\big(f(x,\ y) \geqq g(x,\ y) \big)$$

の表す曲面 S_1, S_2 からなる.

$\boldsymbol{a} = (a_x,\ a_y,\ a_z)$ とすると

$$\int_V \nabla \cdot (a_z \boldsymbol{k})\, dV$$

$$= \iiint_V \frac{\partial a_z}{\partial z}\, dx\, dy\, dz$$

$$- \iint_D \left\{ \int_g^f \frac{\partial a_z}{\partial z}\, dz \right\} dx\, dy - \iint_D \Big[a_z(x,\ y,\ z) \Big]_g^f dx\, dy$$

$$= \iint_D \left\{ a_z(x,\ y,\ f) - a_z(x,\ y,\ g) \right\} dx\, dy \tag{1}$$

一方，S_1 を表すベクトル関数は $\boldsymbol{r} = \big(x,\ y,\ f(x,\ y) \big)$ であり，12 ページ例題 2 で求めたように

$$\frac{\partial \boldsymbol{r}}{\partial x} \times \frac{\partial \boldsymbol{r}}{\partial y} = \left(-\frac{\partial f}{\partial x},\ -\frac{\partial f}{\partial y},\ 1 \right)$$

$\boldsymbol{n}$ が S の外側を向くことから，S_1 上では $\boldsymbol{n}$ の z 成分は正，すなわち

$$\boldsymbol{n} = \frac{\dfrac{\partial \boldsymbol{r}}{\partial x} \times \dfrac{\partial \boldsymbol{r}}{\partial y}}{\left| \dfrac{\partial \boldsymbol{r}}{\partial x} \times \dfrac{\partial \boldsymbol{r}}{\partial y} \right|}$$

したがって

$$\int_{S_1} (a_z \boldsymbol{k}) \cdot \boldsymbol{n}\, dS = \iint_D a_z(x,\ y,\ f)\, dx\, dy \tag{2}$$

また，S_2 上では $\boldsymbol{n}$ の z 成分は負だから

$$\boldsymbol{n} = -\frac{\dfrac{\partial \boldsymbol{r}}{\partial x} \times \dfrac{\partial \boldsymbol{r}}{\partial y}}{\left| \dfrac{\partial \boldsymbol{r}}{\partial x} \times \dfrac{\partial \boldsymbol{r}}{\partial y} \right|}$$

したがって

$$\int_{S_2} (a_z \boldsymbol{k}) \cdot \boldsymbol{n}\, dS = -\iint_D a_z(x,\ y,\ g)\, dx\, dy \tag{3}$$

(2)，(3) から

$$\begin{aligned} \int_S (a_z \boldsymbol{k}) \cdot \boldsymbol{n}\, dS &= \int_{S_1} (a_z \boldsymbol{k}) \cdot \boldsymbol{n}\, dS + \int_{S_2} (a_z \boldsymbol{k}) \cdot \boldsymbol{n}\, dS \\ &= \iint_D \left\{ a_z(x,\ y,\ f) - a_z(x,\ y,\ g) \right\} dx\, dy \end{aligned} \tag{4}$$

(1)，(4) から

$$\int_V \nabla \cdot (a_z \boldsymbol{k})\, dV = \int_S (a_z \boldsymbol{k}) \cdot \boldsymbol{n}\, dS$$

$a_x \boldsymbol{i}$，$a_y \boldsymbol{j}$ についても同様な等式が成り立ち，これらを加えると

$$\begin{aligned} \int_V \nabla \cdot \boldsymbol{a}\, dV &= \int_V \nabla \cdot (a_x \boldsymbol{i} + a_y \boldsymbol{j} + a_z \boldsymbol{k})\, dV \\ &= \int_S (a_x \boldsymbol{i} + a_y \boldsymbol{j} + a_z \boldsymbol{k}) \cdot \boldsymbol{n}\, dS = \int_S \boldsymbol{a} \cdot \boldsymbol{n}\, dS \end{aligned}$$

よって，定理が証明された．　//

2 2章の補足

2 1 デルタ関数のモデル関数

69 ページの $\varphi_\varepsilon(t)$ は，極限と関数の意味を拡張して $\lim_{\varepsilon\to+0}\varphi_\varepsilon(t)$ を 1 つの関数と認めて，デルタ関数 $\delta(t)$ とした．関数 $\varphi_\varepsilon(t)$ をデルタ関数のモデル関数という．デルタ関数のモデル関数は他にもあり，媒介変数 ε をもつ関数で，次の 2 つの性質を満たせばよい．

$$\lim_{\varepsilon\to+0}\varphi_\varepsilon(t)=\begin{cases}0 & (t\neq 0)\\ \infty & (t=0)\end{cases} \tag{1}$$

$$\int_{-\infty}^{\infty}\varphi_\varepsilon(t)\,dt=1 \tag{2}$$

例えば，正の媒介変数 ε をもつ関数 $\varphi_\varepsilon(t)$ を次のように定める．

$$\varphi_\varepsilon(t)=\begin{cases}\dfrac{1}{\varepsilon}-\dfrac{|t|}{\varepsilon^2} & (|t|\leqq\varepsilon)\\ 0 & (|t|>\varepsilon)\end{cases} \tag{3}$$

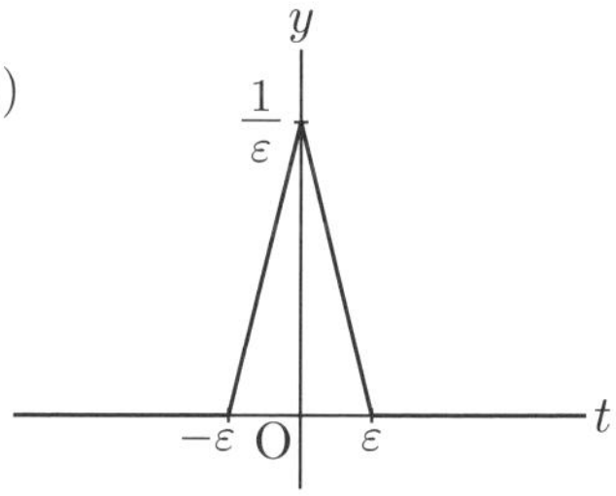

$t\neq 0$ のとき　$\lim_{\varepsilon\to+0}\varphi_\varepsilon(t)=0$

$t=0$ のとき　$\lim_{\varepsilon\to+0}\varphi_\varepsilon(0)=\lim_{\varepsilon\to+0}\dfrac{1}{\varepsilon}=\infty$

グラフより

$$\int_{-\infty}^{\infty}\varphi_\varepsilon(t)\,dt=2\int_0^{\varepsilon}\left(\frac{1}{\varepsilon}-\frac{t}{\varepsilon^2}\right)dt=2\left[\frac{1}{\varepsilon}t-\frac{1}{2\varepsilon^2}t^2\right]_0^{\varepsilon}=1$$

したがって，(3) は (1)，(2) を満たすから，$\delta(t)$ のモデル関数である．

例 1　$\varphi_\varepsilon(t)=\dfrac{1}{\sqrt{\pi\varepsilon}}e^{-\frac{t^2}{\varepsilon}}$

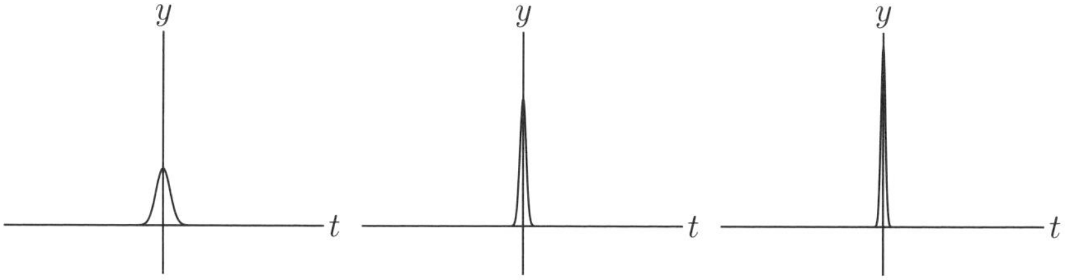

$\varepsilon=0.1$　　$\varepsilon=0.02$　　$\varepsilon=0.01$

例 2

$$\varphi_\varepsilon(t) = \begin{cases} \dfrac{1}{\pi t}\sin\dfrac{t}{\varepsilon} & (t \neq 0) \\ \dfrac{1}{\pi\varepsilon} & (t = 0) \end{cases}$$

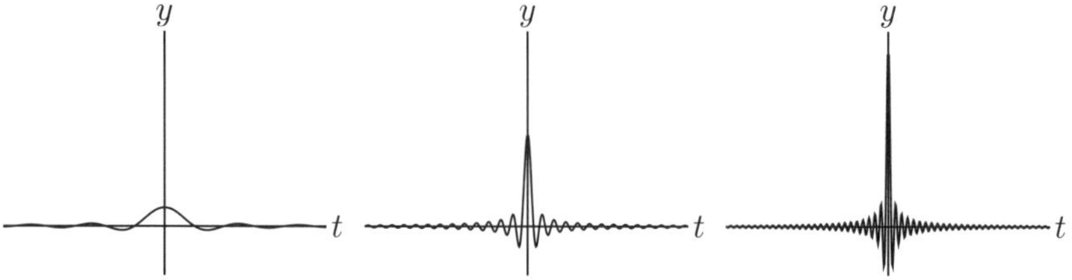

$\varepsilon = 0.1$　　$\varepsilon = 0.02$　　$\varepsilon = 0.01$

3 3章の補足

3 1 フーリエ級数とフーリエ変換

フーリエ変換は，周期 $2l$ の周期関数のフーリエ級数を，周期を無限大にしたものと考えることができる．実際に，フーリエ変換の積分定理はフーリエ級数の収束定理から次のように導かれる．

関数 $f(x)$ は実数全体で定義されているとする．正の整数 l をとり

$$f_l(x) = f(x) \quad (-l \leqq x < l)$$

$$f_l(x + 2l) = f_l(x)$$

により，周期 $2l$ の関数 $f_l(x)$ を定義する．

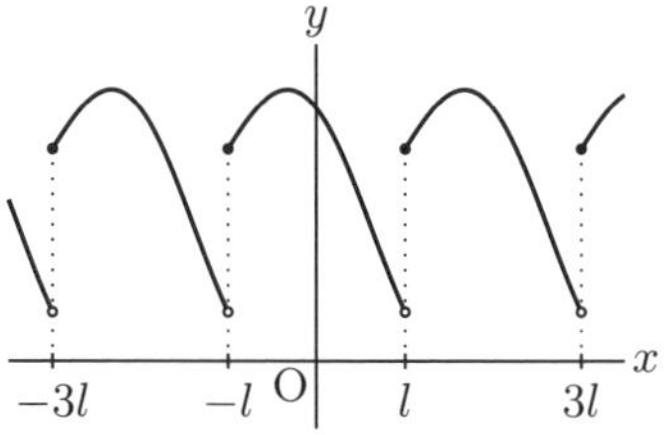

複素フーリエ級数の収束定理より

$$f_l(x) = \sum_{n=-\infty}^{\infty} c_n e^{i\frac{n\pi x}{l}}, \quad c_n = \frac{1}{2l}\int_{-l}^{l} f(\xi)\, e^{-i\frac{n\pi\xi}{l}} d\xi$$

したがって，正の整数 N を十分大きくとれば，$f_l(x)$ は

$$\sum_{n=-Nl}^{Nl} c_n e^{i\frac{n\pi x}{l}} = \sum_{n=-Nl}^{Nl} \frac{1}{2l}\left(\int_{-l}^{l} f(\xi)\, e^{-i\frac{n\pi\xi}{l}}\, d\xi\right) e^{i\frac{n\pi x}{l}}$$

$$= \frac{1}{2\pi} \sum_{n=-Nl}^{Nl} \frac{\pi}{l} \left(\int_{-l}^{l} f(\xi)\, e^{-i\frac{n\pi\xi}{l}}\, d\xi \right) e^{i\frac{n\pi x}{l}} \qquad (1)$$

で近似される．ここで，区間 $[-N\pi,\ N\pi]$ を $2Nl$ 等分して

$$u_n = n\frac{2N\pi}{2Nl} = \frac{n\pi}{l}, \quad \Delta u_n = u_n - u_{n-1} = \frac{\pi}{l} \qquad (n = -Nl,\ \cdots,\ -1,\ 0,\ 1,\ \cdots,\ Nl)$$

とおくと，(1) は

$$\frac{1}{2\pi} \sum_{n=-Nl}^{Nl} \left(\int_{-l}^{l} f(\xi)\, e^{-iu_n\xi}\, d\xi \right) e^{iu_n x} \Delta u_n$$

と変形され，l が十分大きいとき，$f_l(x)$ は次の式で近似される．

$$\frac{1}{2\pi} \int_{-N\pi}^{N\pi} \left(\int_{-l}^{l} f(\xi)\, e^{-iu\xi}\, d\xi \right) e^{iux} du \qquad (2)$$

(2) において，さらに，$N \to \infty$，$l \to \infty$ とすることにより，フーリエ変換の積分定理

$$f(x) = \frac{1}{2\pi} \int_{-\infty}^{\infty} \left(\int_{-\infty}^{\infty} f(\xi)\, e^{-iu\xi}\, d\xi \right) e^{iux} du \qquad (3)$$

が得られる．

(3) より，フーリエ変換の定義 $F(u) = \displaystyle\int_{-\infty}^{\infty} f(x)\, e^{-iux}\, dx$ が定まる．

3 2 e^{-ax^2} のフーリエ変換

関数 e^{-ax^2} $(a > 0)$ のフーリエ変換は次のようになる．

$$\mathcal{F}[e^{-ax^2}] = \sqrt{\frac{\pi}{a}}\, e^{-\frac{u^2}{4a}} \qquad (a \text{ は正の定数})$$

証明

$$\mathcal{F}[e^{-ax^2}] = \int_{-\infty}^{\infty} e^{-ax^2} e^{-iux} dx = \int_{-\infty}^{\infty} e^{-ax^2-iux} dx$$

$$= \int_{-\infty}^{\infty} e^{-\left(\sqrt{a}x + \frac{u}{2\sqrt{a}}i\right)^2 - \frac{u^2}{4a}} dx = e^{-\frac{u^2}{4a}} \int_{-\infty}^{\infty} e^{-\left(\sqrt{a}x + \frac{u}{2\sqrt{a}}i\right)^2} dx$$

$\sqrt{a}x = t$ とおくと

$$\mathcal{F}[e^{-ax^2}] = e^{-\frac{u^2}{4a}} \int_{-\infty}^{\infty} e^{-\left(t + \frac{u}{2\sqrt{a}}i\right)^2} \frac{1}{\sqrt{a}} dt$$

$$= \frac{1}{\sqrt{a}} e^{-\frac{u^2}{4a}} \int_{-\infty}^{\infty} e^{-\left(t+\frac{u}{2\sqrt{a}}i\right)^2} dt$$

168ページの公式より

$$\int_{-\infty}^{\infty} e^{-\left(t+\frac{u}{2\sqrt{a}}i\right)^2} dt = \sqrt{\pi}$$

よって　$\mathcal{F}[e^{-ax^2}] = \sqrt{\frac{\pi}{a}} e^{-\frac{u^2}{4a}}$ //

3 3 サンプリング定理

一般に，$x \geqq 0$ で定義された連続関数 $f(x)$ があるとき

$$f(-x) = f(x)$$

によって，$f(x)$ をすべての実数で定義された偶関数に拡張する．

このとき，$f(x)$ のフーリエ余弦変換を $F(\omega)$ とおくと，次が成り立つ．

$$F(\omega) = 2\int_0^{\infty} f(x)\cos\omega x\, dx \tag{1}$$

$$f(x) = \frac{1}{\pi}\int_0^{\infty} F(\omega)\cos\omega x\, d\omega \tag{2}$$

ここで，関数 $f(x)$ のスペクトルが正の定数 ω_0 より大きい角周波数の成分をもたない場合を考える．すなわち

$$F(\omega) = 0 \quad (\omega > \omega_0) \tag{3}$$

であるとする．このとき (2) は

$$f(x) = \frac{1}{\pi}\int_0^{\omega_0} F(\omega)\cos\omega x\, d\omega \tag{4}$$

と書き換えられる．

この関数 $F(\omega)$ を

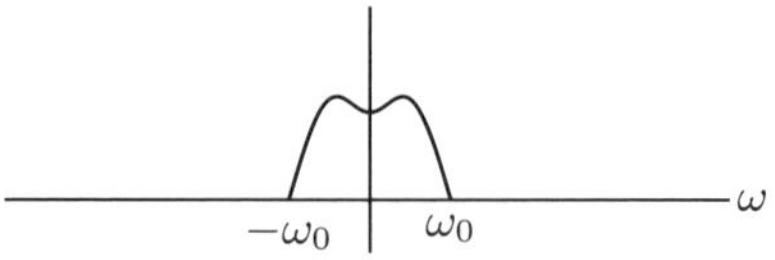

$$F(\omega + 2\omega_0) = F(\omega)$$

$$F(-\omega) = F(\omega)$$

により，周期 $2\omega_0$ の偶関数に拡張して，この関数のフーリエ余弦級数を求めよう．フーリエ係数 c_0 は

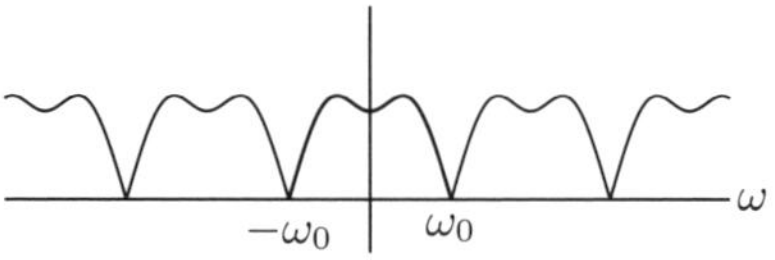

$$c_0 = \frac{1}{\omega_0}\int_0^{\omega_0} F(\omega)\,d\omega$$

(4) で $x = 0$ とおいた式と比較すると

$$c_0 = \frac{\pi}{\omega_0} f(0)$$

同様に，(4) で $x = \dfrac{n\pi}{\omega_0}$ とおいた式を利用すると

$$a_n = \frac{2}{\omega_0}\int_0^{\omega_0} F(\omega)\cos\frac{n\pi\omega}{\omega_0}\,d\omega = \frac{2\pi}{\omega_0} f\left(\frac{n\pi}{\omega_0}\right)$$

したがって，$0 \leqq \omega \leqq \omega_0$ のとき，次の等式が成り立つ．

$$F(\omega) = \frac{\pi}{\omega_0} y_0 + \frac{2\pi}{\omega_0}\sum_{n=1}^{\infty} y_n \cos\frac{n\pi\omega}{\omega_0}$$

$$\text{ただし}\quad y_n = f\left(\frac{n\pi}{\omega_0}\right) \quad (n = 0,\ 1,\ 2,\ \cdots)$$

(4) に代入して

$$\begin{aligned}
f(x) &= \frac{1}{\pi}\cdot\frac{\pi}{\omega_0}\int_0^{\omega_0}\left(y_0 + 2\sum_{n=1}^{\infty} y_n \cos\frac{n\pi\omega}{\omega_0}\right)\cos\omega x\,d\omega \\
&= \frac{1}{\omega_0}\left\{y_0\int_0^{\omega_0}\cos\omega x\,d\omega \right. \\
&\qquad \left. + \sum_{n=1}^{\infty} y_n \int_0^{\omega_0}\left(\cos\omega\left(x + \frac{n\pi}{\omega_0}\right) + \cos\omega\left(x - \frac{n\pi}{\omega_0}\right)\right)d\omega\right\} \\
&= \frac{1}{\omega_0}\left\{y_0\frac{\sin\omega_0 x}{x} + \sum_{n=1}^{\infty} y_n\left(\frac{\sin(\omega_0 x + n\pi)}{x + \dfrac{n\pi}{\omega_0}} + \frac{\sin(\omega_0 x - n\pi)}{x - \dfrac{n\pi}{\omega_0}}\right)\right\} \\
&= y_0\frac{\sin\omega_0 x}{\omega_0 x} + \sum_{n=1}^{\infty} y_n\left(\frac{\sin(\omega_0 x + n\pi)}{\omega_0 x + n\pi} + \frac{\sin(\omega_0 x - n\pi)}{\omega_0 x - n\pi}\right)
\end{aligned}$$

$$\text{ただし}\quad x \neq 0,\ \frac{n\pi}{\omega_0},\ -\frac{n\pi}{\omega_0} \quad (n = 1,\ 2,\ \cdots)$$

したがって

$$y_{-n} = y_n = f\left(\frac{n\pi}{\omega_0}\right)\ (n = 1,\ 2,\ \cdots)$$

とおくと

$$f(x) = \sum_{n=-\infty}^{\infty} y_n \frac{\sin(\omega_0 x - n\pi)}{\omega_0 x - n\pi} = \sum_{n=-\infty}^{\infty} y_n \frac{(-1)^n \sin\omega_0 x}{\omega_0 x - n\pi} \tag{5}$$

$$\text{ただし}\quad x \fallingdotseq \frac{n\pi}{\omega_0}\quad (n=0,\ \pm 1,\ \pm 2,\ \cdots)$$

(5) は，$\dfrac{\pi}{\omega_0}$ ごとの関数値 y_n を知ることにより，もとの関数 $f(x)$ が求められることを示している．これを**サンプリング定理**という．

例題 1 偶関数 $f(x)$ のスペクトルについて，$\omega > 4\pi$ のときの成分は 0 である．また，$x = 0,\ 0.25,\ 0.5,\ 0.75,\ 1.0$ のときの関数値は

$$2.771,\ -1.512,\ 1.363,\ -0.715,\ 0.032$$

であった．このとき，$f(0.125)$ の近似値を求めよ．

解

$$f(x) \fallingdotseq \sum_{n=-4}^{4} f\left(\frac{n}{4}\right)\frac{(-1)^n \sin 4\pi x}{4\pi x - n\pi}$$

$$= \frac{\sin 4\pi x}{\pi}\left(\frac{f(1)}{4x+4} - \frac{f(0.75)}{4x+3} + \frac{f(0.5)}{4x+2} - \cdots \right.$$

$$\left. \cdots + \frac{f(0.5)}{4x-2} - \frac{f(0.75)}{4x-3} + \frac{f(1)}{4x-4}\right)$$

より

$$f(0.125) \fallingdotseq \frac{1}{\pi}\left(\frac{0.032}{4.5} + \frac{0.715}{3.5} + \cdots - \frac{0.715}{2.5} - \frac{0.032}{3.5}\right)$$

$$= 0.9800\cdots \fallingdotseq 0.98$$

//

問•1 偶関数 $f(x)$ のスペクトルについて，$\omega > 5\pi$ のときの成分は 0 である．また，$x = 0,\ 0.2,\ 0.4,\ 0.6,\ 0.8,\ 1.0$ のときの関数値は

$$11.823,\ 0.625,\ -3.125,\ 0.069,\ -0.781,\ 0.025$$

であった．このとき，$f(0.3)$ の近似値を求めよ．

4 4章の補足

4 1 コーシー・リーマンの関係式の証明

コーシー・リーマンの関係式

領域 D で定義された関数 $f(z)=u(x,\ y)+iv(x,\ y)$ が正則であるための必要十分条件は，関係式

$$u_x=v_y,\quad u_y=-v_x \tag{1}$$

が D で成り立つことである．このとき

$$f'(z)=u_x+iv_x=v_y-iu_y \tag{2}$$

証明 (必要性) $f(z)$ が正則であるとすると，次の極限値が存在する．

$$f'(z)=\lim_{\Delta z\to 0}\frac{\Delta w}{\Delta z}=\lim_{\Delta z\to 0}\frac{1}{\Delta z}\{f(z+\Delta z)-f(z)\} \tag{3}$$

$\Delta z=\Delta x$ として $\Delta x\to 0$ とすると

$$f'(z)=\lim_{\Delta x\to 0}\frac{\{u(x+\Delta x,\ y)+iv(x+\Delta x,\ y)\}-\{u(x,\ y)+iv(x,\ y)\}}{\Delta x}$$

$$=\lim_{\Delta x\to 0}\left\{\frac{u(x+\Delta x,\ y)-u(x,\ y)}{\Delta x}+i\frac{v(x+\Delta x,\ y)-v(x,\ y)}{\Delta x}\right\}$$

$$=u_x+iv_x \tag{4}$$

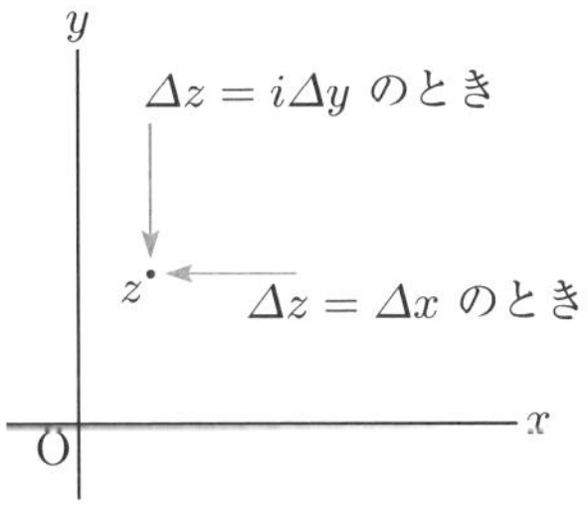

次に，(3) で $\Delta z=i\Delta y$ とすると

$$f'(z)=\lim_{\Delta y\to 0}\left\{\frac{u(x,\ y+\Delta y)-u(x,\ y)}{i\Delta y}+i\frac{v(x,\ y+\Delta y)-v(x,\ y)}{i\Delta y}\right\}$$

$$=\lim_{\Delta y\to 0}\left\{-i\frac{u(x,\ y+\Delta y)-u(x,\ y)}{\Delta y}+\frac{v(x,\ y+\Delta y)-v(x,\ y)}{\Delta y}\right\}$$

$$=-iu_y+v_y \tag{5}$$

(4)，(5) より　$u_x+iv_x=-iu_y+v_y$

よって　$u_x = v_y,\ u_y = -v_x$

(十分性) $u,\ v$ は，偏導関数が連続だから全微分可能である．すなわち

$$\Delta u = u_x \Delta x + u_y \Delta y + \varepsilon,\quad \Delta v = v_x \Delta x + v_y \Delta y + \delta$$

$$\left(\text{ただし，} |\Delta z| \to 0 \text{ のとき } \quad \frac{\varepsilon}{|\Delta z|} \to 0,\ \frac{\delta}{|\Delta z|} \to 0\right)$$

このことと関係式 (1) を用いると

$$\begin{aligned}\Delta w = \Delta u + i\Delta v &= (u_x + iv_x)\Delta x + (u_y + iv_y)\Delta y + (\varepsilon + i\delta)\\ &= (u_x + iv_x)\Delta x + (-v_x + iu_x)\Delta y + (\varepsilon + i\delta)\\ &= (u_x + iv_x)(\Delta x + i\Delta y) + (\varepsilon + i\delta) = (u_x + iv_x)\Delta z + (\varepsilon + i\delta)\end{aligned}$$

よって　$\dfrac{\Delta w}{\Delta z} = u_x + iv_x + \dfrac{\varepsilon + i\delta}{\Delta z}$

$\Delta z \to 0$ とすると $\left|\dfrac{\varepsilon + i\delta}{\Delta z}\right| \to 0$ だから

$$\frac{dw}{dz} = f'(z) = \lim_{\Delta z \to 0} \frac{\Delta w}{\Delta z} = u_x + iv_x$$

すなわち，関数 $f(z)$ は正則である．　//

④ 2 コーシーの積分定理の証明

コーシーの積分定理

関数 $f(z)$ は領域 D で正則で，D 内の単純閉曲線 C で囲まれた部分が D に含まれるとする．このとき，次の等式が成り立つ．

$$\int_C f(z)\,dz = 0$$

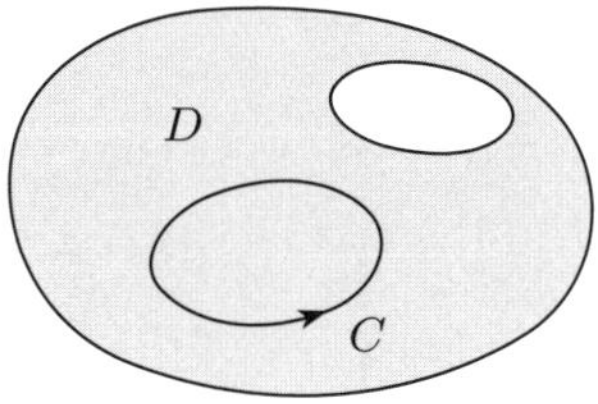

証明　$w = f(z) = u(x,\ y) + iv(x,\ y)$ において，$u,\ v$ の偏導関数が連続であり，曲線が滑らかな場合に証明する．

曲線 C の方程式を $z = z(t)\quad (a \leqq t \leqq b)$ とすると

$$\int_C f(z)\,dz = \int_a^b f\bigl(z(t)\bigr)\frac{dz}{dt}\,dt$$

$$= \int_a^b \bigl\{u\bigl(x(t),\ y(t)\bigr) + iv\bigl(x(t),\ y(t)\bigr)\bigr\}\left(\frac{dx}{dt} + i\frac{dy}{dt}\right)dt$$

$$= \int_a^b \left\{\left(u\frac{dx}{dt} - v\frac{dy}{dt}\right) + i\left(v\frac{dx}{dt} + u\frac{dy}{dt}\right)\right\}dt$$

$$= \int_C (u\,dx - v\,dy) + i\int_C (v\,dx + u\,dy) \qquad (1)$$

ここで $\int_C u\,dx,\ \int_C v\,dy$ などは，25 ページで説明したスカラー場の線積分である．

C の内部を B とするとき，35 ページのグリーンの定理によって

$$\int_C (u\,dx - v\,dy) = \iint_B \left(-\frac{\partial v}{\partial x} - \frac{\partial u}{\partial y}\right)dxdy$$

$$\int_C (v\,dx + u\,dy) = \iint_B \left(\frac{\partial u}{\partial x} - \frac{\partial v}{\partial y}\right)dxdy$$

B において $f(z)$ は正則だから，コーシー・リーマンの関係式

$$\frac{\partial u}{\partial x} = \frac{\partial v}{\partial y},\quad \frac{\partial u}{\partial y} = -\frac{\partial v}{\partial x}$$

が成り立ち，上の 2 式の被積分関数は 0．したがって，積分の値は 0 である．これを (1) に代入して，$\int_C f(z)\,dz = 0$ が成り立つ． //

● **注**…… $f(z)$ が正則関数である場合

$$f(z) = u\left(\frac{z+\overline{z}}{2},\ \frac{z-\overline{z}}{2i}\right) + iv\left(\frac{z+\overline{z}}{2},\ \frac{z-\overline{z}}{2i}\right)$$

として z と $\overline{z}$ の関数と見たとき，コーシー・リーマンの関係式より

$$\frac{\partial f}{\partial \overline{z}} = u_x\cdot\frac{1}{2} + u_y\cdot\left(-\frac{1}{2i}\right) + i\left(v_x\cdot\frac{1}{2} + v_y\cdot\left(-\frac{1}{2i}\right)\right)$$

$$= \frac{u_x - v_y}{2} + \frac{u_y + v_x}{2}i = 0$$

よって，$f(z)$ は $\overline{z}$ について定数であり，$z = x + yi$ だけで表すことができる．

4 3 実積分の計算

次の公式はよく知られている．(例えば大日本図書「新微分積分 II」)

$$\int_{-\infty}^{\infty} e^{-x^2}\,dx = \sqrt{\pi} \tag{1}$$

コーシーの積分定理を用いると，(1) から次の公式が得られる．

●実積分の計算 1

$$\int_{-\infty}^{\infty} e^{-(x+ai)^2}\,dx = \sqrt{\pi} \qquad (a \text{ は実数の定数}) \tag{2}$$

証明 $a=0$ のとき，(1) より

$$\int_{-\infty}^{\infty} e^{-x^2}\,dx = \sqrt{\pi}$$

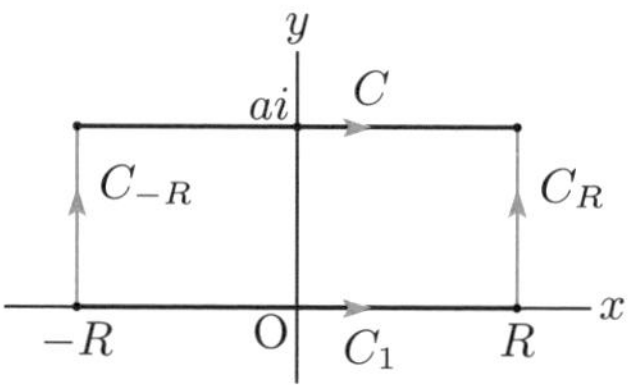

$a \neq 0$ のとき，関数 e^{-z^2} は全平面で正則だから，正の数 R について，$-R+ai$ から $R+ai$, $-R$ から R, R から $R+ai$, $-R$ から $-R+ai$ に至る線分をそれぞれ C, C_1, C_R, C_{-R} とおくと，コーシーの積分定理より

$$\int_{C_1} e^{-z^2}\,dz + \int_{C_R} e^{-z^2}\,dz + \int_{-C} e^{-z^2}\,dz + \int_{-C_{-R}} e^{-z^2}\,dz = 0$$

$$\therefore \quad \int_{C} e^{-z^2}\,dz = \int_{C_1} e^{-z^2}\,dz + \int_{C_R} e^{-z^2}\,dz - \int_{C_{-R}} e^{-z^2}\,dz \tag{3}$$

$C_R : z = R + iat \ \ (0 \leqq t \leqq 1)$ だから，C_R 上で

$$\frac{dz}{dt} = ia$$

$$\left|e^{-z^2}\right| = \left|e^{a^2t^2-R^2-2Rati}\right| = \left|e^{a^2t^2-R^2}\right|\left|e^{-2Rati}\right| = e^{a^2t^2-R^2} \leqq e^{a^2-R^2}$$

$$\therefore \quad \left|\int_{C_R} e^{-z^2}\,dz\right| \leqq \int_0^1 \left|e^{-z^2}\right||ai|\,dt \leqq |a|e^{a^2-R^2}\int_0^1 dt = |a|e^{a^2-R^2}$$

$R \to \infty$ のとき $\ |a|e^{a^2-R^2} \to 0$ だから $\ \left|\int_{C_R} e^{-z^2}\,dz\right| \to 0$

$$\therefore \quad \lim_{R\to\infty}\int_{C_R} e^{-z^2}\,dz = 0$$

同様に $\displaystyle\lim_{R\to\infty}\int_{C_{-R}} e^{-z^2}\,dz = 0$

したがって，(3) より

$$\lim_{R\to\infty}\int_C e^{-z^2}\,dz = \lim_{R\to\infty}\int_{C_1} e^{-z^2}\,dz = \int_{-\infty}^{\infty} e^{-x^2}\,dx = \sqrt{\pi}$$

$C: z = t + ai \quad (-R \leqq t \leqq R)$ だから

$$\int_{-\infty}^{\infty} e^{-(x+ai)^2}\,dx = \lim_{R\to\infty}\int_C e^{-z^2}\,dz = \sqrt{\pi} \qquad //$$

●**注**……等式 (2) において，実部を比較すると，次の公式が得られる．

$$\int_{-\infty}^{\infty} e^{-x^2}\cos 2ax\,dx = \sqrt{\pi}e^{-a^2}$$

次に，点 α は $0 < |z-\alpha| < R$ で正則な関数 $f(z)$ の 1 位の極とする．α を中心とする半径 r $(r < R)$ の円の上半分に沿って，点 $\alpha + r$ から点 $\alpha - r$ に至る曲線を C_r とするとき，次の等式が成り立つ．

$$\lim_{r\to 0}\int_{C_r} f(z)\,dz = \pi i\ \mathrm{Res}[f,\ \alpha] \qquad (4)$$

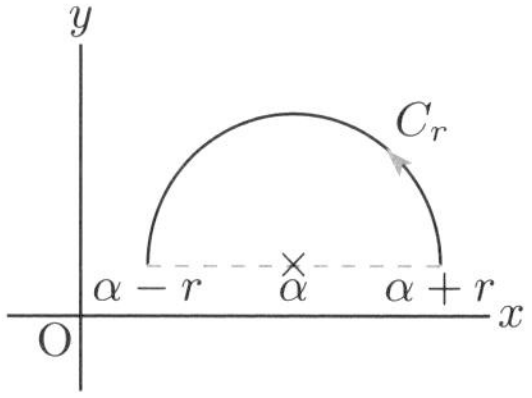

これを証明しよう．

$$f(z) = \frac{a_{-1}}{z-\alpha} + F(z) \qquad (F(z)\ は\ |z-\alpha| < R\ で正則)$$

とおくことができるから

$$\int_{C_r} f(z)\,dz = \int_{C_r} \frac{a_{-1}}{z-\alpha}\,dz + \int_{C_r} F(z)\,dz$$

右辺第 1 項について，$z = \alpha + re^{it} \quad (0 \leqq t \leqq \pi)$ とおくと

$$\frac{dz}{dt} = ire^{it}$$

$$\int_{C_r} \frac{a_{-1}}{z-\alpha}\,dz = a_{-1}\int_0^{\pi} \frac{1}{re^{it}} ire^{it}\,dt = a_{-1}i\int_0^{\pi} dt = a_{-1}\pi i$$

また第 2 項について，$F(z)$ は α で正則より α の近くで連続だから，α を中心とする半径が R より小さい円上で $|F(z)|$ の最大値が存在する．この最大値を M とおくと 128 ページの例 4 と同様にして

$$\left| \int_{C_r} F(z)\,dz \right| \leqq M\pi r$$

$$\lim_{r\to 0} \left| \int_{C_r} F(z)\,dz \right| \leqq M\pi \lim_{r\to 0} r = 0$$

これから

$$\lim_{r\to 0} \int_{C_r} f(z)\,dz = a_{-1}\pi i + \lim_{r\to 0} \int_{C_r} F(z)\,dz = \pi i \,\mathrm{Res}[f,\ \alpha]$$

よって，(4) が証明された．

(4) を用いれば，次の積分の公式が証明される．

●実積分の計算 2

$$\int_0^\infty \frac{\sin x}{x}\,dx = \frac{\pi}{2} \tag{5}$$

証明　図のように，r から R，R から Ri，Ri から $-R$，$-R$ から $-r$ に至る線分をそれぞれ C_1，C_2，C_3，C_4 とし，$-r$ から r に至る上半円を C_r とする．関数 $\dfrac{e^{iz}}{z}$ は 0 を除く全平面で正則だから，コーシーの積分定理より

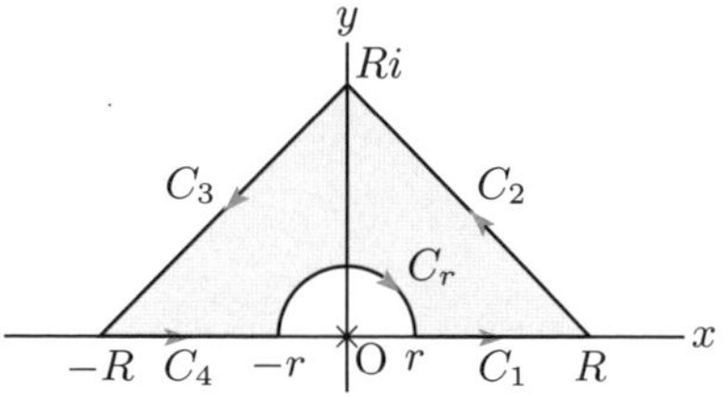

$$\int_{C_1} \frac{e^{iz}}{z}\,dz + \int_{C_2} \frac{e^{iz}}{z}\,dz + \int_{C_3} \frac{e^{iz}}{z}\,dz + \int_{C_4} \frac{e^{iz}}{z}\,dz + \int_{C_r} \frac{e^{iz}}{z}\,dz = 0 \tag{6}$$

ここで

$$\int_{C_1} \frac{e^{iz}}{z}\,dz = \int_r^R \frac{e^{ix}}{x}\,dx$$

$$\int_{C_4} \frac{e^{iz}}{z}\,dz = \int_{-R}^{-r} \frac{e^{ix}}{x}\,dx = \int_R^r \frac{e^{-it}}{t}\,dt = -\int_r^R \frac{e^{-ix}}{x}\,dx$$

(第 2 式で $x=-t$，第 3 式で $t=x$ とおいた)

よって，(6) の左辺第 1 項と第 4 項の和は

$$\int_r^R \frac{e^{ix}-e^{-ix}}{x}\,dx = 2i\int_r^R \frac{e^{ix}-e^{-ix}}{2ix}\,dx$$
$$= 2i\int_r^R \frac{\sin x}{x}\,dx$$

第 2 項については，C_2 が

$$z = (R-t)+it \ (0 \leqq t \leqq R)$$

と表されることから，次の式が成り立つ．

$$|z| \geqq \frac{R}{\sqrt{2}}$$
$$\left|\frac{e^{iz}}{z}\right| \leqq \frac{\sqrt{2}e^{-t}}{R}$$
$$\left|\int_{C_2}\frac{e^{iz}}{z}\,dz\right| \leqq \int_0^R \frac{\sqrt{2}e^{-t}}{R}\left|\frac{dz}{dt}\right|dt$$
$$\leqq \frac{2}{R}(1-e^{-R}) \to 0 \ (R\to\infty)$$

第 3 項についても同様である．

また，第 5 項について

$$\mathrm{Res}\left[\frac{e^{iz}}{z},\ 0\right] = \lim_{z\to 0}\left(z\frac{e^{iz}}{z}\right) = 1$$

したがって

$$\lim_{r\to 0}\int_{C_r}\frac{e^{iz}}{z}\,dz = -\lim_{r\to 0}\int_{-C_r}\frac{e^{iz}}{z}\,dz$$
$$= -\pi i\ \mathrm{Res}\left[\frac{e^{iz}}{z},\ 0\right] = -\pi i$$

よって，(6) で $r\to 0$，$R\to\infty$ とすると

$$2i\int_0^\infty \frac{\sin x}{x}\,dx - \pi i = 0$$

変形して，次の等式が得られる．

$$\int_0^\infty \frac{\sin x}{x}\,dx = \frac{\pi}{2}$$ //

5 章 補章

5 偏微分方程式

5 1 偏微分方程式と解

微分方程式とは，形式的にいえば，独立変数と未知関数およびその導関数を含む方程式のことである．未知関数は複数の変数の関数であってもよいが，1つの変数についての導関数を含む方程式を**常微分方程式**といい，2つ以上の変数についての偏導関数を含む方程式を**偏微分方程式**という．

例えば，独立変数 x, y および x, y の関数 z とその偏導関数

$$\frac{\partial z}{\partial x},\ \frac{\partial z}{\partial y},\ \frac{\partial^2 z}{\partial x^2},\ \frac{\partial^2 z}{\partial x \partial y},\ \frac{\partial^2 z}{\partial y^2},\ \cdots$$

を含む関係式は，2変数関数 z についての偏微分方程式である．偏微分方程式に含まれる偏導関数の最高次数 n をその偏微分方程式の階数という．

例 1 119ページのラプラスの微分方程式

$$\varphi_{xx} + \varphi_{yy} = 0$$

は，2階偏微分方程式である．

微分方程式は，自然科学や工学その他さまざまな分野の現象を記述するのによく用いられる．質点の運動などは常微分方程式で表されるのに対して，偏微分方程式は連続的な物体や流体などの現象を表す．

偏微分方程式を満たす関数をその偏微分方程式の**解**といい，解を求めることを偏微分方程式を解くという．偏微分方程式の解は，例えば次のようにして求める．

x, y の関数 z が偏微分方程式

$$\frac{\partial z}{\partial x} = y \tag{1}$$

を満たすとする，この解は，(1) の両辺を x について積分して

$$z = xy + f(y) \quad (f \text{ は任意の関数}) \tag{2}$$

このように，偏微分方程式の解には，任意定数ではなく**任意関数**が含まれる．この点が常微分方程式の場合との大きな違いである．一般に，偏微分方程式の階数と同じ個数の任意関数を含む解を**一般解**という．一般解における任意関数に特別な関数を代入して得られる解を**特殊解**という．例えば，偏微分方程式 (1) の解 (2) において，1 次関数 $f(y)=y+1$ を代入したものが特殊解 $z=xy+y+1$ である．

例 2　z が x, y の 2 変数関数で，f を任意関数とするとき

(1)　$\dfrac{\partial z}{\partial x}-\dfrac{\partial z}{\partial y}=0$ の一般解は　$z=f(x+y)$

また，特殊解は

$$z=\cos(x+y),\ z=e^{x+y},\ z=\log(x+y) \text{ など}$$

(2)　$\dfrac{\partial z}{\partial x}+\dfrac{\partial z}{\partial y}=0$ の一般解は　$z=f(x-y)$

(3)　$y\dfrac{\partial z}{\partial x}-x\dfrac{\partial z}{\partial y}=0$ の一般解は　$z=f(x^2+y^2)$

以後，1 階偏微分方程式には触れず，2 階斉次線形偏微分方程式を扱う．

簡単な例として，偏微分方程式

$$\frac{\partial^2 z}{\partial x\partial y}=0$$

を考えよう．

$u=\dfrac{\partial z}{\partial y}$ とおくと，$\dfrac{\partial u}{\partial x}=0$ となるから，u は x を含まず，y だけの関数である．したがって，$\varphi(y)$ を y についての任意関数として

$$u=\varphi(y) \quad \text{すなわち} \quad \frac{\partial z}{\partial y}=\varphi(y)$$

y について積分すると

$$z=\int \varphi(y)\,dy+f(x) \qquad (f \text{ は } x \text{ の任意関数})$$

$g(y)=\displaystyle\int \varphi(y)\,dy$ とおくと，一般解は次のようになる．

$$z=f(x)+g(y) \qquad (f,\ g \text{ は任意関数})$$

例題 1 t, x の関数 u について，次の偏微分方程式の一般解を求めよ．

$$\frac{1}{c^2}\frac{\partial^2 u}{\partial t^2} = \frac{\partial^2 u}{\partial x^2} \qquad (c \text{ は } 0 \text{ でない定数})$$

解 $p = x - ct$, $q = x + ct$ とおくと

$$\frac{\partial u}{\partial t} = \frac{\partial u}{\partial p}\frac{\partial p}{\partial t} + \frac{\partial u}{\partial q}\frac{\partial q}{\partial t} = c\left(-\frac{\partial u}{\partial p} + \frac{\partial u}{\partial q}\right)$$

$$\frac{\partial^2 u}{\partial t^2} = c^2\left(\frac{\partial^2 u}{\partial p^2} - 2\frac{\partial^2 u}{\partial p\,\partial q} + \frac{\partial^2 u}{\partial q^2}\right)$$

同様に

$$\frac{\partial^2 u}{\partial x^2} = \frac{\partial^2 u}{\partial p^2} + 2\frac{\partial^2 u}{\partial p\,\partial q} + \frac{\partial^2 u}{\partial q^2}$$

これを偏微分方程式に代入し，整理すると

$$\frac{\partial^2 u}{\partial p\,\partial q} = 0$$

よって，上の例より，一般解は $u = f(p) + g(q)$ である．すなわち

$$u = f(x - ct) + g(x + ct) \qquad (f,\ g \text{ は任意関数})$$ //

● **注**…… 例題 1 の偏微分方程式を **1 次元波動方程式**という．

問・1 x, y の関数 z についての偏微分方程式

$$\frac{\partial^2 z}{\partial x^2} - 5\frac{\partial^2 z}{\partial x\,\partial y} + 6\frac{\partial^2 z}{\partial y^2} = 0$$

の一般解を，$p = 3x + y$, $q = 2x + y$ とおくことによって求めよ．

一般に，偏微分方程式の一般解を求めることは非常に困難であり，通常は，ある条件下での解を求めることが多い．

$t = 0$ のときの条件

$$u(x,\ 0) = \varphi(x),\ \frac{\partial u}{\partial t}(x,\ 0) = \psi(x) \tag{3}$$

を**初期条件**といい，一般解における任意関数を初期条件を満たすように求める問題を**初期値問題**という．

また，$x = 0$, $x = L$ のときの条件

$$u(0,\ t) = \eta(t),\ u(L,\ t) = \xi(t)$$

を**境界条件**といい，一般解における任意関数を境界条件を満たすように求める問題を**境界値問題**という．

初期条件 (3) を満たす 1 次元波動方程式の解を求めよう．

$u(x,\ t) = f(x-ct) + g(x+ct)$ であり，初期条件(3) から

$$u(x,\ 0) = f(x) + g(x) = \varphi(x) \tag{4}$$

$$\frac{\partial u}{\partial t}(x,\ 0) = c\{-f'(x) + g'(x)\} = \psi(x) \tag{5}$$

(5) を 0 から x まで積分すると

$$c\{-f(x) + g(x) + f(0) - g(0)\} = \int_0^x \psi(x)\,dx \tag{6}$$

(4) と (6) から

$$f(x) = \frac{1}{2}\left\{\varphi(x) - \frac{1}{c}\int_0^x \psi(x)\,dx + f(0) - g(0)\right\}$$

$$g(x) = \frac{1}{2}\left\{\varphi(x) + \frac{1}{c}\int_0^x \psi(x)\,dx - f(0) + g(0)\right\}$$

したがって，$u(x,\ t) = f(x-ct) + g(x+ct)$ だから

$$u(x,\ t) = \frac{1}{2}\left\{\varphi(x-ct) + \varphi(x+ct) + \frac{1}{c}\int_{x-ct}^{x+ct} \psi(x)\,dx\right\}$$

5 2 フーリエ級数と偏微分方程式

偏微分方程式の与えられた条件を満たす解を求める場合に，第 3 章のフーリエ級数の理論が役立つことがある．ここでは，解を表す式を形式的な計算によって求める手法を述べるが，得られた式が真に解であることの証明は省略する．

偏微分方程式

$$\frac{\partial u}{\partial t} = \frac{\partial^2 u}{\partial x^2} \quad (0 < x < 1,\ t > 0) \tag{1}$$

の解 $u(x,\ t)$ で次の条件を満たすものを求めよう．

$$u(0,\ t)=u(1,\ t)=0 \quad (t \geqq 0) \qquad \text{（境界条件）} \qquad (2)$$

$$u(x,\ 0)=x(1-x) \quad (0 \leqq x \leqq 1) \qquad \text{（初期条件）} \qquad (3)$$

偏微分方程式 (1) は，例えば，長さ 1 の金属棒の位置 x，時刻 t における温度の満たす方程式である．このとき，境界条件 (2) は両端での温度を 0° に保つこと，初期条件 (3) は初期時刻における温度分布を表している．

●**注**……熱拡散率と呼ばれる正の定数を k とするとき

$$\frac{\partial u}{\partial t}=k\frac{\partial^2 u}{\partial x^2}$$

を**1次元熱伝導方程式**という．

まず，$u(x,\ t)=X(x)T(t)$ という形の (1) の解で，条件 (2) を満たし，恒等的に 0 ではないものを求める．

(1) に代入すると

$$X(x)T'(t)=X''(x)T(t)$$

$$\frac{T'(t)}{T(t)}=\frac{X''(x)}{X(x)} \qquad (=\lambda \text{とおく})$$

左辺は x を含まず右辺は t を含まないから，λ は定数である．これから

$$T'-\lambda T=0 \qquad (4)$$

$$X''-\lambda X=0 \qquad (5)$$

(5) の一般解を求めると，A，B を任意定数として

$\lambda>0$ のとき

$$X=Ae^{\sqrt{\lambda}x}+Be^{-\sqrt{\lambda}x} \qquad (6)$$

$\lambda=0$ のとき

$$X=Ax+B \qquad (7)$$

$\lambda<0$ のとき

$$X=A\cos\sqrt{-\lambda}x+B\sin\sqrt{-\lambda}x \qquad (8)$$

(2) を満たすことから

$$u(0,\ t)=X(0)T(t)=0$$

$T(t)=0$ とすると，$u(x,\ t)$ が恒等的に 0 になり条件に反する．よって，$X(0)=0$ である．同様にして，$X(1)=0$ も導かれる．

このため，$x=0,\ x=1$ のとき $X=0$ となるように $A,\ B$ を定めると

$\lambda>0$ のとき，(6) より　$A+B=0,\ Ae^{\sqrt{\lambda}}+Be^{-\sqrt{\lambda}}=0$

　　これから　$A=B=0$

$\lambda=0$ のとき，(7) より　$B=0,\ A+B=0$　これから $A=B=0$

これらの場合には，恒等的に $X=0$ となるから，求める解は得られない．

$\lambda<0$ のとき，(8) より　$A=0,\ A\cos\sqrt{-\lambda}+B\sin\sqrt{-\lambda}=0$

　　これから　$B\neq 0,\ \sin\sqrt{-\lambda}=0$

　第 2 式から　$\sqrt{-\lambda}=n\pi$　すなわち　$\lambda=-n^2\pi^2$　(n は正の整数)

したがって，求める (5) の解は，(8) より

$$X=B\sin n\pi x \qquad (B\neq 0)$$

一方，(4) の一般解は　$T=Ce^{\lambda t}=Ce^{-n^2\pi^2 t}$　(C は任意定数)

したがって

$$u_n(x,\ t)=e^{-n^2\pi^2 t}\sin n\pi x \qquad (n \text{ は正の整数}) \tag{9}$$

はすべて条件 (2) を満たす (1) の解である．しかし，条件 (3) を満たしていない．そこで，$u_n(x,\ t)$ の線形結合としての級数

$$u(x,\ t)=\sum_{n=1}^{\infty}C_n u_n(x,\ t) \qquad (C_n \text{ は定数}) \tag{10}$$

を作る．(10) は，各項ごとに微分できるとすれば，条件 (2) を満たす (1) の解である．さらに，これが条件 (3) を満たすように係数 C_n を定める．

(10) より

$$u(x,\ 0)=\sum_{n=1}^{\infty}C_n u_n(x,\ 0)$$

であり，(3) と (9) より

$$x(1-x)=\sum_{n=1}^{\infty}C_n\sin n\pi x \qquad (0\leqq x\leqq 1) \tag{11}$$

である．ここで，初期条件 $u(x,\ 0)$ の形から次のような周期 2 の奇関数

5 章
補章

$f(x)$ を考える.

$$f(x) = x(1-x) \quad (0 \leqq x \leqq 1), \quad f(-x) = -f(x), \quad f(x+2) = f(x)$$

このとき, (11) は, $0 \leqq x \leqq 1$ における $f(x)$ のフーリエ正弦級数であり, C_n はそのフーリエ係数になっている.

84ページ例題4によると, $C_n = \dfrac{4(1-(-1)^n)}{n^3\pi^3}$ だから

$$u(x,t) = \sum_{n=1}^{\infty} C_n u_n(x,\ t) = \sum_{n=1}^{\infty} \frac{4(1-(-1)^n)}{n^3\pi^3} e^{-n^2\pi^2 t} \sin n\pi x$$

が条件 (2) および (3) を満たす (1) の解である.

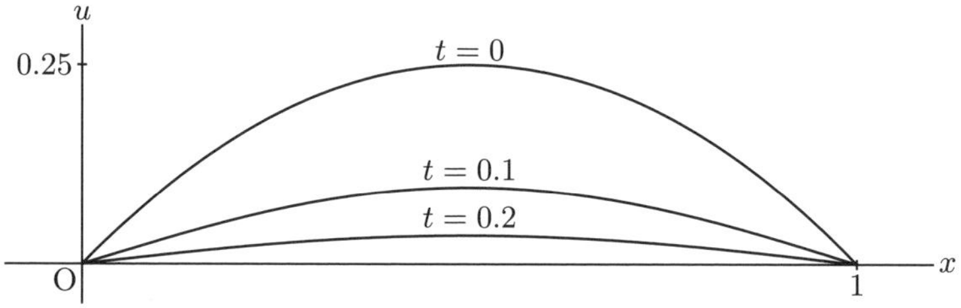

偏微分方程式の解を1変数関数の積の形で求める方法を**変数分離法**という. ここでは, 変数分離法によって多数の解を求め, それらの線形結合で与えられた条件を満たす解を求めた.

問・2 次の条件を満たす熱伝導方程式 $\dfrac{\partial u}{\partial t} = \dfrac{\partial^2 u}{\partial x^2}$ $(0 < x < 1,\ t > 0)$ の解を求めよ.

$$u(0,\ t) = u(1,\ t) = 0, \quad u(x,\ 0) = 5\sin 2\pi x - 3\sin 5\pi x$$

5 3 フーリエ変換と偏微分方程式

第3章のフーリエ変換を用いて, 熱伝導方程式

$$\begin{cases} \dfrac{\partial u}{\partial t} = \dfrac{\partial^2 u}{\partial x^2} & (t > 0,\ -\infty < x < \infty) \quad (1) \\ u(x,\ 0) = \varphi(x) & (-\infty < x < \infty) \quad (2) \end{cases}$$

の解 $u(x,\ t)$ を求めよう. ここで $\varphi(x)$ は $t = 0$ のときの温度分布を表す関

数である．

$u(x,\ t)$ の x についてのフーリエ変換を $U(\xi,\ t)$ とおくと

$$\frac{\partial U}{\partial t} = \frac{\partial}{\partial t}\int_{-\infty}^{\infty} u(x,\ t)e^{-i\xi x}\,dx \tag{3}$$

微分と積分の順序が交換できるとすると，(3) の右辺は

$$\int_{-\infty}^{\infty} \frac{\partial}{\partial t}u(x,\ t)e^{-i\xi x}\,dx$$

よって　$\mathcal{F}\left[\dfrac{\partial u}{\partial t}\right] = \dfrac{\partial U}{\partial t}$

また，96 ページのフーリエ変換の性質 (V) より

$$\mathcal{F}\left[\frac{\partial^2 u}{\partial x^2}\right] = (i\xi)^2 U(\xi,\ t) = -\xi^2 U(\xi,\ t)$$

となるから，(1) の両辺のフーリエ変換を求めることによって次の等式が得られる．

$$\frac{\partial U}{\partial t} = -\xi^2 U \tag{4}$$

(4) は U を未知関数，t を変数としたとき，1 階常微分方程式とみることができる．その解は

$$U(\xi,\ t) = \Phi(\xi)e^{-\xi^2 t} \tag{5}$$

ここで，$\Phi(\xi)$ は $u(x,\ 0) = \varphi(x)$ のフーリエ変換である．

98 ページ (1) 式で $a = \dfrac{1}{4t}$ とおくと

$$\mathcal{F}\left[e^{-\frac{x^2}{4t}}\right] = 2\sqrt{\pi t}\,e^{-\xi^2 t}$$

よって　$\mathcal{F}\left[\dfrac{1}{2\sqrt{\pi t}}e^{-\frac{x^2}{4t}}\right] = e^{-\xi^2 t}$

したがって，たたみこみの性質から

$$\mathcal{F}\left[\varphi(x) * \frac{1}{2\sqrt{\pi t}}e^{-\frac{x^2}{4t}}\right] = \Phi(\xi)e^{-\xi^2 t}$$

すなわち

$$\mathcal{F}\left[\frac{1}{2\sqrt{\pi t}}\varphi(x) * e^{-\frac{x^2}{4t}}\right] = \Phi(\xi)e^{-\xi^2 t}$$

一方，(5) から

$$\mathcal{F}[u(x,\ t)] = \Phi(\xi)e^{-\xi^2 t}$$

よって，(1), (2) の解 $u(x,\ t)$ は次のように表される．

$$u(x,\ t) = \frac{1}{2\sqrt{\pi t}}\varphi(x) * e^{-\frac{x^2}{4t}} \tag{6}$$

$$= \frac{1}{2\sqrt{\pi t}}\int_{-\infty}^{\infty}\varphi(x-\xi)e^{-\frac{\xi^2}{4t}}\,d\xi$$

●注…… $E(x,\ t) = \dfrac{1}{2\sqrt{\pi t}}e^{-\frac{x^2}{4t}}$ とおくと (6) は次のように表される．

$$u(x,\ t) = \varphi(x) * E(x,\ t) \tag{7}$$

$E(x,\ t)$ も方程式 (1) の解であり，**基本解**と呼ばれる．

例題 2 次の熱伝導方程式の解 $u(x,t)$ を求めよ．

$$\begin{cases} \dfrac{\partial u}{\partial t} = \dfrac{\partial^2 u}{\partial x^2} & (t > 0,\ -\infty < x < \infty) \\ u(x,\ 0) = e^{-\frac{x^2}{2}} & (-\infty < x < \infty) \end{cases}$$

解 $\varphi(x) = e^{-\frac{x^2}{2}}$ に対し，(7) を適用して

$$u(x,\ t) = (\varphi * E)(x) = e^{-\frac{x^2}{2}} * \frac{1}{2\sqrt{\pi t}}e^{-\frac{x^2}{4t}}$$

第3章99ページ例題 4(2) を用いると

$$u(x,\ t) = \frac{1}{2\sqrt{\pi t}}\sqrt{\frac{8\pi t}{2+4t}}e^{-\frac{x^2}{2+4t}}$$

$$= \frac{1}{\sqrt{2t+1}}e^{-\frac{x^2}{2+4t}}$$

//

問・3 次の熱伝導方程式の解 $u(x,t)$ を求めよ．ただし ε は正の定数である．

$$\begin{cases} \dfrac{\partial u}{\partial t} = \dfrac{\partial^2 u}{\partial x^2} & (t > 0,\ -\infty < x < \infty) \\ u(x,\ 0) = \dfrac{1}{\sqrt{\pi\varepsilon}}e^{-\frac{x^2}{\varepsilon}} & (-\infty < x < \infty) \end{cases}$$

方程式 (1) の基本解 $E(x,\ t)$ について，次の性質が知られている．

(i) $x \neq 0$ のとき $\displaystyle\lim_{t\to+0} E(x,\ t) = 0$

(ii) $\displaystyle\int_{-\infty}^{\infty} E(x,\ t)\,dx = 1$

(iii) $-R < x < R \ (R > 0)$ で定義された連続関数 $f(x)$ について

$$\lim_{t \to +0} \int_{-R}^{R} f(x)E(x,\ t)\, dx = f(0)$$

デルタ関数 $\delta(x)$ は，$E(x,\ t)$ の $t \to +0$ としたときの極限と考えられ，次の性質を満たす関数として定義される (第 2 章 69 ページ参照).

(Ⅰ) $x \neq 0$ のとき　$\delta(x) = 0$

(Ⅱ) $\displaystyle\int_{-\infty}^{\infty} \delta(x)\, dx = 1$

(Ⅲ) $-\infty < x < \infty$ で定義された連続関数 $f(x)$ について，

$$\int_{-\infty}^{\infty} f(x)\delta(x)\, dx = f(0)$$

デルタ関数のフーリエ変換とたたみこみについて，次の公式が成り立つ.

$$\mathcal{F}[\delta(x)] = 1 \qquad \text{(定数関数)}$$

$$f * \delta = \delta * f = f$$

また，$\displaystyle\lim_{t \to +0} E(x,\ t) = \delta(x)$ だから，基本解 $E(x,\ t)$ は，次の熱伝導方程式の解である.

$$\begin{cases} \dfrac{\partial u}{\partial t} = \dfrac{\partial^2 u}{\partial x^2} & (t > 0,\ -\infty < x < \infty) \\ u(x,\ 0) = \delta(x) & (-\infty < x < \infty) \end{cases}$$

解答

1章 ベクトル解析

1 (p.2〜14)

問1 順に $-\boldsymbol{k}$, $\boldsymbol{0}$, $\boldsymbol{i}$, $\boldsymbol{j}$, $-\boldsymbol{i}$, $\boldsymbol{0}$

問2 $(3,\ 1,\ -5)$

問3 $(5,\ 7,\ 4)$, $\dfrac{3\sqrt{10}}{2}$

問4 $\boldsymbol{0}$, $-\boldsymbol{j}$

問5 (1) $\boldsymbol{a}'(t) = \left(e^t,\ \dfrac{1}{t},\ 2t\right)$

$\boldsymbol{a}'(1) = (e,\ 1,\ 2)$

(2) $\boldsymbol{b}'(t) = (-\pi\sin\pi t,\ \pi\cos\pi t,\ 1)$

$\boldsymbol{b}'(1) = (0,\ -\pi,\ 1)$

問6 $\sqrt{1+4t^2}$

問7 ベクトルを成分表示せよ.

問8 $\boldsymbol{t} = \dfrac{1}{\sqrt{8t^2+1}}(2t,\ 1,\ -2t)$

問9 10π

問10 (1) $\pm\dfrac{(2u,\ v,\ -1)}{\sqrt{4u^2+v^2+1}}$

(2) $\pm\dfrac{(\sin v,\ -\cos v,\ u)}{\sqrt{u^2+1}}$

問11 4π

練習問題 1 (p.15)

1. $\boldsymbol{a} = -(\boldsymbol{b}+\boldsymbol{c})$ より

$\boldsymbol{a}\times\boldsymbol{b} = -(\boldsymbol{b}+\boldsymbol{c})\times\boldsymbol{b} = \boldsymbol{b}\times(\boldsymbol{b}+\boldsymbol{c})$

$= \boldsymbol{b}\times\boldsymbol{b} + \boldsymbol{b}\times\boldsymbol{c} = \boldsymbol{b}\times\boldsymbol{c}$

$\boldsymbol{c}\times\boldsymbol{a}$ についても同様に計算せよ.

2. (1) 右辺を第 1 行で展開した式と内積 $\boldsymbol{a}\cdot(\boldsymbol{b}\times\boldsymbol{c})$ の値を比較せよ.

(2) (1) の結果を利用せよ.

3. (1) $3\sqrt{6}$ (2) $\pm\dfrac{1}{\sqrt{6}}(1,\ 1,\ -2)$

4. (1) $\boldsymbol{t} = \dfrac{1}{e^t+e^{-t}}\left(e^t,\ -e^{-t},\ \sqrt{2}\right)$

(2) $e - \dfrac{1}{e}$

5. 20

6. (1) $\pm(\cos u\sin v,\ \sin u\sin v,\ \cos v)$

(2) $\dfrac{\pi}{2}a^2$

2 (p.16〜23)

問1 (1) $(3,\ 0,\ 4)$ (2) $\left(\dfrac{3}{5},\ 0,\ \dfrac{4}{5}\right)$

(3) 5 (4) $-\dfrac{2}{3}$

問2 微分の性質を用いよ.

問3 (1) 勾配の公式(III)を用いよ.

(2) (1) と勾配の公式(II)を用いよ.

問4 (1) $\nabla\cdot\boldsymbol{a} = 3x^2z - 2yz + xy$

$\nabla\times\boldsymbol{a} = (xz+y^2,\ x^3-yz,\ 0)$

(2) $\nabla\cdot\boldsymbol{b} = 2x+2y+2z$

$\nabla\times\boldsymbol{b} = (2z,\ 2x,\ 2y)$

問5 ベクトルを成分表示し，発散と回転の定義を用いよ.

問6 回転の公式(II)で $\boldsymbol{a} = \nabla\varphi$ とおく

$\nabla\times\left(\varphi(\nabla\varphi)\right)$

$= (\nabla\varphi)\times(\nabla\varphi) + \varphi\left(\nabla\times(\nabla\varphi)\right)$

右辺に外積の性質 $\boldsymbol{a}\times\boldsymbol{a} = \boldsymbol{0}$ と回転の公式(III)を用いよ.

問7 (1) $-\dfrac{\boldsymbol{r}}{r^3}$ (2) $\dfrac{2}{r}$ (3) $\boldsymbol{0}$

問8 (1) $6x+2yz$ (2) $2x+2y+2z$

(3) $\dfrac{2}{x^2+y^2+z^2}$　(4) 0

練習問題 2　(p.24)

1. (1) $(3x^2z-yz^2,\ -xz^2,\ x^3-2xyz)$

(2) $\sqrt{29}$　(3) -10

2. (1) $x+y+z$　(2) $(-y,\ -z,\ -x)$

(3) $(1,\ 1,\ 1)$　(4) $(1,\ 1,\ 1)$

3. ベクトルを成分表示し，発散と回転の定義や公式を用いよ．

4. (1) 回転の定義を用いよ．

(2) $(a_yz-a_zy,\ a_zx-a_xz,\ a_xy-a_yx)$

(3) (1)，(2) の結果を用いよ．

5. $\boldsymbol{c}=(c_x,\ c_y,\ c_z)$ ($c_x,\ c_y,\ c_z$ は定数) とおいて，成分を計算せよ．(2)，(3) は $\varphi=\boldsymbol{r}\cdot\boldsymbol{c}$ として，発散と回転の公式を用いよ．

6. 発散と回転の公式 (II)，勾配の公式 (III)，例題 3 を用いよ．

3　(p.25～43)

問 1 (1) $\sqrt{2}\left(\dfrac{\pi}{4}+1\right)$　(2) $\dfrac{\pi}{4}+\dfrac{1}{3}$

問 2 15

問 3 $\pi+\dfrac{\pi^2}{2}$

問 4 (1) 18　(2) 9π

問 5 (1) $\dfrac{2\pi}{3}(2\sqrt{2}-1)$

(2) $\pi\left(\sqrt{2}+\log(1+\sqrt{2})\right)$

問 6 3

問 7 $\boldsymbol{n}=\dfrac{\boldsymbol{r}}{r}$，$S$ 上で $r=a$，および $\displaystyle\int_S dS=4\pi a^2$ を用いよ．

問 8 グリーンの定理を用いよ．　8π

問 9 8π

問 10 32π

問 11 (1) 発散定理を用いよ．

(2) $\boldsymbol{r}=a\boldsymbol{n}$ より $\boldsymbol{r}\cdot\boldsymbol{n}=a$ であることを用いよ．

問 12 2π

問 13 ストークスの定理より

$$\int_C(\varphi\nabla\psi)\cdot d\boldsymbol{r}$$
$$=\int_S\left(\nabla\times(\varphi\nabla\psi)\right)\cdot\boldsymbol{n}\,dS$$

回転の公式 (II)，(III) を用いて次式を示せ．

$$\nabla\times(\varphi\nabla\psi)=\nabla\varphi\times\nabla\psi$$

練習問題 3　(p.44)

1. $C:\boldsymbol{r}(t)=(t,\ 2t,\ 0)\ (0\leqq t\leqq 1)$

(1) $\dfrac{7\sqrt{5}}{3}$　(2) $\dfrac{7}{3}$　(3) $\dfrac{14}{3}$

2. グリーンの定理を用いよ．　$\dfrac{1}{6}$

3. 面積分の定義を用いよ．　1

4. (1) 発散定理，発散と回転の公式 (II) を用いよ．

(2) (1) の結果を用いよ．

2章 ラプラス変換

1　(p.46～60)

問 1 $\dfrac{2}{s^3}$　$(s>0)$

問2 $\dfrac{s+4}{s^3} \quad (s>0)$

問3 $\dfrac{2s-1}{(s-2)(s+1)} \quad (s>2)$

問4 部分積分法と例題 4 の結果および $\lim_{t\to\infty} e^{-st}\cos t = 0\ (s>0)$ を用いよ.

問5 $\mathcal{L}[\sinh t] = \dfrac{1}{s^2-1} \quad (s>1)$

$\mathcal{L}[\cosh t] = \dfrac{s}{s^2-1} \quad (s>1)$

問6

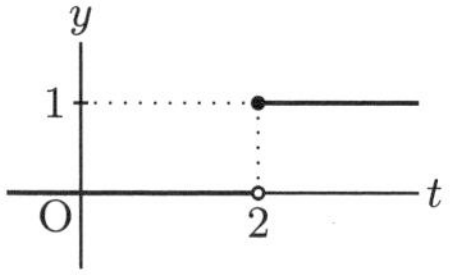

$\mathcal{L}[U(t-2)] = \dfrac{e^{-2s}}{s} \quad (s>0)$

問7 $f(t) = U(t) - U(t-a)$

$+U(t-b) - U(t-c) \quad (t>0)$

$\mathcal{L}[f(t)] = \dfrac{1-e^{-as}+e^{-bs}-e^{-cs}}{s}$

$(s>0)$

問8 $\dfrac{s}{s^2+\omega^2}$

問9 $\mathcal{L}[\sin^2 t] = \dfrac{2}{s(s^2+4)}$

$\mathcal{L}[\cos^2 t] = \dfrac{s^2+2}{s(s^2+4)}$

問10 $\mathcal{L}[te^{\alpha t}] = \dfrac{1}{(s-\alpha)^2}$

$\mathcal{L}[e^{\alpha t}\cos\beta t] = \dfrac{s-\alpha}{(s-\alpha)^2+\beta^2}$

問11 $\dfrac{e^{-\frac{\pi}{4}s}}{s^2+1}$

問12

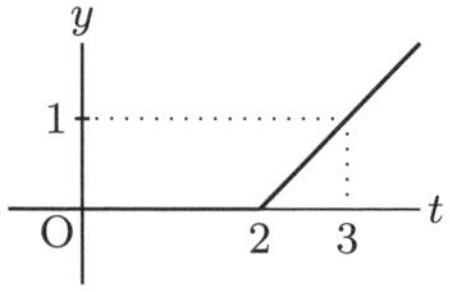

$\mathcal{L}[f(t)] = \dfrac{e^{-2s}}{s^2}$

問13 $\dfrac{s^2-\omega^2}{(s^2+\omega^2)^2}$

問14 $\dfrac{1}{s^2(s+2)}$

問15 $\dfrac{n!}{s^{n+1}}$

問16 $\log\left(\dfrac{s-1}{s-2}\right)$

問17 (1) $\dfrac{1}{3}\left(e^{2t}-e^{-t}\right)$ (2) $\dfrac{1}{2}e^{t}\sin 2t$

問18 (1) $(1+t)e^{2t}$ (2) $e^{3t}\cos t$

問19 (1) $\dfrac{1}{2} - e^{t} + \dfrac{1}{2}e^{2t}$

(2) $e^{t} + 2te^{t} - e^{-2t}$

練習問題 1 (p.61)

1. (1) $\dfrac{s^2+2s+2}{s^3}$

(2) $\dfrac{s^2-3}{(s^2+1)(s^2+9)}$

(3) $\dfrac{1}{(s-1)^2+1} + \dfrac{3}{(s+2)^2+1}$

(4) $\dfrac{2s(s^2-3)}{(s^2+1)^3}$

2. (1) $f(t) = k\big(U(t-a) - U(t-b)\big)$

$\mathcal{L}[f(t)] = \dfrac{k(e^{-as}-e^{-bs})}{s}$

(2) $g(t) = kU(t) + (l-k)U(t-a)$

$+(k-l)U(t-b)$

$\mathcal{L}[g(t)]$

$= \dfrac{k+(l-k)e^{-as}+(k-l)e^{-bs}}{s}$

3. (1) $\cos 2t$ (2) $\cos 3t + \dfrac{1}{3}\sin 3t$

(3) $\dfrac{1}{2}\sinh\dfrac{1}{2}t$ (4) $(1-t)e^{-t}$

(5) $\dfrac{1}{3}(5e^{2t} - 2e^{-t})$

(6) $\frac{1}{8}(2+3t)e^{\frac{t}{2}}$

4. (1) $A=\frac{1}{3},\ B=\frac{2}{3},\ C=-\frac{2}{3}$

(2) $\frac{1}{3}(e^{-2t}+2e^{t}\cos\sqrt{3}t)$

5. (1) $\frac{1}{2}(t-1)^2U(t-1)$

(2) $\sin t\,U(t-2\pi)$

2 (p.62～71)

問1 (1) $x=e^{2t}$ (2) $x=te^{-t}$

問2 (1) $x=\frac{1}{2}e^{t}-e^{2t}+\frac{1}{2}e^{3t}$

(2) $x=e^{-2t}\sin t$

問3 (1) $x=1+e^{-t}$

(2) $x=1-\cos t-\sin t$

問4 $A,\ B$ は任意定数

(1) $x=e^{3t}+Ae^{2t}$

(2) $x=\frac{1}{4}t\sin 2t$

$+A\cos 2t+B\sin 2t$

問5 $\frac{1}{12}t^4$

問6 定積分の性質を用いよ.

問7 $\frac{2}{s^5}$

問8 (1) $\int_0^t f(\tau)(t-\tau)e^{\alpha(t-\tau)}\,d\tau$

(2) $\frac{1}{\alpha-\beta}\int_0^t f(\tau)\left(e^{\alpha(t-\tau)}-e^{\beta(t-\tau)}\right)d\tau$

(3) $\frac{1}{\beta}\int_0^t f(\tau)e^{\alpha(t-\tau)}\sin\beta(t-\tau)\,d\tau$

問9 $x=\cos 3t-\frac{1}{3}\sin 3t$

問10 $H(s)=\frac{1}{s^2+s-2}$

$y(t)=\frac{1}{3}\int_0^t x(\tau)(e^{t-\tau}-e^{-2(t-\tau)})\,d\tau$

問11 $\mathcal{L}[\delta(t)]=1$ を用いよ.

問12 $y(t)=\frac{1}{\omega}\sin\omega t\quad(t>0)$

練習問題 2 (p.72)

1. (1) $x=t-\frac{1}{5}\sin 5t$

(2) $x=te^{-t}$

(3) $x=\frac{1}{4}(1-\cos 2t-\sin 2t)$

(4) $x=-\frac{2}{3}\sin 2t+A\cos t+B\sin t$

($A,\ B$ は任意定数)

2. $x(t)=-te^{2t},\ y(t)=(1-t)e^{2t}$

3. (1) $-t-1+e^{t}$

(2) $\frac{1}{2}t\cos 2t+\frac{1}{4}\sin 2t$

4. $x=1+4te^{2t}$

5. (1) $H(s)=\frac{1}{s^2-5s+6}$

(2) $y(t)=e^{3t}-e^{2t}\quad(t>0)$

(3) $y(t)=\frac{1}{3}e^{3t}-\frac{1}{2}e^{2t}+\frac{1}{6}$

$(t>0)$

(4) $y(t)=\frac{1}{12}e^{-t}-\frac{1}{3}e^{2t}+\frac{1}{4}e^{3t}$

$(t>0)$

3章 フーリエ解析

1 (p.74～89)

問1 積を和に直す公式, 半角公式をそれぞれ $m\neq n,\ m=n$ のときに用いよ.

問2 $\sum_{n=1}^{\infty}\frac{2\cdot(-1)^{n+1}}{n}\sin nx$

問3 (1) $\frac{1}{2}+\sum_{n=1}^{\infty}\frac{(-1)^n-1}{n\pi}\sin n\pi x$

(2) $3+\sum_{n=1}^{\infty}\frac{2\{1-(-1)^n\}}{n\pi}\sin\frac{n\pi x}{2}$

(3) $\frac{1}{4}+\sum_{n=1}^{\infty}\left(\frac{1-(-1)^n}{n^2\pi^2}\cos 2n\pi x - \frac{1}{n\pi}\sin 2n\pi x\right)$

問4 (1) $\sum_{n=1}^{\infty}\frac{2(1-(-1)^n)}{n\pi}\sin n\pi x$

(2) $\frac{1}{2}+\sum_{n=1}^{\infty}\frac{2(1-(-1)^n)}{n^2\pi^2}\cos n\pi x$

(3) $\frac{2}{\pi}-\sum_{n=1}^{\infty}\frac{4\cdot(-1)^n}{(4n^2-1)\pi}\cos\frac{n\pi x}{2}$

問5 (1) 例題 3 のフーリエ級数に $x=0$ を代入せよ.

(2) 例題 4 のフーリエ級数に $x=\frac{1}{2}$ を代入せよ.

問6 (1) $\frac{1}{2}-\sum_{\substack{n=-\infty\\ n\neq 0}}^{\infty}\frac{1-(-1)^n}{2n\pi}i\,e^{in\pi x}$

(2) $\frac{1}{4}+\sum_{\substack{n=-\infty\\ n\neq 0}}^{\infty}\frac{1}{2}\left(-\frac{1-(-1)^n}{n^2\pi^2}+\frac{(-1)^n}{n\pi}i\right)e^{in\pi x}$

問7 (1) $1+\sum_{\substack{n=-\infty\\ n\neq 0}}^{\infty}\frac{1-(-1)^n}{n\pi}i\,e^{i\frac{n\pi x}{2}}$

(2) $\frac{1}{2}+\sum_{\substack{n=-\infty\\ n\neq 0}}^{\infty}\left(\frac{1-(-1)^n}{n^2\pi^2}-\frac{i}{n\pi}\right)e^{i\frac{n\pi x}{2}}$

練習問題 1 (p.90)

1. $\frac{3}{4}+\sum_{n=1}^{\infty}\left\{\frac{1-(-1)^n}{n^2\pi^2}\cos n\pi x+\frac{(-1)^n}{n\pi}\sin n\pi x\right\}$

2. (1) $\frac{1}{2}+\sum_{n=1}^{\infty}\frac{8}{n^2\pi^2}\times\left(1-\cos\frac{n\pi}{2}\right)\cos\frac{n\pi x}{2}$

(2) $\sum_{n=1}^{\infty}\left(\frac{4}{n^2\pi^2}\sin\frac{n\pi}{2}+\frac{2\cdot(-1)^n}{n\pi}\right)\sin\frac{n\pi x}{2}$

3. (1) $\frac{1}{3}+\sum_{n=1}^{\infty}\frac{4\cdot(-1)^n}{n^2\pi^2}\cos n\pi x$

(2) $f(0)=\frac{1}{3}+\frac{4}{\pi^2}\left(-1+\frac{1}{2^2}-\cdots\right)$ などを用いよ.

4. $\frac{e^{\frac{\pi}{2}}-e^{-\frac{\pi}{2}}}{\pi}\sum_{n=-\infty}^{\infty}(-1)^n\cdot\frac{1+2ni}{1+4n^2}e^{i2nx}$

2 (p.91〜103)

問1 (1) $\frac{1}{1-iu}$ (2) $\frac{1}{(1+iu)^2}$

問2 (1) $\frac{e^{-iu}-1}{u}i$

(2) $\frac{(iu-1)e^{iu}+(iu+1)e^{-iu}}{u^2}$

$=\frac{2i}{u^2}(u\cos u-\sin u)$

問3 (1) フーリエの積分定理を用いよ.

(2) (1) 式で $x=0$ とせよ.

問4 $\frac{2(1-\cos u)}{u}$

問5 (III)の証明は, 指数法則を用いてフーリエ変換の定義式を用いよ.

(VI)の証明は, フーリエ変換の定義式の両辺を u で微分せよ.

問6 $\mathcal{F}^{-1}\left[\frac{1}{2\pi}F(u)*G(u)\right]$ を計算せよ.

問7 (1) $-\sqrt{2\pi}\,iu\,e^{-\frac{u^2}{2}}$

(2) $\sqrt{2\pi}\,(1-u^2)\,e^{-\frac{u^2}{2}}$

問8 98 ページの (1) 式を用いて，右辺をフーリエ変換せよ．

問9 (1) たたみこみのフーリエ変換と問7の結果を用いよ．

(2) 性質(VI)を用いて右辺をフーリエ変換し，(1) の右辺と比較せよ．（もしくは，性質(V)を用いて (1) の右辺を逆変換せよ．）

問10 $S_f(\omega)$

$$= \begin{cases} \dfrac{1}{2} & (\omega = 0) \\ \dfrac{4}{\omega^2} & (\omega = (2k-1)\pi) \\ 0 & (\text{それ以外のとき}) \end{cases}$$

ただし $k = 1, 2, \cdots$

問11 $S_f(\omega)$

$$= \begin{cases} \dfrac{1}{\pi} & (\omega = 0) \\ \dfrac{2(1-\cos\omega)}{\pi\omega^2} & (\omega > 0) \end{cases}$$

練習問題 2 (p.104)

1. (1) $\dfrac{e^{-3iu}+e^{-2iu}-2}{u}\,i$

(2) $\dfrac{1-2iu-e^{-2iu}}{2u^2}$

2. (1) $\dfrac{2\sin\pi u}{1-u^2}$ (2) $\dfrac{2\cos\dfrac{\pi}{2}u}{1-u^2}$

4章 複素関数

1 (p.106～121)

問1 実部，虚部，絶対値，共役複素数の順に示す．

(1) $5,\ 12,\ 13,\ 5-12i$

(2) $5,\ -5,\ 5\sqrt{2},\ 5+5i$

(3) $\dfrac{3}{10},\ -\dfrac{1}{10},\ \dfrac{\sqrt{10}}{10},\ \dfrac{3}{10}+\dfrac{1}{10}i$

(4) $\dfrac{11}{5},\ \dfrac{2}{5},\ \sqrt{5},\ \dfrac{11}{5}-\dfrac{2}{5}i$

問2 $z_1 = x_1 + y_1 i,\ z_2 = x_2 + y_2 i$ とおき，例題 1 と同様にせよ．

問3 (1) $2\left(\cos\dfrac{\pi}{6} + i\sin\dfrac{\pi}{6}\right),\ 2e^{\frac{\pi}{6}i}$

(2) $\sqrt{2}\left(\cos\dfrac{3}{4}\pi + i\sin\dfrac{3}{4}\pi\right),\ \sqrt{2}e^{\frac{3}{4}\pi i}$

(3) $5\left(\cos\dfrac{\pi}{2} + i\sin\dfrac{\pi}{2}\right),\ 5e^{\frac{\pi}{2}i}$

(4) $4(\cos\pi + i\sin\pi),\ 4e^{\pi i}$

問4 (1), (2) 定義を用いて証明せよ．

(3), (4) $-\theta$ についてのオイラーの公式を利用せよ．

問5 (1) $\sqrt{10}$ (2) $\sqrt{34}$

問6 $|z_1 - z_2| = |(z_1 - z_3) + (z_3 - z_2)|$ とせよ．

問7 (1) 原点のまわりに $\dfrac{\pi}{6}$ だけ回転した点を z_1 とし，線分 Oz_1 を 2 倍に拡大した端の点

(2) 原点のまわりに $\dfrac{\pi}{2}$ だけ回転した点

(3) 原点のまわりに $-\dfrac{\pi}{4}$ だけ回転した点を z_1 とし，線分 Oz_1 を $\dfrac{1}{\sqrt{2}}$ 倍に縮小した端の点

問8 左辺$=\dfrac{1}{\cos n\theta + i\sin n\theta}$ とせよ．

問9 (1) 64 (2) $\dfrac{1}{64}(1+\sqrt{3}i)$

問10 (1) ± 1, $\dfrac{1}{2}(1\pm\sqrt{3}i)$,

$-\dfrac{1}{2}(1\pm\sqrt{3}i)$

(2) $\dfrac{1}{\sqrt{2}}(1\pm i)$, $-\dfrac{1}{\sqrt{2}}(1\pm i)$

(3) $\pm\sqrt{3}+i$, $-2i$

問11 (1) -1 (2) $\dfrac{e^2}{2}(-1+\sqrt{3}i)$

(3) $\dfrac{i}{e}$

問12 (1) $|e^{iy}|=1$ を用いよ.

(2) $|e^z|=e^x$ を用いよ.

問13 定義を用いて証明せよ.

問14 e^z の周期は $2\pi i$ を用いよ.

問15 $\alpha=ae^{ib}$ などとして考えよ.

絶対値 $|\alpha|r$, 偏角 $\theta+\arg\alpha$ である点

問16 (1) $z=\dfrac{wi+1}{w}$ より

中心が点 $-\dfrac{i}{2}$, 半径 $\dfrac{\sqrt{3}}{2}$ の円

(2) 直線 $\mathrm{Im}(w)=\dfrac{1}{2}$

問17 (1) $6-8i$ (2) -36 (3) $\dfrac{2}{3}$

問18 (1) $4z^3-6iz^2+2(3+i)z+2$

(2) $\dfrac{1}{(z+1)^2}$ (3) $8z(z^2+i)^3$

問19 (1) $u=\dfrac{x}{x^2+y^2}$,

$v=-\dfrac{y}{x^2+y^2}$

(2) $u=(x+1)^2-y^2$, $v=2(x+1)y$

(3) $u=9x^2-y^2$, $v=6xy$

問20 (1) 正則 $f'(z)=1+i$

$f(z)=(1+i)(x+yi)$

(2) 正則 $f'(z)=2x+2yi$

$f(z)=(x+yi)^2$

問21 $u_x=u_y=0$ のとき u は定数であることを用いよ.

問22 $\dfrac{1}{\cos^2 z}$

問23 $u_{xx}+u_{yy}=0$ を示せ.

$f(z)=(x+yi)^3$ を計算せよ.

問24 (1) $\pm\dfrac{1}{\sqrt{2}}(1+i)$ (2) $\pm\sqrt[4]{2}e^{\frac{\pi}{8}i}$

(3) $\pm 2i$

問25 n は整数とする.

(1) $\dfrac{1}{2}\log 2+\left(\dfrac{\pi}{4}+2n\pi\right)i$

(2) $\log 2+\left(\dfrac{\pi}{2}+2n\pi\right)i$

(3) $(\pi+2n\pi)i$

(4) $\dfrac{1}{2}\log 2+\left(-\dfrac{\pi}{4}+2n\pi\right)i$

問26 $w=\log z$ とする.

$z=e^w$ より $\dfrac{dz}{dw}=e^w=z$

$\therefore\ (\log z)'=\dfrac{dw}{dz}=\dfrac{1}{\dfrac{dz}{dw}}=\dfrac{1}{z}$

練習問題 1 (p.122)

1. 定義を用いて示せ.

2. (1) $f'(z)=u_x+iv_x$ とコーシー・リーマンの関係式を用いよ.

(2) 左辺を計算して, u, v が調和関数であることを用いよ.

3. $\displaystyle\lim_{z\to\alpha}\frac{f(z)-f(\alpha)}{z-\alpha}=f'(\alpha)$ を用いよ.

(1) $-\dfrac{1}{3}$ (2) i

4. $u=\cos x\cosh y,\ v=-\sin x\sinh y$

(1) 線分　$v=0$　$(-1\leqq u\leqq 1)$

(2) 双曲線 $2u^2-2v^2=1$ の $u>0$ の部分

2 (p.123～147)

問1 (1) $z=1+3e^{it}$ $(0\leqq t\leqq 2\pi)$

(2) $z=2(1-t)+it$ $(0\leqq t\leqq 1)$

問2 (1) $\dfrac{2}{3}+\dfrac{11}{3}i$ (2) i (3) 0

問3 (1) $4\pi i$ (2) 0

問4 (1) i (2) $-\dfrac{64}{5}$ (3) $\dfrac{1}{2}i$

問5 $-\dfrac{2}{3}+\dfrac{2}{3}i$

問6 (1) 0 (2) $2\pi i$

問7 (1) $a=\dfrac{2-i}{2},\ b=\dfrac{2+i}{2}$

(2) $4\pi i$

問8 $C,\ C_1,\ C_2$ ではさまれた部分を 2 つの区域に分けて考えよ．

問9 (1) $-2\pi i$ (2) -2π

問10 $f^{(n)}(z)=\dfrac{n!}{(2-z)^{n+1}}$ を用いよ．

$$f(z)=\frac{1}{2}+\frac{1}{4}z+\frac{1}{8}z^2+\cdots+\frac{1}{2^{n+1}}z^n+\cdots$$

問11 $\dfrac{1}{z-1}=\dfrac{1}{1-\{-(z-2)\}}$ を用いよ．

$$\frac{1}{(z-1)(z-2)}=\frac{1}{z-2}-1+(z-2)-(z-2)^2+\cdots$$

問12 各関数を f とおく．

(1) 1, -1 は 1 位の極で

$\mathrm{Res}[f,\ 1]=2,\ \mathrm{Res}[f,\ -1]=-1$

(2) 0 は 1 位の極で　$\mathrm{Res}[f,\ 0]=1$

(3) 2 は 3 位の極で

$\mathrm{Res}[f,\ 2]=-\dfrac{1}{2}e^{2i}$

(4) 1 は 2 位の極，-2 は 1 位の極で

$\mathrm{Res}[f,\ 1]=\dfrac{2}{3},\ \mathrm{Res}[f,\ -2]=-\dfrac{2}{3}$

問13 (1) $6\pi i$ (2) $2\pi i$ (3) $\dfrac{3}{8}\pi i$

問14 (1) $\dfrac{\pi}{4}i$ (2) $\dfrac{\pi}{2}$

練習問題 2 (p.148)

1. (1) $\log 2$ (2) $-\log 3$

2. (1) 0 (2) π (3) 0

3. (1) $\dfrac{1}{2}\pi ei$ (2) $-\dfrac{1}{2}\pi e^{-1}i$

(3) $-\dfrac{\pi}{2}e^i=-\dfrac{\pi}{2}(\cos 1+i\sin 1)$

4. (1) $\dfrac{2\pi(1+a^2)}{(1-a^2)^3}i$

(2) $z=e^{it}$ とおき，$\cos t=\dfrac{z+z^{-1}}{2}$ を用いよ．$\dfrac{2\pi(1+a^2)}{(1-a^2)^3}$

5章 補章

1 (p.150～158)

問1 (1) 1　(2) $k=\dfrac{7}{2}$

2 (p.159～160)

3 (p.160～164)

問1 $n=0,\ \pm1,\ \pm2,\ \pm3,\ \pm4,\ \pm5$ で考えよ．-3.80

4 (p.165〜171)

5 (p.172〜181)

問1

$$\frac{\partial^2 z}{\partial x^2} = 9\frac{\partial^2 z}{\partial p^2} + 12\frac{\partial^2 z}{\partial p \partial q} + 4\frac{\partial^2 z}{\partial q^2}$$

$$\frac{\partial^2 z}{\partial x \partial y} = 3\frac{\partial^2 z}{\partial p^2} + 5\frac{\partial^2 z}{\partial p \partial q} + 2\frac{\partial^2 z}{\partial q^2}$$

$$\frac{\partial^2 z}{\partial y^2} = \frac{\partial^2 z}{\partial p^2} + 2\frac{\partial^2 z}{\partial p \partial q} + \frac{\partial^2 z}{\partial q^2}$$

を用いよ．一般解は

$$z = f(3x+y) + g(2x+y)$$

（f, g は任意関数）

問2 $u(x,\ t) =$

$$5e^{-4\pi^2 t}\sin 2\pi x - 3e^{-25\pi^2 t}\sin 5\pi x$$

問3 $u(x,\ t) = \dfrac{1}{\sqrt{\pi(4t+\varepsilon)}} e^{-\frac{x^2}{4t+\varepsilon}}$

索引

ラプラス変換表

原関数	像関数
1	$\dfrac{1}{s}$
t	$\dfrac{1}{s^2}$
t^n	$\dfrac{n!}{s^{n+1}}$
$e^{\alpha t}$	$\dfrac{1}{s-\alpha}$
$te^{\alpha t}$	$\dfrac{1}{(s-\alpha)^2}$
$t^n e^{\alpha t}$	$\dfrac{n!}{(s-\alpha)^{n+1}}$
$\sin \omega t$	$\dfrac{\omega}{s^2+\omega^2}$
$\cos \omega t$	$\dfrac{s}{s^2+\omega^2}$
$e^{\alpha t} \sin \beta t$	$\dfrac{\beta}{(s-\alpha)^2+\beta^2}$
$e^{\alpha t} \cos \beta t$	$\dfrac{s-\alpha}{(s-\alpha)^2+\beta^2}$
$t \sin \omega t$	$\dfrac{2\omega s}{(s^2+\omega^2)^2}$
$t \cos \omega t$	$\dfrac{s^2-\omega^2}{(s^2+\omega^2)^2}$
$\sinh \omega t$	$\dfrac{\omega}{s^2-\omega^2}$
$\cosh \omega t$	$\dfrac{s}{s^2-\omega^2}$
$U(t-a)$	$\dfrac{e^{-as}}{s} \quad (a \geqq 0)$
$\delta(t)$	1

ラプラス変換の性質

原関数	像関数
$\alpha f(t) + \beta g(t)$	$\alpha F(s) + \beta G(s)$
$f(at)$	$\frac{1}{a} F\left(\frac{s}{a}\right) \quad (a > 0)$
$e^{\alpha t} f(t)$	$F(s - \alpha)$
$f(t - \mu) U(t - \mu)$	$e^{-\mu s} F(s) \quad (\mu > 0)$
$f'(t)$	$sF(s) - f(0)$
$f''(t)$	$s^2 F(s) - f(0)s - f'(0)$
$f^{(n)}(t)$	$s^n F(s) - f(0)s^{n-1}$ $- f'(0)s^{n-2} - \cdots$ $\cdots - f^{(n-1)}(0)$
$tf(t)$	$-F'(s)$
$t^n f(t)$	$(-1)^n F^{(n)}(s)$
$\displaystyle\int_0^t f(\tau)\, d\tau$	$\frac{1}{s} F(s)$
$\frac{f(t)}{t}$	$\displaystyle\int_s^\infty F(\sigma)\, d\sigma$
$f(t) * g(t)$	$F(s)G(s)$

加法定理の応用

● 2 倍角と半角の公式

$$\sin 2\alpha = 2\sin\alpha\cos\alpha, \qquad \cos 2\alpha = \cos^2\alpha - \sin^2\alpha$$

$$\sin^2\frac{\alpha}{2} = \frac{1-\cos\alpha}{2}, \qquad \cos^2\frac{\alpha}{2} = \frac{1+\cos\alpha}{2}$$

● 積を和・差に直す公式

$$\sin\alpha\cos\beta = \frac{1}{2}\{\sin(\alpha+\beta)+\sin(\alpha-\beta)\}$$

$$\cos\alpha\sin\beta = \frac{1}{2}\{\sin(\alpha+\beta)-\sin(\alpha-\beta)\}$$

$$\cos\alpha\cos\beta = \frac{1}{2}\{\cos(\alpha+\beta)+\cos(\alpha-\beta)\}$$

$$\sin\alpha\sin\beta = -\frac{1}{2}\{\cos(\alpha+\beta)-\cos(\alpha-\beta)\}$$

積分に関する公式

● 基本的な関数の不定積分（積分定数は省略）

$$\int k\,dx = kx \quad (k\text{ は定数}), \qquad \int x^{\alpha}\,dx = \frac{1}{\alpha+1}x^{\alpha+1} \quad (\alpha \fallingdotseq -1)$$

$$\int \frac{1}{x}\,dx = \int x^{-1}dx = \log|x|$$

$$\int e^x\,dx = e^x$$

$$\int \sin x\,dx = -\cos x, \qquad \int \cos x\,dx = \sin x$$

$$\int \tan x\,dx = -\log|\cos x|, \qquad \int \cot x\,dx = \log|\sin x|$$

$$\int \frac{dx}{\cos^2 x} = \int \sec^2 x dx = \tan x$$

$$\int \frac{dx}{\sin^2 x} = \int \mathrm{cosec}^2 x dx = -\cot x$$

$$\int \frac{dx}{\sqrt{a^2-x^2}} = \sin^{-1}\frac{x}{a} \quad (a>0)$$

$$\int \frac{dx}{x^2+a^2} = \frac{1}{a}\tan^{-1}\frac{x}{a} \quad (a \fallingdotseq 0)$$

$$\int \frac{dx}{\sqrt{x^2+A}} = \log\left|x+\sqrt{x^2+A}\right| \quad (A \fallingdotseq 0)$$

● **置換積分法**

$$\int f(\varphi(x))\varphi'(x)\,dx = \int f(t)\,dt \qquad (\,\varphi(x) = t,\ \varphi'(x)dx = dt\,)$$

特に $\displaystyle \int f(ax+b)\,dx = \frac{1}{a}F(ax+b)$

● **部分積分法**

$$\int f(x)g(x)\,dx = f(x)G(x) - \int f'(x)G(x)\,dx$$

● **いろいろな関数の不定積分**

$$\int e^{ax}\cos bx\,dx = \frac{e^{ax}}{a^2+b^2}(a\cos bx + b\sin bx)$$

$$\int e^{ax}\sin bx\,dx = \frac{e^{ax}}{a^2+b^2}(a\sin bx - b\cos bx)$$

$$\int \sqrt{a^2-x^2}\,dx = \frac{1}{2}\left(x\sqrt{a^2-x^2} + a^2\sin^{-1}\frac{x}{a}\right)$$

$$\int \sqrt{x^2+A}\,dx = \frac{1}{2}\left(x\sqrt{x^2+A} + A\log\left|x+\sqrt{x^2+A}\right|\right)$$

● **部分分数分解の例**（分子の次数 ＜ 分母の次数 とする）

$$\frac{P(x)}{(x+1)(x+2)(x+3)} = \frac{a}{x+1} + \frac{b}{x+2} + \frac{c}{x+3}$$

$$\frac{P(x)}{(x+1)(x^2+4x+5)} = \frac{a}{x+1} + \frac{bx+c}{x^2+4x+5}$$

$$\frac{P(x)}{(x+1)(x+2)^2} = \frac{a}{x+1} + \frac{b}{x+2} + \frac{c}{(x+2)^2}$$

● **定積分の定義**

$$\int_a^b f(x)\,dx = \lim_{\Delta x_k \to 0}\sum_{k=1}^{n} f(x_k)\Delta x_k$$

● **三角関数の定積分**

$$I_n = \int_0^{\frac{\pi}{2}} \sin^n x\,dx = \int_0^{\frac{\pi}{2}} \cos^n x\,dx \qquad (n \text{ は 2 以上の整数}) \text{ とするとき}$$

$$I_n = \begin{cases} \dfrac{n-1}{n}\cdot\dfrac{n-3}{n-2}\cdots\cdots\cdots\dfrac{3}{4}\cdot\dfrac{1}{2}\cdot\dfrac{\pi}{2} & (n \text{ が偶数のとき}) \\ \dfrac{n-1}{n}\cdot\dfrac{n-3}{n-2}\cdots\cdots\cdots\dfrac{4}{5}\cdot\dfrac{2}{3} & (n \text{ が奇数のとき}) \end{cases}$$

関数の展開

- **等比級数**

$$a + ar + ar^2 + \cdots + ar^{n-1} + \cdots = \frac{a}{1-r} \qquad (|r| < 1 \text{ のとき})$$

- **マクローリン展開**

$$f(x) = f(0) + f'(0)x + \frac{f''(0)}{2!}x^2 + \cdots + \frac{f^{(n)}(0)}{n!}x^n + \cdots$$

- **主なマクローリン展開**

$$e^x = 1 + \frac{1}{1!}x + \frac{1}{2!}x^2 + \cdots + \frac{1}{n!}x^n + \cdots$$

$$\sin x = x - \frac{1}{3!}x^3 + \frac{1}{5!}x^5 - \cdots + \frac{(-1)^n}{(2n+1)!}x^{2n+1} + \cdots$$

$$\cos x = 1 - \frac{1}{2!}x^2 + \frac{1}{4!}x^4 - \cdots + \frac{(-1)^n}{(2n)!}x^{2n} + \cdots$$

$$\frac{1}{1-x} = 1 + x + x^2 + x^3 + \cdots + x^n + \cdots \qquad (|x| < 1)$$

$$\frac{1}{1+x^2} = 1 - x^2 + x^4 - x^6 + \cdots + (-1)^n x^{2n} + \cdots \qquad (|x| < 1)$$

$$\log(1+x) = x - \frac{1}{2}x^2 + \frac{1}{3}x^3 - \cdots + \frac{(-1)^{n-1}}{n}x^n + \cdots \qquad (|x| < 1)$$

$$\tan^{-1} x = x - \frac{1}{3}x^3 + \frac{1}{5}x^5 - \cdots + \frac{(-1)^n}{2n+1}x^{2n+1} + \cdots \qquad (|x| < 1)$$

- **テイラー展開**

$$f(x) = f(a) + f'(a)(x-a) + \frac{f''(a)}{2!}(x-a)^2 + \cdots + \frac{f^{(n)}(a)}{n!}(x-a)^n + \cdots$$

- **オイラーの公式**

$$e^{ix} = \cos x + i \sin x$$

偏微分

- **全微分**

○ $z = f(x,\ y)$ は全微分可能 $\Longleftrightarrow \displaystyle\lim_{(\Delta x, \Delta y) \to (0,0)} \frac{\varepsilon}{\sqrt{(\Delta x)^2 + (\Delta y)^2}} = 0$

ただし　$\varepsilon = \Delta z - \big(f_x(a,\ b)\Delta x + f_y(a,\ b)\Delta y\big)$

○ 全微分

$$dz = f_x dx + f_y dy \qquad dz = \frac{\partial z}{\partial x}dx + \frac{\partial z}{\partial y}dy$$

● **接平面の方程式**

$$z - f(a,\ b) = f_x(a,\ b)(x-a) + f_y(a,\ b)(y-b)$$

● **合成関数の微分法**

○ $\dfrac{dz}{dt} = \dfrac{\partial z}{\partial x}\dfrac{dx}{dt} + \dfrac{\partial z}{\partial y}\dfrac{dy}{dt} = f_x\dfrac{dx}{dt} + f_y\dfrac{dy}{dt}$

○ $\dfrac{\partial z}{\partial u} = \dfrac{\partial z}{\partial x}\dfrac{\partial x}{\partial u} + \dfrac{\partial z}{\partial y}\dfrac{\partial y}{\partial u} = z_x x_u + z_y y_u$

$\dfrac{\partial z}{\partial v} = \dfrac{\partial z}{\partial x}\dfrac{\partial x}{\partial v} + \dfrac{\partial z}{\partial y}\dfrac{\partial y}{\partial v} = z_x x_v + z_y y_v$

重積分

● **2 重積分の定義**

$$\iint_D f(x,\ y)\,dxdy = \lim_{\substack{\Delta x_i \to 0 \\ \Delta y_j \to 0}} \sum_{j=1}^{n}\sum_{i=1}^{m} f(\xi_{ij},\ \eta_{ij})\Delta x_i \Delta y_j$$

● **2 重積分の計算**

$D = \{(x,\ y) \mid a \leqq x \leqq b,\ \varphi_1(x) \leqq y \leqq \varphi_2(x)\}$ のとき

$$\iint_D f(x,\ y)\,dxdy = \int_a^b \left\{\int_{\varphi_1(x)}^{\varphi_2(x)} f(x,\ y)\,dy\right\}dx$$

$D = \{(x,\ y) \mid c \leqq y \leqq d,\ \psi_1(y) \leqq x \leqq \psi_2(y)\}$ のとき

$$\iint_D f(x,\ y)\,dxdy = \int_c^d \left\{\int_{\psi_1(y)}^{\psi_2(y)} f(x,\ y)\,dx\right\}dy$$

● **極座標による 2 重積分**　$x = r\cos\theta,\ y = r\sin\theta$

$$\iint_D f(x,\ y)\,dxdy = \iint_D f(r\cos\theta,\ r\sin\theta)\,r\,drd\theta$$

● **2 重積分の変数変換**　$x = \varphi(u,\ v),\ y = \psi(u,\ v)$

○ $\dfrac{\partial(x,\ y)}{\partial(u,\ v)} = \begin{vmatrix} \varphi_u & \varphi_v \\ \psi_u & \psi_v \end{vmatrix}$　(ヤコビアン)

○ $\displaystyle\iint_D f(x,\ y)\,dxdy = \iint_D f(\varphi(u,\ v),\ \psi(u,\ v)) \left|\frac{\partial(x,\ y)}{\partial(u,\ v)}\right| dudv$

● **曲面積**

$$\iint_D \sqrt{{f_x}^2 + {f_y}^2 + 1}\,dxdy = \iint_D \sqrt{\left(\frac{\partial z}{\partial x}\right)^2 + \left(\frac{\partial z}{\partial y}\right)^2 + 1}\,dxdy$$

● **広義積分の応用**

$$\int_0^\infty e^{-x^2}\,dx = \frac{\sqrt{\pi}}{2}$$

微分方程式

● **変数分離形**

$$\frac{dx}{dt} = f(t)g(x) \text{ の形} \quad \longrightarrow \quad \int \frac{1}{g(x)}\,dx = \int f(t)\,dt$$

● **1 階線形微分方程式**

$$\frac{dx}{dt} + P(t)x = Q(t) \text{ の形} \quad \longrightarrow \quad \frac{dx}{dt} + P(t)x = 0 \text{ を解き，定数変化法}$$

● **2 階定数係数斉次線形微分方程式**

$$\frac{d^2x}{dt^2} + a\frac{dx}{dt} + bx = 0 \qquad (a,\ b \text{ は実数の定数})$$

特性方程式　$\lambda^2 + a\lambda + b = 0$

(i)　実数解 α, β $(\alpha \neq \beta)$ のとき　$x = C_1e^{\alpha t} + C_2e^{\beta t}$

(ii)　2 重解 α のとき　$x = C_1e^{\alpha t} + C_2te^{\alpha t} = (C_1 + C_2t)e^{\alpha t}$

(iii)　虚数解 $p \pm qi$（p, q は実数）のとき

$$x = e^{pt}(C_1\cos qt + C_2\sin qt)$$

● **2 階定数係数非斉次線形微分方程式**

$$\frac{d^2x}{dt^2} + a\frac{dx}{dt} + bx = r(t) \qquad (a,\ b \text{ は実数の定数})$$

非斉次線形の一般解は，斉次線形の一般解と非斉次線形の 1 つの解の和

1 つの解の予想

(I) $r(t)$ が n 次多項式のとき

$x = A_nt^n + A_{n-1}t^{n-1} + \cdots + A_1t + A_0$（$A_n$, A_{n-1}, $\ldots$, A_1, A_0 は定数）

(II) $r(t) = Ce^{\alpha t}$（C は定数）のとき

$x = Ae^{\alpha t}$（A は定数）

(III) $r(t) = C_1\cos\alpha t + C_2\sin\alpha t$（$C_1$, C_2 は定数）のとき

$x = A\cos\alpha t + B\sin\alpha t$（$A$, B は定数）

(IV) $r(t)$ が斉次線形微分方程式の解のとき

(I), (II) または (III) の関数に t を掛けた形で予想

●監修

高遠 節夫　元東邦大学教授

●執筆

碓氷 久　群馬工業高等専門学校教授
鈴木 正樹　沼津工業高等専門学校准教授
西浦 孝治　福島工業高等専門学校教授
西垣 誠一　沼津工業高等専門学校名誉教授
拜田 稔　鹿児島工業高等専門学校教授
前田 善文　長野工業高等専門学校名誉教授
山下 哲　木更津工業高等専門学校教授

●校閲

飯間 圭一郎　奈良工業高等専門学校准教授
伊藤 豊治　近畿大学工業高等専門学校教授
今田 充洋　茨城工業高等専門学校講師
沖田 匡聡　久留米工業高等専門学校准教授
北見 健　函館工業高等専門学校准教授
齋藤 純一　都立産業技術高等専門学校
荒川キャンパス教授
杉山 俊　北九州工業高等専門学校講師
竹若 喜恵　北九州工業高等専門学校教授
中野 渉　苫小牧工業高等専門学校名誉教授
福村 浩亨　大分工業高等専門学校講師
藤崎 恒晏　鹿児島工業高等専門学校名誉教授
森田 健二　石川工業高等専門学校教授

表紙・カバー | 田中 晋，矢崎 博昭

本文設計 | 矢崎 博昭

新応用数学 改訂版

2023.11.1 改訂版第1刷発行

●著作者 高遠 節夫 ほか
●発行者 大日本図書株式会社 (代表)中村 潤
●印刷者 株式会社 日報
●発行所 大日本図書株式会社 〒112-0012 東京都文京区大塚3-11-6
tel. 03-5940-8673(編集)，8676(供給)

中部支社 名古屋市千種区内山1-14-19 高島ビル tel. 052-733-6662
関西支社 大阪市北区東天満2-9-4 千代田ビル東館6階 tel. 06-6354-7315
九州支社 福岡市中央区赤坂1-15-33 ダイアビル福岡赤坂7階 tel. 092-688-9595

ISBN978-4-477-03502-4

●ホームページのご案内 http://www.dainippon-tosho.co.jp